KB097536

열두 발자국

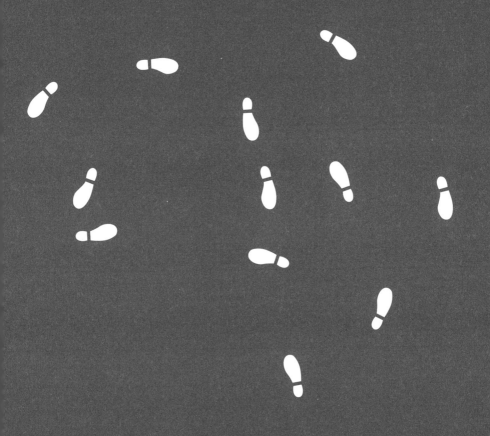

열두 발자국

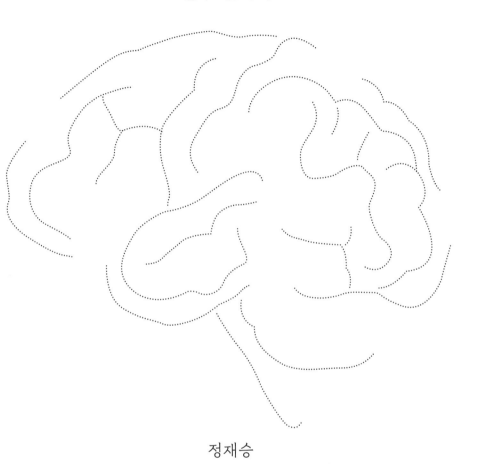

정재승

어크로스

다시 성찰의 발걸음을 옮기며

《열두 발자국》 초판이 출간된 지 5년 가까이 시간이 흘렀습니다. 과학자에 머문다면 느낄 수 없었을 작가 정재승의 설렘은 독자들을 만나는 경험에서 비롯됩니다. 책을 출간한 후 전국의 작은 독립 서점들에서 '저자와의 대화'를 진행하며 독자들의 감상평을 직접 들었습니다. '정재승의 열두 발자국: 뇌과학으로 삶을 성찰하다'라는 강연회를 100회 넘게 진행하면서 청중에게 사인을 해드리며 수줍은 웃음을 나누기도 했습니다. 전 세계가 코로나19를 겪으면서 자가격리의 시간을 가질 때에는 온라인으로 화면을 통해 대화를 나누기도 했고, 조촐한 독서토론 모임에서는 독자들의 마스크 안에서 흘러나오는 진솔한 감상 후기에 진심으로 귀 기울이기도 했습니다.

지난 5년 가까이 세상을 떠돌면서 이 책은 40만 독자의 품에 안겼습니다. 그들에게 말을 걸고 대화하며, 그들의 머릿속에 새로운 생각이 잉태되도록 도울 수 있어 더없이 기뻤습니다. '이 책 덕분에 뇌과학에 관심이 생겼다'며 뇌과학 책을 읽기 시작했다는 얘기를 들었을 때 무척 뿌듯했고, '어떻게 살아야 할지 고민이 많았는데 뇌과학자의 해법이 도움이 되었다'는 얘기를 들었을 때엔 더없이 큰 보람을 느꼈습니다. '이 책은 제게 인생 책입니다!'라는 말을 들었을 때에는 작가로서 이보다 더 큰 상찬이 있을까 싶을 정도로 어마어마한 감동을 받았습니다. 누군가의 인생에 의미 있는 책 한 권을 쓰는 것이 작가 정재승의 꿈, 아니 모든 작가의 꿈일테니까요.

서점 매대에서 제 책을 집었다가 조용히 내려놓으신 분들, 샀지만 책장에 꽂아두고 아직 펼쳐보지 않으신 분들, 읽으려다 재미가 없어서 중간에 멈춘 분들은 다행히 제게 말을 걸어오지 않으셔서 '책이 한심하고 따분하다'는 얘기는 아직 못 들었습니다. 정신없이 바쁜 일상을 살아내고 있기에 인터넷 게시판의 독자평을 일일이 챙겨 읽지 못하다 보니, 어딘가에 있을지 모를 독자 악플이나 살벌한 감상평을 미처 접하지 못했습니다. 쉽게 상처받는 저로서는 무척이나 다행입니다.

주요 일간지는 '2018년 올해의 책 10'에 이 책을 선정해 저에게 안도감과 희열을 동시에 안겨주었습니다. 얼마나 많은 기자 혹은 출판관계자들이 제 책을 끝까지 읽으셨을까 의심이 들기도 하지만 말입니다. 그들의 바쁜 일정을 짐작하기에 쏟아지는 책들 사이에서 제 책에만 편애를 요구하는 것 같아 무리라는 걸 잘 알지만, 작가로서는 전문가들의 냉정한 비평을 자못 기대하게 되니까요. 그해 몇몇 인터넷 서점의 '올해의 책' 독자 투표에서 3위 안에 드는 득표수를 확인했을 때에는 반장 선거에 당선된 초등학생마냥 기뻤습니다. 24년 차 작가(제 첫 책이 1999년도에 출간됐으니까요!)가 아직도 책 앞에서 그렇게 어린아이 같냐고요? 맞습니다, 저는 그렇습니다. 역시나 작가는 독자들의 뜨거운 반응에서 에너지를 얻는 '외향형(E) 인간'인가 봅니다.

《정재승의 과학 콘서트》때도 그랬지만, 저는 책과 함께 성장하는 학자이며, 이 책에도 저의 성장 나이테가 고스란히 담기기를 희망합니다. 이 책을 누군가의 인생 책이라 말할 수 있다면, 그중 한 명은 단연코 저입니다. 저는 이 책을 쓰기 위해 인생을 성찰하는 과정에서 한번 더 나이테를 남길 만큼 크게 성장하였습니다. 이번 리커버판을 출간하면서 서재에 앉아 이 책을 다시 읽는 동안 한번 더 확실히 확인하였습니다. 이 책은 제 삶의 역사라는 것을 말입니다.

이 책이 독자들의 손에서 꾸준히 읽혀, 제가 독자들에게 말을 걸었듯이 그들도 제게 말을 걸고 서로 화답하는 대화를 오랫동안 나누고 싶습니다. 저는 이 책이 40만 명이 읽어주신 '많이 팔린 책'이기보다, 10년 20년 오랫동안 독자들과 만나는 '꾸준히 읽히는 책'이길 희망합니다. 이번 리커버판은 그것에 대한 작가로서의 다짐이기도 합니다. 출간 10주년, 20주년에는 개정판도 준비하겠습니다. 작가와 독자가 함께 성장하는 모습을 이 책에 담고 싶습니다.

이번에 리커버판을 내면서 딱 한 가지 바람이 있다면, 10대에서부터 30대까지 젊은 독자들에게 좀 더 말을 걸고 싶다는 것입니다. 언젠가 인터넷 서점이 제공하는 독자 통계를 보니,《열두 발자국》을 주로 읽어주신 분들이 40대 전후의 독자시더군요. 저와 동시대를 살아온 분들이다 보니 제 글에 더 많이 공감해주시는 것 같습니다(진심으로 감사합니다. 꾸벅). 그럼에도 불구하고, 저는 '지금 알고 있는 것을 그때도 알았더라면' 같은 마음으로 이 책을 썼습니다. 어린 청소년들이, 젊은 청년들이 제가 혹독하게 경험해 깨달은 것들을 제 책을 통해 스펀지처럼 흡수할 수 있다면, 그들은 제 어깨 위에서 인생을 현명하게 시작할 수 있으니까요. 그런 의미에서《정재승의 과학 콘서트》옆에《열두 발자국》이 나란히 꽂혀 있기를 희망합니다(《정재승의 과학 콘서트》만큼 이 책도 많이 팔기 위한 상술이 아니라구욧!).

미국 시인 에밀리 디킨슨이 말한 것처럼, 뇌는 하늘보다 넓습니다. 인간의 마음을 품은 뇌는 그 끝을 알 수 없을 만큼 넓고 깊으며, 사람마다 그 모양과 색깔이 다릅니다. 그래서 뇌를 탐구하는 과정은 때론 어두운 심해를 탐사하는 것만큼이나 막막하고 두렵습니다. 하지만 뇌를 연구하는 과학자만이 누리는 지적 즐거움 중 하나는 '작은 동물의 뇌 조각 하나에서도 삶의 통찰을 얻을 수 있다'는 것입니다. 이 책에 쥐나 원숭이의 뇌로부터 얻은 통찰이 담겨 있는 것도 그 때문입니다. 우리의 뇌도 그들과 크게 다르지 않으며, 우리의 생각도 그곳에서 비롯되었기 때문입니다. 그래서 저는 뇌과학 논문에서 날마다 삶의 지혜를 배웁니다.

《열두 발자국》은 뇌과학으로 삶을 성찰해온 여정이며, 어린 청소년부터 나이 든 어르신들까지 모두 함께 내디디고 싶은 인생 탐험입니다.

2023년 산뜻하게 새 옷으로 갈아입은 이 책에서 독자들과 함께 먼 길을 떠나 삶을 성찰하는 시간을 갖기를 희망합니다. 여러분 인생의 발걸음이 '가볍지만 의미 있도록' 제가 곁에서 함께 걷고 싶습니다. 뇌과학의 지도를 들고 산책과 탐험의 열두 발자국을 떼어주시길 희망합니다.

우리가 함께 내디딘다면, 인생, 별로 힘들지 않습니다.

2023년 1월 1일 간절한 희망들을 담아

저자 정재승 드림

인간이라는 숲으로 난 열두 발자국

우주가 아름다운 까닭은 다양한 현상 가운데에도 통일된 하나의 법칙이 있기 때문이기도 하겠지만, 통일된 법칙이 놀랍도록 다양한 현상을 만들어내기 때문일 수도 있다고 대답했다.

움베르토 에코,《장미의 이름》

2004년 7월 9일, 출퇴근 차량으로 번잡한 미국 캘리포니아 실리콘밸리의 101번 고속도로에 흥미로운 광고판 몇 개가 세워졌습니다. 이 광고판에는 광고를 낸 회사 이름도, 홍보를 하려는 제품명이나 이미지도, 근사한 광고모델의 환한 미소도 담겨 있지 않았습니다. 하얀 바탕에는 다음과 같은 문장 하나만이 적혀 있었습니다.

{First 10-digit prime found in consecutive digits of *e*}.com

필기체로 쓴 *e*는 오일러수를 뜻합니다. 자연로그의 밑(base)이기도 한 오일러수는 2.718281828459··· 라는 값을 갖는, 소수점 아래로 끝없이 숫자가 이어지는 무리수이지요. 광고판의 문장을 해석해보자면, '오일러수의 숫자 나열에서 제일 처음 등장하는 10자리 소수(prime number, 1과 자기 자신 외에는 나누어지지 않는 수)'라는 의미입니다. 아마도 이 숫자값을 찾으라는 문제인 것처럼 보이지요? 출퇴근길에 수많은 운전자들이 광고판을 보며 지나쳤겠지만, 이 문구가 뭘 뜻하는지 제대로 이해한 운전자는 아마 많지 않았을 겁니다.

하지만 그들 중에는 이 문구를 이해했을 뿐 아니라, 과연 정답이 무엇인지 무척 궁금해한 이들도 있었을 겁니다. 그래서 대학생이라면 학교에 가서 직장인이라면 출근해 회사에 가서 인터넷에서 이 답을 검색해 보았을 겁니다. 안타깝게도 인터넷에는 이 답이 나와 있지 않습니다. 그렇다면 할 수 없지요. 대부분 이내 포기하고 현업으로 돌아갔겠지요. 대학생이라면 수업을 들으러 강의실로, 직장인이라면 커피 한잔과 함께 서류더미 앞으로 말이죠.

그런데 그들 중에는 '도대체 답이 뭘까?' 너무 궁금해서, 수업이 귀에 안 들어오고 일이 손에 안 잡히는 증세에 시달린 사람도 있었을 겁니다. 뭔가 내게 도전을 걸어오는 것 같고, 어떻게 풀어야 할지 알고리즘을 머릿속에서 계속 궁리하는 경험을 했을지도 모릅니다. 급기야 그들은 이 질문의 답을 직접 계산해보기로 마음먹습니다. 아마도 그들은 평소 호기심으로 충만할 뿐 아니라 자신의 호기심을 스스로 해결해야만 직성이 풀리는 그런 성격의 소유자들이었을 겁니다. 물론 그런 사람이 많진 않겠지만요.

이 문제를 풀기 위해서는 C++ 같은 컴퓨터 프로그래밍 언어로 간단한 프로그램을 짜야 합니다. 오일러수를 발생시켜 10자리씩 읽어들인 후 인수분해를 해서 소수인지 아닌지 판별하는 루틴을 돌려야 합니다.

컴퓨터가 계산을 한 지 몇 초가 지났을까, 우리는 7427466391이라는 답을 얻게 됩니다. 아하! 이 숫자 뒤에 '.com'을 붙이라 했으니, '7427466391.com'이라는 웹사이트 주소를 얻게 되겠지요. 도대체 이 주소는 뭘 의미하는 걸까요? 이 답을 찾은 사람들은 누가 시키지도 않았는데, 집으로 돌아가 아무도 없는 자신의 방에서 조심스럽게 7427466391.com을 인터넷 주소창에 입력해보았습니다. 아마도 밤 12시쯤 문을 잠그고 설레는 가슴을 안고 말입니다.

그러면 'Congratulation!'이라는 축하 메시지와 함께 두 번째 문제가 나옵니다. "www.Linux.org 사이트에서 'Bobsyouruncle'라는 이름으로 로그인하세요. 단, 패스워드는 다음 문제의 정답입니다."라는 문장과 함께.

f(1) = 7182818284

f(2) = 8182845904

f(3) = 8747135266

f(4) = 7427466391

$f(5) = \underline{\hspace{2cm}}$

이쯤 되면 누군가가 벌여놓은 사건에 휘말려들고 있다는 느낌이 들 것입니다. 그렇다고 여기서 포기하자니 첫 문제를 푼 게 아깝고, 더 나아가자니 두 번째 문제는 훨씬 복잡해 보입니다.

두 번째 문제 역시 오일러수와 관련이 깊습니다. 위 숫자들의 공통점은 오일러수 패턴 안에서 '합이 49가 되는 10자리 수열'들이라는 사실입니다(수학자 닐 슬론은 이 수열을 'A095926 sequence'라고 불렀습니다). 따라서 정답은 그중 다섯 번째 수열인 '5966290435'이 됩니다.

이 답을 찾은 사람들은 이번에도 조심스럽게 사이트에 접속한 후 이 수열 패스워드를 이용해 다음 페이지로 접속해봅니다. 과연 그들을 기다리고 있는 건 무엇일까요? 다시 한번 'Congratulation!' 간단한 축하 메시지가 나오면서, 이번에는 구글(Google)의 채용사이트로 접속이 됩니다. 이 단계까지 통과한 사람들만을 위한 아주 특별한 사이트고요, 자신의 이력서를 제출하면 가벼운 인터뷰만으로 구글에 취직이 되는 것이었습니다. 구글은 2004년과 2005년에 걸쳐 1만 5000명의 직원을 뽑았는데, 이것은 당시 사용한 채용 방식 중 하나였습니다.

이 채용 방식은 당시 실리콘밸리에 사는 젊은이들뿐 아니라, 미국 사회에 적지 않은 반향을 불러일으켰습니다. 우선 '이런 방식으로 직원을 채용하려 했던 구글의 직원들이 굉장히 창의적인 사람들이구나!'라는 인식을 널리 퍼뜨리는 데 기여했습니다. 게다가 이런 과정을 거쳐 뽑힌 구글의 신입 직원들은 또 얼마나 명석한가요! 이 채용 방식은 당시 미국 사회에서 구글의 창의성을 널리 알리는 적절한 에피소드로 회자되었습니다.

이런 구글의 채용 방식은 저같은 신경과학자에게는 '창의적인 사람들이 어떻게 행동하는지를 잘 관찰하고 파악해 그것을 채용 과정에 적절히 녹여낸 사례'로 읽힙니다. 창의적인 사람들을 유형화할 수는 없겠지만, 흔히 그들은 공간에 무심히 배치된 도전적인 질문에 강한 호기심을 느낀다고 합니다. 그들은 관찰력이 매우 뛰어나며, 흥미를 끄는 무언가를 발견하면 강한 호기심에 사로잡힙니다. 그것이 어렵고 도전적인 질문이라면 더더욱 그렇습니다.

그런데 간과해서는 안 될 사실 중 하나는 '세상에는 무언가에 호기심을 느끼고 궁금해하는 사람이 매우 많다'는 점입니다. 아마 이 책을 읽은 독자들도 구글의 광고 문구를 보고 호기심을 느꼈을 것입니다. 그렇다고 그들이 모두 창의적인 사람들은 아니겠지요.

대부분의 사람들에게는 호기심 못지않게 놀라운 재능 하나가 또 있습니다. 바로 '강한 호기심을 잠시 느꼈으나 이내 그것을 억누르고 아무 일 없다는 듯 일상을 살아가는 놀라운 억제력' 말입니다. 어린 시절만 해도 한동안 호기심에 사로잡혔지만, 학교에 들어가고 학창시절을 보내면서 그리고 어른이 되면서 우리는 '호기심에 사로잡혀 그것을 스스로 해결해보고 싶은 마음'에까지 이르는 경험은 현저히 줄어들었을 것입니다. 대부분 우리는 잠시 무언가에 호기심을 느껴 궁금해하지만 그것도 그때뿐, 바쁜 일상을 살아내기 위해 하던 일에 집중하거나, 체내 에너지의 23퍼센트 이상을 먹어치우는 1.4킬로그램의 폭식꾼 '뇌'

에 과부하가 걸리지 않도록 뇌를 최소한으로만 쓰는 방식으로 시간을 보내고 있습니다.

'다음의 두 문제가 있습니다. 정답을 맞힌 분들께는 구글 취직의 특전을 드립니다. 지금 도전하세요!'라고 공지했다면 무슨 일이 벌어졌을까요? 아마 사람들은 벌떼처럼 모여들어 이 문제를 해결하기 위해 몰두했을 것입니다. 그 결과, 두 문제를 맞힌 사람들은 굉장히 많았을 겁니다. 그것도 빠른 시간 내에. 하지만 이 문제를 풀면 무슨 일이 벌어질지 도무지 알 수 없는 상황에서 순전히 호기심만으로, 그것도 한 문제도 아닌 두 문제를 풀기 위해 자신의 시간과 노력, 열정과 에너지를 쓰는 젊은이들은 그다지 많지 않았을 겁니다. 생각해보세요. 당신이라면 머리 아픈 광고판에 당신의 인생을 얼마나 할애했겠습니까?

결과를 예측할 수 없는 상황에서 호기심, 도전정신 같은 자발적 동기만으로 끝까지 몰두해 해답을 얻거나 무언가를 이루어내는 건 세상을 바꾼 사람들이 보이는 가장 강력한 특징입니다. 호기심이나 꿈, 재미, 보람 등 다양한 내적 동기. 그리고 명예, 인정, 직위, 인센티브 등 외부에서 부여된 외적 동기. 이런 동기들에 지속적인 의미를 부여하면서 뜻한 바를 이루기 위해 끝까지 천착하는 사람들이 결국 세상을 변화시킵니다. 사회적 성취를 이루는 데 있어 외적 동기와 내적 동기가 잘 균형 잡힌 사람들이 세상을 의미 있게 변화시킨다고 합니다.

제가 구글의 채용 에피소드로 프롤로그를 시작한 이유는 이 책이 여러분에게 '오일러수가 담긴 광고판'이 되길 바라는 마음에서입니다.

이 작은 책으로 여러분의 눈과 뇌를 사로잡고, 서점에서 무심히 지나칠 수도 있는 여러분과 대화를 나누고 싶기 때문입니다. 이 책은 지난 10년 동안 제가 기업이나 일반인을 대상으로 해온 뇌과학 강연 중에서 가장 흥미로운 강연 12편을 묶어 만들었습니다. 예전 강연 녹취록들을 다시 읽고 곱씹어보면서, 그때 미처 하지 못했던 말들을 추가해서 새롭게 구성했습니다. 이 책을 관통하고 있는 핵심 주제는 "뇌과학의 관점에서 인간은 과연 어떤 존재인가?"입니다. 이 책 안에서 여러분이 '내가 어떤 사람인가'를 발견하는 놀라운 경험을 했으면 하는 바람입니다. 마치 '오일러수가 담긴 광고판'이 그랬던 것처럼 말입니다.

저처럼 복잡계 물리학을 바탕으로 인간의 의사결정을 탐구하는 학자에게 인간만큼 복잡한 존재도 이 우주에 없지요. 이 책은 의사결정, 창의성, 놀이, 결핍, 습관, 미신, 혁신, 혁명 등 인간의 다양한 행동과 그것을 바라보는 여러 관점을 통해 인간을 다각도에서 이해하고자 했습니다. 마치 실제로 강연을 들으시는 것처럼 느꼈으면 하는 마음으로 경어체를 사용하고, 현장의 분위기를 담은 추임새도 곁들였습니다. 그래서 이 책의 독자들이 마치 강연의 청중이 되어, 우리 호모 사피엔스가 지난 수만 년 동안 어떻게 세상에 반응하며 살아왔는지, 천천히 진화하는 부실한 뇌로 이 복잡한 현대사회에서 어떻게 버텨내고 있는지, 그럼에도 불구하고 결국 현명하고 행복하며 늘 깨어 있는 존재로 살기 위해 어떤 안간힘을 쓰고 있는지 함께 생각해보는 시간을 가졌으면 합니다.

아울러 인공지능과 사물인터넷, 빅데이터의 시대, 제4차 산업혁명과 블록체인 혁명 등 우리 시대를 관통하는 거대한 기술 문명의 변화도 그려보려 했습니다. 특히 저는 인류는 어떤 꿈과 이상으로 이 거대한 문명의 변화를 준비하고 있는지 말하고 싶었습니다. 그리고 혁명적 사고의 전환을 필요로 하는 동시대인들은 이런 혁명의 기운을 어떻게 받아들이고 있는지 살펴보려 했습니다. 문명의 변화 앞에 놓인, 그리고 거기에 기꺼이 응전하려는 인간의 모습을 관찰하고 사유해보고 싶었습니다.

이 책의 제목인 '열두 발자국'은 '인간이라는 경이로운 미지의 숲을 탐구하면서 과학자들이 내디딘 열두 발자국'을 줄인 것입니다. 저는 이 책의 제목을 궁리하면서 소설가 움베르토 에코의 《소설의 숲으로 여섯 발자국(Six Walks in the Fictional Woods)》을 떠올렸습니다.

'가끔 나의 이야기는 이 거대한 우주의 이야기와 맞닿아 있다'라는 문장으로 시작하는 한 대목에서, 에코는 아주 흥미로운 일화를 소개합니다. 그가 스페인 서북부 갈리시아 지방 라코루냐라는 작은 도시의 과학관을 방문했을 때 겪은 일입니다. 과학관을 한 바퀴 다 돌아보았을 무렵, 과학관 큐레이터는 그를 깜짝 놀라게 해주겠다며 천체투영관으로 데리고 갑니다. 그러고는 어두컴컴하고 아무도 없는 그곳에 그를 눕게 한 후, 그의 생일과 고향을 묻습니다. 그가 1932년 1월 5일 밤늦게 이탈리아 알레산드리아에서 태어났다고 말하자, 이내 자장가가 조용히 들리더니 천체투영기가 그가 태어난 날 알레산드리아에서 올려다본 밤하늘을 보여주는 것이 아니겠습니까!

천체투영기가 정교하게 계산해 얻은 과학적 결과물인 동시에 너무나 낭만적이면서 비현실적인 순간을 그는 경험하게 되었습니다. 자신이 태어난 날의 밤하늘을 당연히 그는 보지 못했지요. 그의 어머니도 그를 낳느라 보지 못했지요. 그의 아버지만이 테라스에서 숨죽이며 올려다보았을 바로 그 밤하늘을 경험하게 된 것입니다. 그는 이 순간을 '인생에서 가장 잊을 수 없는 아름다운 순간'이라고 술회했습니다. '내 평생 읽었던 이야기들 중에 가장 아름다운 이야기를 체험했으며, 결코 돌아오고 싶지 않은 여행이었다'라고 기억하고 있습니다. 천체투영관이라는 과학적이면서도 허구적인 장치가 내 삶의 진실과 맞닿아 있는 경험이었기에 말입니다.

감히 바라길, 이 책 또한 여러분에게 그런 경험이길 기대합니다. 이 책은 1.4킬로그램의 작은 우주인 '뇌'라는 관점에서 보편적인 인간을 다루고 있지만, 그 이야기는 여러분의 내밀한 삶의 이야기와 맞닿아 있기를 바랍니다. 그리고 그 안에서 나를 발견하고 우리를 발견하는 경험을 공유하길 바랍니다. 영원한 탐구 대상인 '인간'이라는 숲을 이해하기 위해 미지의 탐험을 떠난 과학자들이 알게 된 사실들을 여러분들께 조심스럽게 말씀드립니다. 이 지식들은 언제든지 훗날 새로운 발견으로 반증될 수 있는 지식들이지만, '지금 우리가 이해하고 있는 인간'에 대한 여러 단편적인 진실들이 담겨 있습니다.

인간의 숲 속으로 들어가 인간의 본질과 대면하기 위해서는 수만 발자국의 탐험이 필요할 것입니다. 이제 겨우 뗀 열두 발자국은 그 첫걸음이라 하겠지만, 기꺼이 과학자들과 함께 탐험에 합류해주세요. 우리가 당연하게 믿고 있던 사실들이 전복되는 유쾌한 경험을, 통념과 익숙한 상식의 관성에서 벗어나는 자유로움을 만끽하실 수 있을 겁니다.

이 책이 나오기까지 오랫동안 기다려주고 근사하게 책을 만들어 준 출판사 어크로스의 김형보 대표와 박민지 편집자, 그리고 어크로스 모든 식구들에게 머리 숙여 감사의 마음을 전합니다. 그리고 제 강연이 잘 이루어질 수 있도록 늘 챙겨주는 KMA 윤석환 연구원에게도 감사드립니다.

인간은 과학적으로 탐구하기엔 너무 복잡한 존재이지만, 과학 아닌 것으로 탐구하기엔 너무 소중한 존재입니다. 조심스럽게 내딛는 열두 발자국이 누군가에게 삶을 성찰하고 사회를 통찰하는 사유의 증거가 되길 기대합니다.

2018년 6월 18일 새벽
KAIST 연구실에서

차례

1부 ● 더 나은 삶을 향한 탐험
-뇌과학에서 삶의 성찰을 얻다

2부 ● 아직 오지 않은 세상을 상상하는 일
-뇌과학에서 미래의 기회를 발견하다

1부 ● 더 나은 삶을 향한 탐험

:: 뇌과학에서 삶의 성찰을 얻다

선택하는 동안
뇌에서는
무슨 일이
벌어지는가

"삶과 우주, 그리고 모든 것에 관한 궁극의 질문에 대한 답은…… 42입니다."
딥 소트(Deep Thought)가 위엄 있고 냉정하게 답했다.

더글러스 애덤스,《은하수를 여행하는 히치하이커를 위한 안내서》

안녕하세요. KAIST 바이오및뇌공학과에서 학생들을 가르치고 연구하는 정재승입니다. 이렇게 강연에 와주신 모든 분들께 진심으로 감사드리고, 또 무척 반갑습니다.

오늘 강연 주제는 '의사결정과 선택'입니다. 제 주요 연구 분야이기도 합니다. 지금부터 저는 인간의 선택이 얼마나 다양한 색깔과 모양을 지니고 있는지 말씀드리려고 합니다. 복잡계를 탐구하는 물리학자로서, 저는 인간의 의사결정이 합리성이라는 한 가지 기준으로는 도저히 설명할 수 없을 만큼 복잡하다는 사실을 드러내고자 합니다. 그리고 무엇보다도 뇌의 각 영역들은 서로 다른 관점과 기준으로 상황을 파악하며 그것들이 서로 순식간에 상호작용을 함으로써 최종 의사결정에 도달한다는 사실을 말씀드리고 싶습니다. 그래서 인간의 의사결정을 온전히 이해하기 위해서는 이 복잡한 대뇌 활동을 두루 살펴야 한다는 당연한 사실을 주장하고 싶습니다. 이를 위해 인간이 선택을 하는 과정은 정교하게 기록해야 하며, 선택에 영향을 주는 다양한 요소들을 뇌 안에서 샅샅이 찾아보는 일도 게을리해서는 안 됩니다.

주의 집중이나 학습과 기억, 사람 사이의 관계나 공감 같은 내적인 요인뿐 아니라 외부 요인들도 이 과정에서 고려해야 합니다. 선택지를 어떻게 배치하고 제시할 때, 그리고 어떤 상황을 사전에 겪을 때 사람들의 의사결정이 바뀌는지, 즉 뇌 안에 있는 내적 요인들과 세상(뇌와 인간 바깥)에 있는 외적 요인이 어떻게 인간의 최종 의사결정에 영향을 미치는지 두루 고민해야 한다는 것이 제가 의사결정을 탐구하는 관점입니다. 저는 경제학자들이나 생물학자들처럼 단순한 문제에서 인간의 의사결정을 바라보기보다는, 복잡한 의사결정 자체에 정면도전하고자 하는 겁니다. 그것이 인간 의사결정의 가장 중요한 본질이며, 그렇다고 해도 어쩌면 그 원리 자체는 우리가 이해할 수 있을 만큼만 복잡할지도 모르니까요.

마시멜로 탑을 쌓는 방법

자, 이제 한 번쯤 들어보셨을 '마시멜로 챌린지(marshmallow challenge)'라는 게임으로 선택 이야기를 시작하겠습니다. 원래 이 게임은 미국의 디자인 회사인 IDEO의 피터 스킬먼(Peter Skillman)이 고안한 것으로 과학자들 사이에서 이미 유명했지만, 많은 사람들에게 널리 알려진 계기는 톰 우젝(Tom Wujec)이라는 학자가 했던 실험 내용이 테드(TED)에 소개되면서부터입니다.

마시멜로 챌린지 게임의 룰은 매우 간단합니다. 서로 처음 보는 사람 네 명이 둥근 테이블에 둘러앉습니다. 그들에게는 스무 가닥의 스파게티 면과 접착테이프, 실, 그리고 마시멜로 한 개가 주어집니다. 그들은 이 재료들을 이용해 탑을 쌓아야 합니다. 주어진 시간은 단 18분. 탑의 모양은 어떻게 만들어져도 상관없고요. 종료 시점에 이 탑이 어딘가에 기대지 않고도 온전히 스스로 서 있을 수 있을 때 바닥에서부터 마시멜로까지의 높이를 탑의 높이로 정의하고, 높이가 가장 높은 팀이 이기는 게임입니다. 이 게임을 해보면 굉장히 다양한 방식으로 탑을 쌓을 수가 있는데, 우젝은 직업군에 따라 마시멜로 탑을 쌓은 방식과 결과가 다르다는 사실을 테드에 소개하면서 이 게임을 널리 알리게 됩니다.

우선 우젝은 미국 경영대학원(MBA) 학생들이나 변호사처럼 소위 가방 끈이 길다고 하는 명석한 사람들이 쌓은 탑의 높이가 유치원생들이 쌓은 탑의 높이보다 현저히 낮다는 충격적인 결과를 보여줍니다. 그들이 탑을 쌓는 과정도 매우 전형적입니다. 세션이 시작되면, 그들은 먼저 자기소개를 한 후에(주로 명함을 돌리지요) 어떻게 이 과제를 수행할지 계획을 짭니다. "우리 이렇게 해볼까?", "아니야, 그렇게 하면 안 되지", "이렇게 하면 더 잘될 거 같아" 등등 다양한 가설과 나름의 원리를 바탕으로 여러 가지 계획들을 짜고요. 계획이 확정되면 거기에 맞춰 쌓습니다. 17분 50초까지 열심히 계획에 맞춰 탑을 쌓다가 마지막에 탑 위에 마시멜로를 올려놓으며 '짜잔!' 하고 결과를 기다립니다. 그러면 마시멜로 탑은 대개 무너진다는 겁니다. 처음에 어떻게 탑을 쌓을지 계획하고, 그 다음에는 계획에 맞춰 성실히 탑을 쌓고, 마지막에 결과를 살펴보는 것까지! 너무나 당연한 프로세스여서 그들이 뭘 잘못했는지 모르시겠죠?

하지만 유치원생들은 전혀 다른 방식으로 18분을 보낸다는 겁니다. 물론 그들의 결과가 훨씬 더 좋고요. 우선 명함을 주고받지 않습니다. (웃음) 자기소개도 하지 않고 바로 말을 놓습니다. 무엇보다 계획을 세우지 않습니다. 일단 재료를 가지고 탑을 만들어봅니다. 그래서 성공하면 다음에 좀 더 높은 탑을 쌓죠. 다리를 붙이고 가지를 뻗고 안테나를 올리는 방식으로 탑의 높이를 올립니다. 그래서 18분 동안 적게는 세 개, 많게는 여섯 개의 탑을 완성합니다.

그들은 '어떻게 쌓을 것인가?'에 대해 아무런 계획 없이 출발합니다. 일단 실행에 옮기고 보는 거죠. 작은 탑을 하나 쌓으면, "이거 너무 낮은데, 높이려면 어떻게 해야 하지? 무너뜨리고 이렇게 해볼까?"라고 하면서 좀 전보다 조금 더 높은 탑을 쌓습니다. 그리고 다시 "이거 너무 낮은데, 시간 남으니까 또 해볼까?"라는 식으로, 계속 성공하면서 조금씩 더 높은 탑을 쌓는 데 이른다는 거죠. 그래서 실제로 성공 확률도 아이들이 더 높고요. 그 덕분에 탑의 높이도 아이들이 쌓은 것이 훨씬 더 높다는 겁니다.

우리 모두는 스파게티 면과 접착테이프, 실을 가지고 마시멜로의 무게를 버틸 수 있는 탑을 쌓아본 적이 없습니다. 처음 시도하는 일에 좋은 계획을 세울 수 없습니다. 경험이 별로 없는 이들이 계획을 세워봤자 잘못될 가능성이 높죠. 게다가 계획을 짜는 데 많은 시간을 보내면 다시 회복할 기회도 없습니다. 그래서 대학원생들은 대체로 좋지 않은 실적을 보이죠.

아이들이 쌓은 탑을 관찰해보면, 흥미롭게도 탑의 다리 맨 밑을 접착테이프로 동여맨 모습을 흔히 볼 수 있습니다. 탑의 다리 끝을 접착

테이프로 동여매면 신발을 신겨주는 형상이 만들어지는데, 덕분에 무게중심이 내려가고 바닥과 탑 사이의 마찰력이 늘어나서 안정적으로 탑이 설 수 있습니다. 이건 실제로 여러 시도를 해보지 않고서는 계획할 수 없는 전략입니다.

이 실험결과가 우리에게 들려주는 메시지는 무엇일까요? 회사는 종종 계획을 얼마나 잘 세웠는지를 중요하게 따집니다. 그리고 계획대로 일을 진행했는지를 따져 묻습니다. 심지어 우리는 더 나은 결과를 얻을 수 있는데도 불구하고 처음 계획대로 일을 진행하는 경우도 있습니다. 결과가 더 좋더라도 왜 처음 계획대로 일을 진행하지 않았는지 책임을 묻는 경우가 자주 있기 때문입니다.

처음 해보는 일은 계획할 수 없습니다. 혁신은 계획으로 이루어지지 않습니다. 혁신은 다양한 시도를 하고 계획을 끊임없이 수정해나가는 과정에서 이루어집니다. 중요한 건 계획을 완수하는 것이 아니라 목표를 완수하는 것입니다. 우리는 목표를 완수하기 위해 계획을 끊임없이 수정하는 법을 배워야 합니다. 계획에 너무 많은 시간을 빼앗기지 않고, 끊임없이 바뀌는 상황에 맞춰 계획을 수정하면서 실행해나가는 과정에서 우리는 더 많은 것을 얻습니다. 특히 처음 해보는 일에서는 계획보다 실행력이 더 중요합니다.

많은 사람들은 인생의 '계획'을 세우는 데 많은 시간을 보냅니다. 그리고 젊은 시절 대부분을 그 계획을 완수하기 위해 준비하는 시간으로 보내기도 하지요. 젊은 시절이 지나고 나이가 들면 더 이상 준비를 안 해도 되느냐? 그렇지 않습니다. 나이가 들면 '노후 준비'를 해야죠.

젊었을 땐 자기 인생을 준비하고, 중장년 시절에는 자식들 인생까지 준비하고, 나이 들면 또다시 자기 노후 인생을 준비하고…… 아직 오지 않은 무언가를 준비하고 계획하는 데 대부분의 시간을 보냅니다. 그런데 여러분의 삶이 정말 계획대로 되었는지, 자신이 만든 계획 중에서 성공적으로 완수한 계획은 몇 퍼센트쯤 되는지 돌이켜보세요. '내가 왜 이런 짓을 지금까지 하고 있었지'라는 생각이 드실 겁니다.

제가 예전에 '나꼼수'의 김어준 씨와 대담을 한 적이 있는데, 그가 그런 얘기를 하더군요. "인간이 하는 것 중에 제일 멍청한 짓이 계획을 세우는 거다. 나는 지금까지 한 번도 계획대로 살아본 적이 없다. 내가 생각하기에, 신이 있다면 그는 아마 계획을 세우고 있는 인간을 골탕먹이는 재미로 살 것 같다."라고 하더라고요. 김어준 씨의 견해에 동의하지 않은 적이 더 많지만, 이 말만은 진실에 가까워 보였습니다. (웃음) 미래는 예측할 수 없기에, 세상은 인간의 계획대로 돌아가지 않습니다.

물론 계획이 주는 유익함이 있습니다. 우리는 계획을 완수하지 않더라도 그 계획을 세우고 실행하는 과정에서 상황에 대해 구체적으로 배우게 되죠. 그래서 추천하고 싶은 것은 일단 간단히 계획을 세우고 한번 실행해보라는 겁니다. 그러고 나면, 뭔가 한번 해본 걸 가지고 좀더 의미 있는 계획을 세울 수 있게 됩니다. 이른바 '실행을 통해 배우기(learning by doing)'가 바로 그것입니다. 아이들은 누가 가르쳐주지 않아도 선험적으로 그런 방식을 통해 과제를 수행합니다. 인간은 원래 그런 방식으로 세상을 배우는 존재였을지도 모릅니다.

그랬던 여러분을 막고 '도대체 너의 계획은 무엇이냐'를 따져 묻고 시간 계획을 요구하고 나름의 가설을 세우게 하고 거기에 접근하라고 요구하는 곳이 바로 '학교'입니다. 실행력으로 충만했던 유치원생 같은 여러분을 주저하게 만들고 계획에 치중하게 만든 곳이 안타깝게도 제가 있는 학교라는 곳입니다. 마시멜로 챌린지의 결과는 과연 그것이 좋은 교육방법인가를 회의하게 만듭니다. 한 번도 세상에 나가 장사를 해본 적이 없는 MBA 학생에게 장황한 창업 계획을 세우게 하는 것이 좋은 교육인지 저는 잘 모르겠습니다. 일단 한번 해보면서 감을 잡고, 도전해서 안 되면 다시 바꾸고, 시도를 통해 배우는 것이 좋은 학습이라고 생각합니다. 계획은 수정하고 다시 만드는 데 그 유용함이 있습니다. 그들을 세상 한복판에 세우고 낯선 땅에서 치약 100개라도 팔아보라고 상황을 만들어주면서, 그들이 과연 어떻게 행동하는지 보는 것이 더 나은 교육은 아닐까요?

1등 상금의 함정

마시멜로 챌린지에서 우리가 얻을 수 있는 두 번째 교훈은 '누가 이걸 가장 높이 쌓았느냐'는 분석을 통해 드러납니다. 여러 직업군에게 이 챌린지를 도전해보게 하면 쌓은 탑 높이가 평균 20인치(약 50센티미터) 정도입니다. 기록이 제일 좋은 사람들이 누구냐? 건축가와 엔지니어 팀입니다. 참으로 다행이지요. 이런 분들이 우리가 생활하는 건물과 집을 짓는다는 사실이요. (웃음) 그리고 여러분이 앞으로 과학자들을 어떻게 대해야 할지를 알려주죠. (웃음) 우리의 삶을 지탱해주는 매우 중

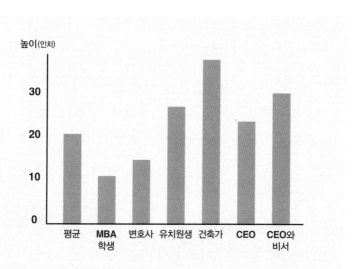

높이(인치)

집단별 마시멜로 탑의 높이. 건축가들이 가장 높은 탑을 쌓았고, 단일 그룹으로는 유치원생들이 그 뒤를 이었다. 최하위는 MBA 학생들이 차지했다. (자료: tomwujec.com)

요한 사람들입니다. 건축가들이 이걸 잘 쌓지 못한다고 생각해보세요. 비극이잖아요.

기업 CEO들의 탑 높이 결과를 보면, 평균보다 약간 더 높은 수준입니다. 그런데 그 팀에 비서 한두 명이 참여하게 되면 성과가 아주 좋아집니다. (웃음) 이 결과가 우리에게 들려주는 메시지는 뭘까요? 사장님은 비서가 꼭 있어야 한다는 뜻일까요? (웃음) CEO가 하는 일은 기업이 나아가야 할 비전을 세우고, 이를 실현하기 위해 조직을 구성하고, 그 조직을 이끄는 것이지요. 그러다 보니 실행보다는 계획에 더 능한분들일 수 있습니다. 하지만 실제로 그들이 뭔가를 이루려면 실행하는능력, 실행해줄 사람이 필요하다는 거죠. 옆에 있는 비서가 아니라 본인이 이 두 가지 능력을 모두 갖고 있으면 훨씬 더 좋겠지요.

마시멜로 챌린지가 우리에게 들려주는 마지막 교훈이 있습니다. 이를 위해 한 가지 흥미로운 실험이 추가됩니다. 여기 10개의 팀이 있다고 가정해봅시다. 열 팀에게 마시멜로 탑을 쌓아보라고 하면 평균 여섯 팀 정도가 성공합니다. 그런데 이런 상황에서 이들에게 상금을 거는 겁니다. 제일 높이 쌓은 팀에게 1만 달러(약 1200만 원)의 상금을 겁니다. 18분 동안 열심히 탑을 쌓고 최고의 결과를 낸 팀에게 한 사람당 300만 원이 주어지는 그런 상황인 거지요. 그러면 과연 어떤 일이 벌어질까요? 마시멜로 탑은 얼마나 높이 올라갈까요?

결과는 가히 충격적입니다. 물론 큰돈이긴 하지만 1200만 원이 주어졌을 뿐인데, 결과는 완전히 달라집니다.

성공하는 팀이 사라집니다! 탑을 무사히 쌓은 팀이 사라진다는 얘기입니다. 이걸 여러 번 실험했습니다만, 매번 결과는 유사했습니다. 이 경우에 유치원생이 탑을 10센티미터 높이로만 쌓아도 상금을 받아가게 되는 거죠. 도대체 왜 이런 일이 벌어지는 걸까요?

이 경우 2등이나 3등은 의미가 없지요. 그러면 사람들의 전략이 달라집니다. 가장 높은 탑을 쌓기 위한 무모한 도전이 시작됩니다. 상금이 커질수록 사람들은 시야가 좁아지고 조급해집니다. 이것을 터널 비전(tunnel vision) 현상이라고 부르지요. 그래서 '어딘가에 기대지 않고 스스로 온전히 서 있을 수 있을 때' 탑의 높이를 측정한다는 당연한 원칙을 무시하게 됩니다. 탑의 균형과 안정은 고려하지 않은 채 그저 높은 탑을 쌓으려고 노력합니다.

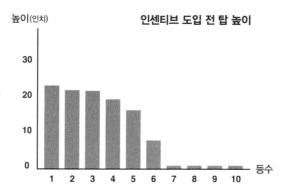

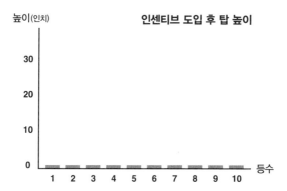

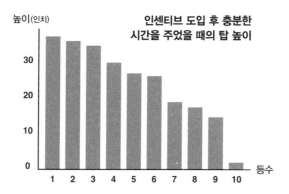

인센티브의 역효과를 보여주는 마시멜로 챌린지의 결과. (자료: tomwujec.com)

"엄마 나 숙제 다 하면 뭐 해줄 거야?", "너 공부 못하면, 저런 일 해야 해!" 우리 사회에서 아주 만연한 대화이지요. 대학이든 회사든 잘하는 사람에게 인센티브를 주고, 못하는 사람에게 일종의 처벌을 내리죠. 그런데 이런 제도가 생기면 사람들은 목표와 성취 그 자체를 위해서 달리지 않고 보상과 처벌에 따라 일을 하기 때문에 시야가 좁아집니다. 마시멜로를 높이 쌓으려고 노력하는 게 아니라 1등을 하려고 노력하는 거예요. 그러면 마음이 급해지고, 다른 사람들이 어떻게 하는지 봐야 하고, 1등을 하기 위해 무리한 계획을 세우게 됩니다.

창의적인 아이디어를 얻기 위해서는 한 발자국 떨어져 문제를 볼 필요가 있고, 실패하더라도 다양한 시도를 할 수 있어야 하는데, 무조건 성공해야 하고 가장 높은 탑을 쌓아야만 한다면 시야가 좁아져서 '과제 집착형'으로 다가가게 된다는 겁니다. 그것이 여지없는 실패를 만들어낸다는 의미겠지요.

이 과제를 다음 주에 수행하겠다고 미리 알려주고 사람들에게 준비할 시간을 충분히 주면 그들은 여러 가지 시도를 해보면서 적절한 전략을 짰을 겁니다. 실제로 충분한 시간이 주어지면 기록이 더 좋아집니다. 지금 주어진 시간 내에 바로 완수하라고 하면 대부분 실패하지만, 사람들에게 충분한 시간과 여유를 주면 보상이 도움이 됩니다.

제가 이 실험을 소개하는 이유는 이것이 우리 사회 구성원들이 날마다 마주치는 전형적인 일상이라서입니다. 인센티브가 학교에서의 성적일 수도 있고, 회사라면 고과점수를 매기는 핵심성과지표(KPI, Key Performance Indicator)에 해당하겠죠. 우리는 그걸 더 높게 받으려고 노력합니다. 내 앞에 여러 옵션이 있는데, 그중에 뭘 선택해야만 사회적 지위도 높아지고 경제적 여건도 좋아져서 남들이 부러워할 만한, 혹은 칭찬받을 만한 자리에 오르느냐. 그런 판단이 끊임없이 요구됩니다. 이런 상황에서 사람들은 어떤 의사결정을 하는 것이 적절한지 끊임없이 고민하지요. 그래서 삶은 '선택의 연속'입니다. 이 선택을 몇 번만 잘못해도 우리는 인생에서 돌이킬 수 없는 후회를 하게 됩니다. 인센티브가 더 나은 결과에 도움이 되지 않듯이, 더 나은 의사결정을 이끌어내지도 않습니다.

그렇다면 우리는 어떻게 해야 더 나은 의사결정을 할 수 있을까요? 인센티브에 너무 민감하지 말 것, 계획에 너무 매몰되지 말 것! 그 외에도 과학자들이 찾아낸 어떤 진실이 삶의 선택에 조언을 해줄 수 있을까요? 인생에는 '결정의 순간(GO/NO GO moment)'이 있지요. '이걸 할까 말까', '여기 갈까 말까'와 같은 의사결정을 사람들은 끊임없이 요구받는데, 이 중에는 진짜 의미 있는 기회도 있고 사소한 의사결정도 있겠죠. 중요한 의사결정을 할 때 후회하지 않으려면 어떻게 해야 하느냐에 관한 문제의식을 가지고 우리는 인생을 살아가야 합니다. 우리가 어떻게 하면 더 나은 의사결정을 할 수 있을까, 바로 오늘의 주제입니다.

합리적인 의사결정을 방해하는 것들

좋은 의사결정이란 무엇일까요? 당연히 후회 없고, 실수하지 않으며, 내가 기대한 것 이상의 보상을 받는 선택이겠죠. 그런데 의사결정은 그 순간 그것이 좋은 결정이었는지 바로 판단이 나올 수도 있고, 10년 혹은 20년이 지난 후에 평가가 가능할 수도 있어요. 그 순간에는 잘못된 의사결정이라고 생각했는데, 시간이 지나고 나니까 참 좋은 의사결정이었다고 해석될 수도 있죠. 사람들이 '새옹지마(塞翁之馬)'라는 사자성어를 종종 사용하는 것도 그런 이유 때문입니다. 그래서 학자들은 좋은 의사결정을 하려면 어떻게 해야 하는지에 관한 다양한 연구들을 수행해왔습니다.

'호모 이코노미쿠스'. 인간은 합리적인 의사결정자라는 가설이죠. 지난 100년 동안, 그러니까 20세기 내내 대다수의 경제학자들은 존 폰 노이만(John von Neumann)과 오스카어 모르겐슈테른(Oskar Morgenstern)이 제안한 게임이론(game theory)을 바탕으로 인간이 자신의 이익을 최대화하려는 방식으로 의사결정을 할 것이라는 가설을 사용했습니다. 게임이론이란 상대방의 선택이 나의 이해득실에 영향을 미치는 상황에서 적절한 의사결정 전략을 수립하기 위한 이론입니다. 이 이론을 통해 시장에서 물건이 팔리고 화폐가 거래되는 과정을 설명해왔지만, 사실 인간이 그다지 합리적이지 않다는 것을 우리 모두는 잘 알고 있죠. 필요 없는 물건을 사기도 하고, 허세를 부리기도 하지요. '나는 늘 합리적인 선택만 합니다' 이런 분 안 계시잖아요. (웃음)

충동구매를 실제로 얼마나 하는지 조사한 통계 자료를 보면, "당신은 평소에 어떤 방식으로 제품을 구매합니까?"라고 물어봤을 때 "나는 주로 충동구매를 한다" 혹은 "나는 충동구매를 좀 더 많이 하는 편이다"라고 대답한 사람이 무려 48퍼센트나 됩니다. "나는 계획적인 소비와 충동구매가 반반 정도 된다"라고 대답한 23퍼센트까지 포함하면, 계획에 따라 구매를 하는 사람들이 생각보다 그렇게 많지 않은 거죠.

이 설문 결과가 뭘 의미하는 걸까요? 바로 이것 때문에 많은 기업들이 망하는 거예요. (웃음) 생각해보세요. 기업이 가장 애쓰는 일이 뭡니까? 어떻게 하면 소비자를 만족시킬 수 있을까, 그들이 선택하고 좋아할 만한 제품과 서비스를 어떻게 세상에 내놓을 수 있을까를 궁리하는 것이지요. 그들은 '싼값으로 품질이 좋은 제품이나 서비스를 내놓으면 소비자들이 좋아할 거야'라고 생각하고 내내 준비하지만, 전 세계에 출시되는 신상품의 2퍼센트만이 결국 손익분기점을 넘기는 성공을 거둡니다. 다시 말하면 98퍼센트가 실패인 거예요. 왜 실패할까요? 사람들은 합리적인 접근으로는 예측이 안 되는 방식으로 소비하기 때문입니다. 대부분의 사람은 아주 어렸을 때부터 충동구매를 일상화합니다. 필요 없지만 너무 갖고 싶어서 사죠. 우리는 "이거 진짜 합리적으로, 굉장히 고민 많이 했어"라면서 사는데, 사실 그 고민은 어떻게 하면 사지 말아야 하는 상황에서도 살 이유를 찾을까 하는 고민이에요. 그래서 그 이유를 다행히 찾으면 편한 마음으로 충동구매를 하는 거고요, 그 이유를 못 찾으면 불편하게 충동구매를 하는 거지요. (웃음) 엉뚱한 이유로 물건을 사는 경우들이 자주 벌어지기 때문에, 기업이 공들여 준비한 물건이 세상으로부터 외면받는 일이 생기는 거죠.

인간의 전형적인 비합리적 의사결정에 대한 재미있는 실험 하나를 소개할게요. 이 강연에 오신 분들에게 어느 기부자가 1000만 원을 나눠주기로 했다고 가정해봅시다. 가정만으로도 행복하시죠? (웃음) 그런데 기부자가 재치가 있어서, 그냥 나눠주지 않고 게임을 하는 거예요. 테이블 위에 1000만 원이 들어 있는 007 가방을 올려놓습니다. 여러분들이 가방을 선택하면 현금 1000만 원을 받으실 수 있는 거죠. 그 옆에는 로또가 들어 있는 상자를 놓아둡니다. 이 로또를 긁어서 꽝이 나오면 한 푼도 못 받습니다. 대신에 당첨이 되면 3000만 원을 받게 됩니다. 무려 3배! 하지만 당첨 확률은 50퍼센트. 꽝이 나올 확률도 50퍼센트입니다. 50퍼센트의 확률로 당첨되면 3000만 원을 받으니 기댓값은 1500만 원인 거죠.

여러분은 뭘 선택하시겠습니까? 지금 절대다수가 '현금'에 손을 드셨는데, 실험을 해보면 보통 80퍼센트 정도가 현금 1000만 원을 선택하죠. '나는 로또를 선택하겠다', 손들어보시죠. 용기 있게 드세요! 자, 로또를 선택하신 분들을 한번 보세요. 대개 20퍼센트 정도가 로또를 선택하는데, 로또를 선택한 20퍼센트의 사람들 중에서 절대다수가 남성입니다. (웃음) 여성은 대개 이런 상황에서 위험을 감수하지 않아요.

여성성이 강할수록 이런 성향이 더 높아집니다. 여성성과 남성성은 손가락 길이를 보면 어느 정도 짐작할 수 있는데요, 두 번째 손가락과 네 번째 손가락은 인간의 몸 중 성기관을 제외한 기관들 중에서 유일하게 남녀의 비율 차이가 있는 곳입니다. 보통은 남성이 약지, 네 번째 손가락이 더 길고 두 번째 손가락이 짧아요. 임신 13주차 때 남성호르몬 테스토스테론(testosterone)의 양이 많아지면 네 번째 손가락이 길어집니다. 네 번째 손가락이 길수록 위험 감수 성향이 강해 로또를 선택할 확률이 높아집니다. 여성분 중에서도 네 번째 손가락과 두 번째 손가락이 비슷하거나 심지어 네 번째 손가락이 더 긴 분이 있을 수 있는데, 그런 분들은 로또를 선택할 수 있습니다. 그런가요? 여러분의 손가락을 살펴보시지요. 가운뎃손가락을 펴지는 마시고요. (웃음)

정리해보자면, 사람들은 게임이론가들의 예측과는 달리 수학적으로는 기댓값이 작더라도 안정적인 현금을 선택한다는 거죠. 그것은 우리의 뇌가 손실을 회피하려는 경향이 있기 때문입니다. 다른 사람들이 1000만 원을 받는데 나만 로또를 선택했다가 꽝이 나와서 아무것도 못 받았을 때의 고통이 다들 1000만 원을 받는데 나만 3000만 원 받을 때의 기쁨보다 더 큰 거예요. 그래서 그런 상황을 피하고 싶은 거죠. 손실회피를 담당하는 뇌 영역(인슐라, insula)이 망가진 환자들은 주식투자에서 보통 사람들보다 더 높은 수익률을 보입니다. 보통 사람들보다 더 수학적으로, 합리적으로 주식투자를 하거든요.

다른 실험의 예를 하나 더 들어볼까요? 뇌의 활동을 측정하는 fMRI(기능성 자기공명영상장치)안에 사람들을 눕혀놓고 제품 하나, 예를 들어 고디바 초콜릿을 4초간 보여줍니다. 그리고 초콜릿이 얼마인지 가격을 4초간 보여줍니다. 그러고 나서 살지 말지 '네' 혹은 '아니오' 버튼을 누르게 합니다. 이 실험을 통해 사람들이 결국 그 제품을 살지 말지를 그가 초콜릿을 보는 동안, 그리고 가격을 보는 동안의 뇌 영상만으로 예측할 수 있다는 겁니다.

fMRI로 촬영한 뇌 사진을 보면, 사겠다는 사람은 초콜릿을 본 순간 '쾌락의 중추'라고 불리는 영역(측좌핵, nucleus accumbens)이 강하게 활성화됩니다. 그 후에 가격을 보여주면, 이 가격에 살 만한 물건인지를 계산하는 이성적인 뇌 영역(내측전전두피질, medial prefrontal cortex)이 활발히 활동합니다. 안 살 사람은 이런 고민을 할 필요가 없으니 이 부분이 별로 활성화가 안 되는 거지요. 샤넬 가방을 40대 여성들에게 보여주면 이 부분이 난리가 납니다. (웃음) 20대 남성들에게 포르셰 스포츠카를 보여줘도 마찬가지고요. (웃음)

왜 고민을 하는 걸까요? 아마도 그들은 충동구매를 정당화할 수 있는 이유를 찾고 있는 것 같아요. '내가 300만 원짜리 샤넬 가방을 산 다음에 10년 동안 가방을 안 사면 매해 30만 원짜리 가방을 10개 사는 것과 같은데, 30만 원짜리 가방 10개를 사느니 이거 하나 사는 게 더 합리적이야!'라고 하면서 사는 거죠. 혹은 '내가 이걸 매고 동창회, 친구 모임, 부부동반 송년회 등에 가면 체면이 설 테니, 이 정도 투자는 필요해'라는 식으로 해석해서 적절한 이유를 굳이 찾거나요.

지난 석 달간의 자신의 카드 명세서를 살펴보면 대개 사야 할 것보다 꼭 필요한 건 아니지만 사고 싶은 것에 훨씬 더 많은 돈을 들였을 테고, 필요한 수준보다 더 높은 사양의 물건들을 샀을 겁니다. 아이폰 사용자들도 20퍼센트만이 자신의 이전 핸드폰에는 없던, 이번 아이폰에만 있는 기능을 쓴다고 대답합니다. 80퍼센트는 처음에는 이것저것 다운로드해서 앱을 깔았으나 지금은 카카오톡 외에는 거의 안 쓰는, 굳이 아이폰의 새로운 기능이 필요 없는 삶을 살고 있다는 거죠. 이런 사람들이 다수라는 겁니다. 그렇다면 왜 아이폰을 구입할까요? 그냥 아이폰을 쓰고 싶은 거죠. 아이폰의 그 느낌이 좋고, 모양이 좋고, 자꾸 들여다보고 싶고, 아이폰 사용자 그룹 안에 끼고 싶고요.

인간의 뇌는 오늘날 자칫 잘못된 의사결정을 하기 딱 좋게 디자인 돼 있습니다. 우리의 뇌는 약 3만 년 전의 원시적인 상황에서 생존과 짝짓기에 필요한 선택을 하기 적절한 정도로 진화해왔습니다. 특히 전 전두엽이라고 불리는 고등 뇌 영역은 인간의 진화 과정 중에 가장 최근에 등장해서 발달했지요. 이른바 창조적인 폭발(creative explosion)이 뇌안에서 벌어진 겁니다. 3만 년 전의 사바나에서, 정글에서, 아마존에서 생활할 때 쓰던 그 뇌를 우리는 지금까지 쓰고 있는 건데, 현대사회는 너무 빠르고 복잡하게 바뀌었거든요. 그런데 우리는 아내나 남편을 고를 때, 학교를 고를 때, 직업을 고를 때, 국회의원이나 대통령을 뽑을 때도 이 뇌를 사용하고 있죠. 그래서 '저 사람이 내 친구인가 적인가, 저 사람이 내 섹스파트너가 될 수 있는가' 같은 단순한 기준으로 국회의원을 뽑고, 직업을 선택하고, 미래를 계획한다는 겁니다. 우리의 뇌가 합리적이지 않은 건 이 복잡한 현대사회에서도 원시부족사회 때 유용했던 전략으로 세상을 바라보고 선택하기 때문입니다.

70퍼센트 확신이 들면 실행하라

우리가 가진 적절하지 않은 의사결정 패턴 중 하나는 해야 할 의사결정을 '안 하는' 경우가 많다는 겁니다. 나이 들어 가장 많이 하는 후회 중 하나가 '이거 괜히 했다'라는 후회보다 '내가 그때 그걸 했어야 했는데'라는 후회라고 합니다. 그러니까 우리는 망설이다가 실행에 옮기지 못하고 그냥 기회를 놓치는 경우가 생각보다 많다는 겁니다. 의미 있고 중요한 의사결정일수록 판단하는 데 더 많은 시간을 들이죠. 오히려 사소한 의사결정은 가볍게 시도해볼 수 있지만 인생의 중요한 결정일수록 기회를 놓치는 경우가 많습니다. '내가 이때 이걸 지원했어야 하는데', '내가 그 사람에게 고백했어야 하는데'와 같이 기회를 놓치는 경우들이 훨씬 더 많아서, 사실은 'GO/NO GO 순간'에 'GO' 버튼을 누르는 의사결정을 하는 것 자체로 의미 있는 경우가 많습니다.

그렇다면 사람들은 왜 안 하느냐. 99퍼센트, 95퍼센트 혹은 최소한 90퍼센트 이상의 확신이 드는 상황이 되어야 고백을 하고, 지원을 하고, 선택을 한다는 거죠. 그런데 실제로 살다 보면 90퍼센트 이상으로 여러 조건이 맞고 확신이 드는 경우는 극히 적습니다. 그래서 어느 정도 확신이 들면 우선 실행에 옮길 필요도 있습니다. 마시멜로 챌린지의 유치원생 전략처럼 말이죠. 일단 한번 만들어보는 거죠. 잘못되었으면 다시 고치면 되고요.

미국 해병대에는 '70퍼센트 룰'이라는 것이 있습니다. 70퍼센트 정도 확신이 들면 95퍼센트 확신이 들 때까지 기다리지 말고 일단 의사결정을 하고 실행에 옮기라는 겁니다. 어떤 사람에게는 이게 별로 도움이 되지 않는 조언일 수 있습니다. "저는 평소에 너무 빨리, 그리고 쉽게 의사결정을 해서 문제예요"라는, 일을 벌이는 타입의 사람들이 있죠. '70퍼센트 룰'은 어떤 상황에서든지 항상 주저하시는 분들에게 권해드리고 싶은 방법입니다. '아직 결정하지 않은 상태'를 오랫동안 방치하지 말라는 얘기입니다. 그런 사람들이 훨씬 더 많거든요.

물론 빠르게 의사결정을 하는 것이 항상 좋은 것만은 아닙니다. 어느 정도 수준의 확신을 가지고 의사결정을 하느냐가 무척 중요한데요, 여기에 관해서 크게 극단적인 두 개의 가설이 있어요. 하나는 말콤 글래드웰(Malcolm Gladwell)이 주장하는 '블링크(blink)' 가설입니다. 그는 전문가들일수록, 문제를 직면한 순간 자신의 오랜 총체적 경험을 바탕으로 빠르게 판단할 때 의외로 맞을 때가 많다고 주장합니다. 심사숙고하고 오랫동안 분석해서 얻은 결과보다 훨씬 더 나은 결과를 보여줄 때가 많다는 겁니다. 미술관에서 어떤 조각 작품이 위작이냐 아니냐를 두고 논란이 벌어졌을 때, 3개월 동안 조각상의 성분 구조를 분석해서 얻은 결과는 틀렸고 오히려 전문가가 작품을 본 순간 빠르게 판단한 게 정확했더라는 식이죠. 이런 식의 블링크, '아주 눈 깜짝할 사이에 하는 의사결정(snap judgement)'이 의미 있다고 주장합니다.

반대 가설로 '직관을 믿지 말고 심사숙고하라'가 있지요. 우리는 지나치게 자주 블링크를 하는데 그래선 안 된다, 우리 사회가 지성주의 사회로 나아가려면 블링크 형태의 의사결정이 아니라 심사숙고하는 의사결정을 해야 한다, 이런 주장입니다.

말콤 글래드웰도 자신의 저서 《블링크(Blink)》에서 빠른 의사결정이 '잘못된 의사결정'을 만드는 사례도 함께 보여줍니다. 미국의 29대 대통령이었던 워런 하딩(Warren Harding)은 최악의 대통령이었습니다. 그러나 그의 얼굴은 너무나도 대통령처럼 생겼다고 하죠. 그래서 그 사람이 후보로 나오는 순간, '저 사람은 대통령감이야, 왠지 저 사람 뽑고 싶어'라고 모두 블링크를 한 거죠. 그 당시에는 TV 토론도 없었기 때문에 처음의 그 의사결정이 바뀔 가능성도 적었다고 합니다. 그 결과 미국 역사상 최악의 대통령이 선출되었다고 하지요. 얼굴만 대통령감이지, 대통령직을 수행하기에는 너무나도 무능한 사람이었던 모양입니다. 순간의 선택이 4년간 그들을 불행하게 만들었습니다.

사람들은 왜 중요한 의사결정을 쉽게 해버릴까요? 생각해보세요. 여러분 앞에 놓인 의사결정을 돈의 가치로 환산해보세요. '이 집을 살까 말까?' 매우 비싼 의사결정이죠. '저 사람과 결혼할까?', '이 회사에 다닐까?'는 돈으로 값을 매길 수 없을 만큼 중요한 의사결정인데, 그 가치만큼 고민하는 시간이 늘어나느냐 하면 그렇지 않다는 거예요. 예를 들어 자동차는 청바지나 티셔츠보다 훨씬 비싸지만, 우리가 옷을 구입할 때 드는 시간이나 자동차를 구입할 때 드는 시간이 많이 차이 나지 않습니다. 수백 배 더 비쌀 텐데 수백 배 더 신중하진 않다는 겁니다. 집도 마찬가지예요. 매우 고민했을 것 같지만, 여러분이 지금 살고 있는 집을 구하던 때를 떠올려보세요. 얼마나 발품을 팔았나요? (웃음) 생각해보면 우리는 참 무모해요. 그런 중요한 의사결정을 생각보다 쉽게 한다는 거죠. '그래서 문제!'라는 주장입니다.

정치적인 의사결정도 마찬가지입니다. 우리는 별로 깊게 고민하지 않고 쉽게 투표를 하는 경향이 있죠. 프린스턴대학교 연구진들이 학생들을 대상으로 했던 흥미로운 실험이 2005년도에 〈사이언스〉에 실렸어요. 연구자들은 피험자들에게 두 명의 얼굴 사진을 보여줍니다. 예를 들면 다음 페이지 사진과 같은 미국 위스콘신주의 민주당과 공화당 하원의원 후보 사진인데요, 얼굴을 한번 보시죠. 내가 만약에 이 주의 유권자라면 어떤 사람을 하원의원으로 뽑겠다는 생각이 드는지 손들어보

"누가 더 유능해보이는가?" 실험 참가자들에게 두 후보의 사진을 보여주고 한 명을 선택하도록 했다. 결과는 실제 선거 결과와 67퍼센트 이상 일치했다. (자료: Alexander Todorov et al., 2005)

세요. 손든 숫자를 보니 오른쪽을 뽑겠다는 사람이 좀 더 많네요. 실제로 오른쪽에 있는 후보가 당선됐습니다. (웃음) 바로 이런 겁니다.

프린스턴대학교 학생들에게, 프린스턴대학교가 있는 뉴저지주의 하원의원 후보 사진은 빼고 나머지 주들의 민주당과 공화당 후보 사진을 1초간 보여줘요. 둘 중에 누가 더 유능해 보이는가? 당신이라면 누굴 뽑을 것인가? 버튼을 누르는 거예요. 그리고 나서 실제 선거에서 누가 당선되었는지를 비교해보는 겁니다. 둘 중 한 명을 고르는 문제니까 그냥 찍는다면 득표율이 50퍼센트 정도로 비슷하겠죠. 그런데 모의투표 결과가 실제 선거 결과와 일치할 가능성이 67퍼센트가 넘게 나온 겁니다. 아주 높은 상관관계를 보였다는 거죠. 무슨 의미일까요?

여러분은 얼굴만 보고 '이 사람이 유능해 보여' 하고 골랐잖아요. 한 달간 유세 듣고 공약과 정책을 보고 결정한 미국 주민들과 1초간 얼굴 사진만 본 여러분의 투표 결과가 유사하다니 놀랍지 않습니까? 혹시 실제로 주민들도 후보들을 딱 보고 '나는 이 사람이 좋아'라고 바로 결정한 것 아닐까요? 혹여 처음 결정에 반하는 정보가 들어오더라도 '이건 말도 안 돼, 아닐 거야'라고 거부한 건 아닐까요? 나중에 맞다는 사실을 알게 되더라도 '그건 별로 중요한 게 아니야'라며 정보의 의미를 폄하한 건 아닐까요? 그래서 자신이 처음에 내렸던 의사결정을 계속 유지하려는 경향이 있어야만 위의 실험결과를 설명할 수 있죠.

물론 부동층, 그러니까 아직 마음의 결정을 하지 못한 사람들은 추가 정보의 영향을 받겠지만, 어떤 사건에 의해서 돌연 마음에 두고 있던 당을 뽑지 않고 다른 결정을 내릴 가능성은 굉장히 적다는 거죠. 그리고 그 의사결정의 많은 부분은 '저 사람은 왠지 국회의원 후보감이 아닌 것 같아', '저 사람은 생긴 게 미덥지가 않아' 그런 것에 기댄다는 말입니다.

더욱 재미있는 실험은 8세부터 13세까지의 아이들에게 이 하원의원 후보들의 사진을 보여준 실험이에요. 그 대신 문제를 조금 바꿨어요. "네가 배를 타고 먼 대륙으로 항해를 떠나야 하는데, 그 배를 조종할 선장을 뽑아야 한단다. 너는 이 두 선장 후보 중에서 누가 이끄는 배에 탈래?" 이렇게 물어본 거예요. 아이들은 하원의원이라는 직업을 잘 모르니까요. 그랬더니 아이들이 선택한 사람의 70퍼센트가 실제로 하원의원에 당선된 사람들이었다는 거예요. 프린스턴대학교 학생들의 결과와 굉장히 유사했습니다.

이 실험결과는 19세 이하의 아이들에게도 국회의원 선거에 참여할

권리를 주어야 한다는 걸 보여줍니다. 그들이 국회의원을 제대로 뽑지 못할 거라는 생각을 버려야 해요. (웃음) 우리는 어른이 되어서도 어쩌면 어린 시절의 전략으로 계속 국회의원을 뽑고 있었던 건 아닐까요? 그냥 후보들의 포스터를 보며 "이 사람은 재수 없게 생겼어. 웃는 거 봐, 사악해."라고 말하면서 다른 후보를 선택한 건 아닐까요? 사실 많은 유권자들은 후보들의 공약과 정책에 큰 관심이 없습니다.

저도 17대 대통령 선거 즈음해서 학생들과 비슷한 실험을 한 적이 있습니다. 한나라당 지지자들과 민주당 지지자들을 모아놓고, 당시 대통령 후보였던 이명박 후보와 정동영 후보의 사진을 보여주면서 fMRI 안에서 그들의 뇌를 찍은 거죠. 그리고 후보들의 공약을 보여주면서도 뇌를 찍었어요. 대통령 선거가 있기 한 달 반 전에 했던 실험이었습니다.

그 실험을 하면서 저희가 뭘 알게 됐냐 하면, 한 달 반 전에 사진을 보여줬는데도 2007년 대통령 선거는 완전히 '이명박의 선거'라는 걸 알 수가 있었어요. 이명박 후보 사진을 보여주잖아요. 그러면 한나라당 지지자들의 뇌 중 긍정적인 영역이 난리가 납니다. (웃음) 그 영역이 어디냐 하면 아까 설명한 '쾌락의 중추' 영역 같은 거예요. 그분들은 이명박 후보 사진만 봐도 엄청 좋으신가 봐요. (웃음) 그의 사진을 보는 것만으로도 사회적 보상(social reward)이 되는 거죠. 반면 정동영 후보의 사진을 보여줄 때는 별 반응이 없었어요. 부정적인 반응도 그렇게 많지 않았고요.

더 놀라운 건, 정동영 후보 지지자를 영상장치 안에 눕혀놓고 사진을 보여줄 때였어요. 이명박 후보 사진을 보여주면 부정적인 반응이 핑장히 크지만, 정작 정동영 후보 사진을 보여줘도 별 반응이 없었다는 거예요. (웃음) 그러니까 정동영 후보 지지자들은 정동영 후보가 좋아서 지지한다기보다는 상대적으로 이명박 후보가 너무 싫은 거라고 해석해 볼 수 있습니다. 그러니까 정동영 후보가 선거를 끌어가지 못하고 이명박 대 반이명박 구도인 선거를 치른 셈입니다. 그런데 누군가를 반대한다고 해서 그 상대편이 리더로 선택되지는 않아요. 대통령은 비전이나 미래를 꿈꾸게 하는 사람이어야지, 다른 사람을 반대한다는 이유로 내 후보를 정하지는 않지요.

여기에도 뇌과학이 들려주는 삶의 성찰이 있습니다. 내가 지금 다니는 학교가 너무 싫어서, 지금 다니는 회사가 싫어서 그만두는 건 좋은 의사결정이 아닙니다. 하고 싶은 것이 있어서 다른 곳으로 옮겨가는 건 괜찮지만, 지금 이게 싫으니까 그만두는 건 좋은 선택이 아닙니다. 다른 곳으로 간다고 해서 상황이 달라진다는 보장은 없거든요. 대책도 없죠. 그 순간 너무 싫기 때문에 도망치듯 그만두지만, 그 자체가 보상이 되는 데에는 한계가 있습니다. 그만두는 순간, 자기가 가질 수 있는 전략이 다시 바뀌게 됩니다. 무직 상태이거나 학교도 안 다녀서 빨리 뭔가를 찾아야 하는 상황이 되면 앞에서 본 마시멜로 챌린지의 인센티브 실험처럼 시야가 좁아지고 취직 자체가 중요해져버려 꿈꾸던 무언가에 도전하기가 어려워집니다. 터널 비전 현상이 벌어지는 거죠. 지금의 자리가 싫다면, 뭘 꿈꿔야 할지 계속 고민하면서 대안을 찾는 자세가 필요합니다.

대통령 후보들을 대상으로 한 실험에서 두 후보의 공약과 정책을

보여주잖아요. 정동영 후보의 공약을 이명박 후보의 공약이라고 보여
줘도 이명박 지지자들은 모두 '좋다'고 대답해요. (웃음) 뇌의 '쾌락의 중
추'가 난리가 납니다. 정동영 후보의 공약인지 이명박 후보의 공약인지
가 중요하지, 공약의 내용은 별로 중요하지 않다는 얘기입니다. 이것이
바로 '진영논리'를 만드는 뇌의 생물학적 메커니즘이라고 할 수 있죠.

저 사람이 나의 친구냐 적이냐, 이것도 사실 마찬가지거든요. 여러
분이 보기에 이 사람이 눈을 부릅뜨고 뭔가 더 공격적으로 느껴지기 때
문에 신뢰가 안 가고, 이 사람은 입꼬리를 올리며 웃고 있기 때문에 왠
지 편안해 보이는 거예요. 이 사람은 적이고, 저 사람은 친구인 거예요.
우리 뇌는 사람을 볼 때 그가 동성이면 '이 사람이 나의 친구냐 적이냐,
나에게 우호적인 사람이냐 적대적인 사람이냐'를, 이성이면 '나의 메이
팅(mating, 짝짓기) 파트너가 될 만한 사람이냐 아니냐'라는 판단을 순식
간에 내립니다. 누가 하지 말라고 해도 순식간에 싹 스치고 지나가요.
그리고 그 관점에서 그 사람을 판단해요. 그게 계속 영향을 미치고요.

널리 알려진 행동 실험 중에, 기업의 신입사원 채용 면접상황을 꾸
며 진행했던 흥미로운 실험이 있습니다. 실험에 지원한 남성들에게 '면
접관' 역할을 맡게 하고 이들을 두 그룹으로 나누어, 한 그룹의 면접관
들에게는 휴게실에서 차를 대접하면서 TV로 내셔널 지오그래픽 다큐
멘터리를 보여주었어요. 다른 그룹의 면접관들에게는 성적인 장면이
들어 있는 광고를 보여주고요. 그랬더니 두 그룹의 면접관들이 뽑은 직
원들의 외모가 서로 다르다는 거예요. (웃음) 다큐멘터리를 본 그룹은
굉장히 냉정하게 뽑았는데, 성적인 장면이 있는 광고를 본 면접관들은

외모가 출중한 신입사원들을 많이 뽑더라는 겁니다. 더 흥미로운 점은 '왜 그 사람을 뽑았는지' 이유를 기술하라고 하면, 아무도 외모 때문이라고는 쓰지 않는다는 거예요. 왠지 이 사람은 더 신뢰가 간다, 왠지 아버지가 엄했을 거 같다는 등 엉뚱한 이유를 대서 어떤 방식으로든 예쁘고 멋진 사람을 뽑는다는 거죠.

우리 뇌는 빠른 의사결정을 위해 '체감 표지(somatic marker)'라는 걸 이용합니다. 빠른 판단을 위해 뇌가 사용하는 일종의 즐겨찾기 기능이라고 보시면 됩니다. 예를 들면, 눈을 감고 머릿속에 '정재승'을 떠올려보세요. 어떤 키워드들이 떠오르나요? 여러분은 그 키워드들을 바탕으로 저를 판단하는 거예요. 누군가를 생각했을 때 떠오르는 키워드들이 주로 좋은 단어라면, 그 사람은 우리 사회에서 존경받거나 사랑받는 분인 거죠.

주변 사람들로부터의 평판도 종종 이렇게 결정됩니다. "너는 날 생각하면 뭐가 떠오르니?"라고 물어봤을 때 그들이 대답하는 키워드를 들어보면 알 수 있어요. 대개 솔직하게 얘기하지 않아요. 여러분도 해보시면 알아요. (웃음) 가까운 사람인데도 '내가 떠올린 걸 그대로 말할 수가 없구나'라는 걸 알게 되지요. (웃음)

체감 표지는 제품을 구입할 때에도 사용됩니다. 예전에 독일의 자동차 회사 아우디가 새 자동차 모델의 광고를 만들었는데, 유럽 전역에다가 그 광고를 똑같이 방송했다고 합니다. 그랬더니 무슨 일이 일어났는 줄 아세요? 독일어로 된 광고였는데, 놀랍게도 독일어를 쓰지 않는 나라에서 광고 효과가 더 커서 매출이 늘었다는 거예요. 독일은 자동차를 잘 만든다는 인식이 있어서, 멋진 자동차가 나오면서 독일어가 들리면 광고 카피는 제대로 이해하지 못하더라도 더 신뢰가 가고 근사해 보이더라는 거죠. 그래서 그것이 오히려 구매로 이어진다는 거예요. 심지어 광고에 나오는 메시지 자체는 별로 중요하지 않을 수도 있다는 겁니다. 사람들은 이렇게 비합리적인 방식으로 빠르게 의사결정을 합니다. 이런 전략이 생존이나 짝짓기에는 도움이 될 수 있을지 몰라도, 복잡한 현대사회에서 중요한 의사결정을 할 때 유익하진 않은데도 말입니다.

지금, 리더의 자리에 있다면

지금까지 인간의 의사결정이 얼마나 비합리적이고 어리석은지 다양하게 살펴보았는데요. 그렇다면 좋은 의사결정이란 무엇일까요? 어떻게 해야 하는 걸까요? 만약 저에게 물으신다면, '적절한 시기에 적절한 의사결정을 한 후 빠르게 실행에 옮기고, 잘못됐다고 판단되면 끊임없이 의사결정을 조정하라!'고 말씀드리고 싶습니다. 이것이 의사결정을 연구하는 과학자들이 사회적 성취를 이룬 사람들을 연구해서 찾아낸 훌륭한 의사결정법입니다.

우선 적절한 선택을 하는 것도 중요하지만, 그걸 적절한 시기에 하는 것이 무엇보다 중요합니다. 사회적 성취를 이룬 사람들의 공통된 특징은 의사결정에 필요한 정보를 매우 성실히 모은다는 겁니다. 가만히 있으면 알게 되는 정보를 수동적으로 쌓아놓는 게 아니라, 꼭 필요한 정보들을 적극적으로 모은다는 거예요. 그래야 가장 적절한 시기에 의사결정을 할 수 있거든요. 그리고 내 의사결정이 잘못되었다는 걸 알게 되면, 혹은 새로운 정보가 추가로 들어오거나 상황이 바뀌게 되면 의사결정을 조정한다는 겁니다. 때로는 바꾸고, 심지어 번복합니다. 이게 성공한 사람들의 의사결정법이라는 거예요.

그런데 이것은 우리가 알고 있는 훌륭한 의사결정법과 다소 다르지요. 우리는 대개 신중하게 의사결정을 해야 한다고 생각합니다. 확신이 들 때 의사결정을 하고, 신중하게 한 결정인 이상 한번 결정하면 우직하게 밀고 나가야 한다고 생각합니다. 이게 우리가 하는 전형적인 의사결정 패턴입니다.

그런데 잘 생각해보세요. 우리가 옳은 선택이라고 확신이 들었다는 것은 다른 사람들도 확신이 드는 상황이라는 뜻입니다. 모두가 그렇게 상황 파악을 한 상태에서 내리는 자명한 의사결정은 별로 임팩트가 없어요. 그래서 그때 한 의사결정은 득이 적어요. 모두가 치킨집 장사를 하는 상황에 나도 잘될 것 같아서 그제야 시작하면 너무 늦죠.

게다가 확신하고 내린 의사결정도 심지어 틀릴 수 있거든요. 그럼 즉시 바꿔야 하는데, 절대로 안 바꿔요. '의사결정을 바꾸면 주변 사람들이 날 무시할 거야', '아버지로서, 남자로서, 조직의 상사로서, 리더로서 권위가 손상될 거야' 하면서 의사결정을 바꾸지 않아요.

하지만 리더가 커뮤니케이션을 많이 하는 유형이라면, 의사결정을 바꾸더라도 리더십에 문제가 되지 않는다는 것이 중론입니다. "내가 잘못했다. 상황이 바뀌었고, 추가로 우리가 이런 걸 알게 되었고, 그렇기 때문에 우리는 의사결정을 바꿔야 한다."라고 조직 구성원에게 얘기했을 때, 누가 그 리더를 비난하나요. 자신의 잘못을 인정하고 미래를 위해 결정사항을 바꾸는 리더를 우리는 훨씬 더 존경합니다. 의사결정을 쉽게 바꿀 수 있는 리더란 주변 사람 혹은 부하직원과 의사소통을 많이 하는 리더라는 뜻입니다. 밀실에서 혼자 의사결정을 하는 리더는 대개 의사결정을 바꿀 수가 없어요. 그 의사결정 메시지 자체가 유일한 소통이었기 때문에, 그걸 바꾸면 문제가 커지지요. 중요한 건 의사결정을 관철하고 완수하는 것이 아니라 목표를 완수하는 것임을 훌륭한 리더들은 알고 있습니다.

여기서 한 가지 알아두어야 할 것은 젊은 시절 현명한 의사결정을 했던 리더라도 나이가 들면, 여기 어르신들도 계신데 죄송합니다만, 실책을 범하게 됩니다. 그들은 젊은 시절의 경험을 바탕으로 적절한 시기에 의사결정을 하는 게 얼마나 중요한지를 절감했기 때문에 의사결정이 점점 빨라집니다. 그러면서 자신의 직관과 직감이 발달했다고 생각하죠. 문제는 나이가 들면서 젊은 시절과는 달리 의사결정을 바꾸거나 조정하는 유연한 사고는 점점 줄어들게 된다는 것입니다. 인간의 뇌가 보이는 자연스러운 특징입니다. 나이가 들수록 '인지적 유연성(cognitive flexibility)'이 떨어집니다. 인지적 유연성이란 상황이 바뀌었을 때 자신의 전략을 바꾸는 능력을 말하는데, 그걸 잘 못하게 돼요. 의사결정이 빨라졌으니까 잘못될 가능성은 조금 더 높아졌을 텐데, 고집스럽게 안 바꾸니까 자신의 성공사례에 오히려 발목이 잡혀 결국 실패하는 경우가 발생한다는 거죠. 역사학자 아널드 토인비(Arnold Toynbee)가 말하는 이른바 '휴브리스(hubris, 지나친 자기과신)'가 바로 이런 겁니다. 영웅은 결국 자신을 영웅으로 만들어준 경험에 발목이 잡히는 거죠. 우리는 나이가 들었는데도 불구하고 생각이 늘 열려 있으신 분들, 그래서 자신이 잘못했다는 걸 인정하고 의사결정을 바꿀 수 있는 분들, 젊은이의 말을 경청하고 자신과 생각이 다른 사람의 의견을 중요하게 생각하는 어르신들을 매우 존경합니다. 그리고 그러기가 매우 힘들다는 것을 잘 알죠.

울릭 나이서(Ulric Neisser)라는 사회심리학자가 했던 실험 하나를 소개하겠습니다. 1986년에 미국 우주왕복선 챌린저호가 지구 밖으로 발사됐다가 폭발한 사건이 있었습니다. 챌린저호에는 당시 고등학교 교사였던 민간인 우주인이 타게 돼 함께 훈련받는 모습이 뉴스에 종종 소개되어 더욱 주목을 받았죠. 그런데 발사되던 날 우주로 날아오른 지 73초 만에 폭발하는 모습을 온 국민이 TV에서 생중계로 보게 된 겁니다. 미국뿐 아니라 전 세계인에게 굉장히 충격적인 사건이었습니다.

나이서 교수는 챌린저호가 폭발한 다음 날, 자기 수업을 듣는 106명의 학생에게 이 불행한 사건을 언제, 어디서, 누구와 함께 들었는지 물어봤어요. 어떤 상황에서 누구와 같이 있다가 이 소식을 접했는지를 종이에 상세히 쓰게 했지요. 그러고 나서 2년 반 후, 그 학생들을 자신의 연구실로 다시 불렀어요. 그리고 면담을 한 거죠. 그 면담에서 나이서 교수는 학생들에게 "2년 반 전 챌린저호가 폭발했을 때 당신은 그 소식을 언제, 어디서, 누구와 함께 들었나요?"라고 물어보았습니다.

그랬더니 학생들의 25퍼센트가 완전히 다른 기억을 얘기하더라는 거예요. 엉뚱한 곳에서 자기가 그걸 들었다고 말하더라는 거지요. 게다가 나머지 학생들의 대다수도 세부사항이 마구 틀리더라는 거예요. 겨우 10퍼센트도 안 되는 학생들만이 그때 상황을 제대로 기억하고 있더라는 겁니다.

이 연구 결과는 아무리 인상적인 사건이라고 해도 2년 반이 지나면 그것을 정확히 기억할 가능성은 10퍼센트도 채 되지 않는다는 사실을 일깨워줍니다. 우리의 기억은 쉽게 왜곡되고 과장되고 지워지죠.

그런데 이 연구에서 흥미로운 점은 바로 이제부터입니다. 나이서 교수는 잘못된 기억을 얘기했던 90퍼센트의 학생들에게 그들이 2년 반 전에 쓴 종이를 보여주면서 어떤 반응을 보이는지 몰래 녹화했습니다. 그들은 과연 진실과 대면했을 때 어떤 반응을 보였을까요? 몇몇 학생들은 순순히 자신의 기억이 잘못됐다는 걸 인정했습니다. "아, 제가 이렇게 썼군요. 이걸 보니 생각이 나네요. 맞습니다. 제 기억이 틀렸습니다." 그런데 학생들 중 상당수가 "교수님, 글씨체를 보니 제가 쓴 글이 맞고 교수님께서 무슨 말씀을 하시려는지 알겠는데, 근데 이거 아니에요! 제 머릿속에 있는 게 맞아요! 제가 방금 말씀드린 게 사실입니다." 라고 확신하더라는 겁니다. 다시 말해, 거부할 수 없는 증거를 내밀어도 지금 자신의 머릿속에 있는 것만을 확신하는 사람들이 상당수 있다는 거예요. 확신은 내가 그것을 어디에서 들었느냐, 내가 알고 있는 사실을 뒷받침해줄 증거가 얼마나 되느냐로만 정해지는 것이 아니라, 사람마다 확신하는 성향이 서로 다르고 그것에 영향을 받는다는 겁니다.

트위터나 페이스북 같은 소셜미디어를 하다 보면 보수와 진보 진영의 다양한 의견들을 들을 수 있지요. 그중에는 자기가 알고 있는 것에 대해 과도하게 확신하거나 지나친 강요를 하는 사람들이 있음을 발견하게 됩니다. 특히 정치나 종교 같은 주제에서 우리는 이런 성향을 자주 목도하게 되지요. 심지어 제가 애정을 갖고 있는 '진보' 영역의 사람들에게서도 마찬가지입니다. 저에게 거슬리는 표현 중의 하나가 "이번 선거는 상식 대 몰상식의 대결이다", "개념투표 하셨군요" 같은 표현입니다. 저도 사회적 약자에 조금 더 많이 배려하려 하고, 인권을 매우 중요하게 생각하고, 사회적 안전망이 우리 사회에 꼭 필요하다고 믿기에 진보 진영에 좀 더 애정이 있습니다. 지금과 같은 지나친 경쟁주의와 불평등은 창의적인 사회, 행복한 세상을 만들어낼 수 없습니다. 하지만 그렇다고 해서 진보 진영의 사람들이 "이건 상식 대 몰상식의 대결이다" 혹은 "진보적인 인사를 뽑으면 깨어 있는 개념 시민"이라고 얘기하는 건 상대방을 인정하지 않는, 굉장히 위험한 생각입니다. 상식과 몰상식의 대결이라고 얘기해버리는 순간, 상대 진영과는 어떠한 타협도 할 수 없게 됩니다. 반대 진영 사람들을 몰상식한 사람들로 몰면서, 어떻게 몰상식과 타협할 수 있겠어요. 정치란 원래 타협하고 이해하고 존중하면서 적절한 합의점을 찾아가는 과정인데, 이건 타협하고 합의하지 않겠다는 선언이거든요.

우리 모두에게는 '내가 알고 있는 것이 진실이 아닐 수도 있다', '저 사람이 저걸 믿는 데에는 나름 이유가 있지 않을까?'라는 태도가 필요합니다. 나와 다른 의견과 미적 취향에 너그러워야 합니다. 다양성을 존중해야 합니다. 내가 알고 있는 것에 대한 확신을 재고하고 늘 회의하고 의심해보는 사람, 그래서 결국 자기객관화를 할 수 있는 사람이 더 나은 의사결정을 할 수 있습니다. 나와 다른 생각들을 끊임없이 포용하고 들어보려는 사람이 우리 사회에 많아져야 합니다. 여러분의 소셜미디어 친구에는 나와 다른 생각의 사람도 포함돼 있어야 합니다. 나의 트위터 팔로잉을 들여다봤을 때 내가 어떤 사람인지를 단번에 알 수 있다는 건, 나는 듣고 싶은 얘기만 듣는 사람이란 뜻입니다. 여러분의 트위터 타임라인은 여러분이 디자인한 세상, 조작한 세상이거든요. 여러분이 조작한 그 세상이 편향된 세상이 되지 않도록, 반대 의견까지도 듣는 태도를 만들어갑시다.

사회적으로 보자면, 기업이든 정부든 끊임없이 서로 다른 생각을 가진 사람들이 모이고 많아지고, 그런 것들을 관용하고 포용하며, 그 다양성이 존중되어야 합니다. 그래야 모든 사람이 동일한 의사결정을 하고 같은 잣대로 세상을 들여다보는 위험 사회가 되지 않을 수 있습니다. 그런 면에서 사람들이 갖기 어려운 미덕 중 하나가 '겸손함과 결단력'입니다. 내 의사결정에 대해서 확신하지 않고 끊임없이 회의하고 남에게 강요하지 않는 것. 그렇다고 우유부단해서 결정을 못 내리는 것이 아니라, 적절한 때가 되면 의사결정을 하고 과감하게 실행에 옮기는 사람, 유치원생들처럼 끊임없는 실행을 통해 배우는 사람이 되어야 합니다. 끊임없이 회의하고 의심하되, 다양한 시도를 통해 세상을 배우는 사람이 되시길 바랍니다.

나만의 지도를 그리는 법

마지막으로, 제가 겪은 에피소드 하나를 말씀드리며 강연을 마무리하겠습니다. 제가 2008년에 튀르키예의 한 의학회로부터 강연 초청을 받았어요. 이스탄불 옆에 테키르다(Tekirdag)라는 작은 도시에서 학회가 열리는데, 제가 했던 '주의력 결핍 과잉행동장애(ADHD, Attention Deficit Hyperactivity Disorder) 아동에 대한 뇌파 연구'에 대해 발표해달라는 초청이었습니다. 덕분에 튀르키예를 처음 가게 됐습니다. 이스탄불, 비잔틴 제국의 수도! 동서양이 만나는 곳! 그래서 굉장히 설레는 마음으로 튀르키예로 떠났습니다.

테키르다까지 이스탄불에서 차로 두 시간 정도 걸린다고 해서, 공항에서 차를 빌리고 운전해서 가야겠다고 생각했습니다. 그 학회에서 보내준 자료들을 모두 프린트해서 가방에 넣고, 11시간 넘게 비행기를 타고 이스탄불에 내렸습니다. 학회 발표 당일 오후 1시 도착이었습니다. 제 발표는 그날 저녁 8시로 예정돼 있었습니다. 제 발표가 학회의 마지막 발표였습니다. 혹시나 늦을지 모르니까 저를 맨 마지막 연사로 해달라고 요청했거든요.

이스탄불에 내려서 차를 빌리고, 태어나서 처음 가보는 테키르다라는 곳으로 지도를 옆에 끼고 출발했습니다. 정말로 두 시간 정도 운전하니 테키르다가 나오더군요. 그런데 생각해보니까 학회가 테키르다에서 열린다는 건 알겠는데, 테키르다 어디에서 하는지는 모르겠는 거예요. (웃음) 제가 튀르키예의 학회에 발표하러 간다는 사실은 몇 달 전에 결정됐는데, 그동안 그 학회가 테키르다 어디에서 열리는지에 대해서는 한 번도 물어본 적도, 주최 측으로부터 들어본 적도 없다는 걸 그제야 알게 된 거죠. 저는 아마도 테키르다가 아주 조그만 동네라고 생각했던 것 같아요. 제가 가면 '축 환영!' 같은 플래카드가 붙어 있고, 도저히 길을 잃을 수 없는 상황에서 '여기구나!' 하고 바로 알 수 있으리라 생각했던 거죠. 알고 보니 테키르다는 우리나라로 따지면 일산 정도 크기의 도시였어요.

도착했더니 오후 4시 무렵, 제 강연은 저녁 8시. 차를 타고 미친 듯이 테키르다의 구석구석을 돌아다니기 시작했습니다. 학회가 열릴 법한 곳들을 뒤지기 시작한 겁니다. 먼저 제일 큰 호텔로 가서 "여기서 혹시 오늘 학회가 열리고 있나요?"라고 묻고, 아니라고 하면 "그러면 혹시 어디서 열릴 거 같으세요?"라고 묻고, 다음 호텔로 가서 같은 짓을 반복했습니다. 큰 호텔들을 다 돌아다녔는데, 결국 허탕이었습니다.

두 번째는 대학. 대학 캠퍼스를 돌아다니면서 플래카드를 봤는데 어디에도 없어요. 시간은 거의 7시 반. 이제 30분밖에 안 남았는데 저는 덩그러니 그 도시 한복판에 있는 거예요. 이제는 전략도 없어요. 인터넷에 들어가서 그 학회를 막 찾았는데, 어느 웹페이지에도 '테키르다'까지만 나와 있었어요. 운전하면서 미친 듯이 도시를 헤매는데, 라디오에서 8시 시보가 울리더군요. 저는 아직도 그 도시 한복판에서 운전을 하고 있는데 말이죠.

그런 상황이 되니까요, 사람이 참 희한하게도 시간이 이미 지났는데도, 그래서 도착해봤자 아무 소용이 없는데도 계속 학회 장소를 찾아 헤매게 되더라고요. 밤 10시까지 그 도시를 정처 없이 돌아다녔습니다. 학회가 도대체 어디에서 열렸던 걸까를 생각하면서⋯⋯. 사실 밤 10시에 그 학회가 어디에서 열리는지를 알게 된다 한들 무슨 의미가 있겠어요, 다 끝났을 텐데요. 그런데도 미친 듯이 계속 돌아다니는 거예요. 그 도시를! 그 지도를 보면서요. 차로 테키르다를 돌아다니는 4시간 동안 '아, 나는 이제 학계에서 매장되는 것인가', '다시 튀르키예에 입국할 수 있을까', '너무 미안하다' 등등 제 머릿속에서 온갖 생각들이 다 났겠죠. 제가 오늘 이 강연에 안 왔다고 한번 상상해보세요. (웃음) 그렇게 그 도시를 미친 듯이 돌아다니고 나서 10시쯤 되어서야 제정신이 들더라고요. 자, 이제 깨끗하게 포기! 마음 깊숙한 곳에 엄청난 짐이 있으나, 그쯤 되니까 자포자기가 되더라고요. 그리고 나서 저는 아까 돌아다니면서 봐두었던 작은 호텔에 들어가서 잤어요.

여러분이 생각하시는 그런 반전은 없습니다. 아침에 일어났더니 학회 장소가 바로 이 호텔이었더라 같은 그런 일은 벌어지지 않아요. (웃음) 그건 영화에서나 벌어지는 일이에요. 그 호텔에서 그냥 푹 잤어요. 아침에 일어나서, 그 마을에서 제일 경치가 좋은 레스토랑에서 아침을 먹었어요. 어제 봐두었던 제일 좋은 산책로를 걸었고, 제일 근사한 호텔에서 점심도 먹었어요. 바닷가를 걷고, 산도 탔어요. 저는 그날 늦은 오후가 되어서야 이스탄불로 돌아왔어요.

그런데 이스탄불로 돌아오는 차 안에서 저는 깊은 깨달음을 얻었어요. 제가 전날 미친 듯이 도시를 돌아다녔잖아요. 그랬더니 머릿속에 테키르다 지도가 훤히 그려지는 거예요. 그래서 '아침은 어디서 먹고 싶다, 여길 걷고 싶다, 점심은 여기서 먹으면 좋겠다, 이 산은 올랐으면 좋겠다, 이 꽃길을 다시 가봤으면 좋겠다' 이런 생각이 들더군요. 제가 그 도시의 진짜 좋은 곳을 모두 즐기고 돌아왔습니다.

여러분, 혹시 도시에서 길을 잃은 적이 있으세요? 내가 어디로 가야 할지 모르고, 그래서 미친 듯이 돌아다녔더니 그 도시를 잘 알게 되는. 저에게는 바로 그게 인생의 큰 경험이었어요. 우리는 평소 길을 잃어본 경험이 별로 없죠. 길을 잃어본 순간, 우리는 세상에 대한 지도를 얻게 됩니다. 우리는 적극적으로 방황하는 법을 배워야 합니다.

제가 연구실 대학원생들 외에 학부 학생이나 다른 학교 학생들을 대상으로 목요일 오후마다 면담을 해요. 저에게 면담 신청을 하면, 누구나 저와 차 한잔을 마시면서 얘기를 나누는 겁니다. 물론 워낙 인기가 있으니 늘 몇 달치 예약이 밀려 있겠죠. (웃음) 학생들이 저와 만나서 고민을 얘기하잖아요, 그 고민의 70퍼센트는 이런 거예요. '내가 하고 있는 게 재미없는 건 아니다. 하려면 할 수 있다. 그런데 이거 아니면 안 된다는 절실함은 없다. 정말 좋아하는 게 뭔지 잘 모르겠다. 대학원에 가야 할지, 의학전문대학원에 가야 할지, 취직해서 회사를 다닐지, 유학을 갈지. 뭐든 하라고 정해주면 하겠는데, 내가 정말 원하는 게 뭔지는 잘 모르겠다.' 대개 이런 식입니다.

내가 정말로 원하는 게 뭔지를 알려면 세상에 대한 지도가 있어야 합니다. 그래야 내가 어디에서 뭘 하고 싶은지, 누구와 함께 어떤 일을 해야 행복한지 내가 그린 그 지도 위에서 발견할 수 있습니다. 학교는 젊은이들에게 지도 기호와 지도 읽는 법을 가르쳐주고, 목적지까지 빠르게 도착하는 법을 알려줍니다. 학교는 학생들이 길을 잃지 않게 하려고 길 찾기를 열심히 훈련시켜 세상에 내보냅니다. 하지만 여러분이 세상에 나가서 제일 먼저 해야 할 일은 지도를 그리는 일입니다. 누구도 여러분에게 지도를 건네주지 않습니다. 세상에 대한 지도는 여러분 스스로 그려야 합니다. 세상은 어떻게 변할지, 나는 어디에 가서 누구와 함께 일할지, 내가 관심 있는 분야의 10년 후 지도는 어떤 모습일지, 나는 누구와 함께 이 세상을 살아갈지, 내가 추구하는 가치는 지도 위 어디에 있는지, 자신만의 지도를 그려야 합니다. 아무도 여러분에게 지도를 주지 않아요.

세상에 나온 우리는 적극적으로 방황하는 기술을 배워서 자기 나름대로 머릿속에 지도를 그리는 일을 해야 합니다. 실패하더라도 수많은 시도를 해보고, 주변에 있는 사람들을 귀찮게 하고, 직접 가서 여행하고, 책을 통해 간접 경험을 하면서 내가 관심 있는 분야의 전체적인 지도가 어떻게 생겼는지 알아야 해요. 사람들이 그 지도 위에서 어디에 모여 있는지 파악하고, '나는 사람들이 없는 어딘가에 가야겠다' 혹은 '나와 뜻을 같이하는 사람들이 모인 그곳에 가야겠다'라고 마음을 먹는 거죠. '이거 아니면 안 된다'라고 내 인생을 올인할 만한 선택을 하려면, 여러분의 머릿속에 그 지도가 있어야만 해요. 그래야 후회 없는 선택을 할 수 있겠죠.

그런데 우리 사회는 지도를 그리기 위한 '방황의 시간'을 젊은이들에게서 박탈하고 있습니다. 학기가 끝나도 방학 동안 끊임없이 스펙을 쌓게 만들고, 조금이라도 실수하면 뒤로 밀리는 세상으로 그들을 내몰고 있습니다. 다들 남들이 뭘 하는지 보고, 남들이 가는 데로 우르르 몰려가는 거죠. 집단적 선택 안에 있을 때 나약한 개인은 안전함을 느낍니다. "저 정도 성적이면 이런 걸 하더라고요", "제 상황이면 다들 고시를 준비하더라고요", "뭐, 일단 대기업에 쭉 넣어보는 거지요." 제가 학부생들에게 만날 듣는 얘기입니다. 타인의 욕망을 나의 욕망인 줄 착각하도록 부추기는 세상입니다.

젊은이들에게 당부하고 싶습니다. 세상에 대한 여러분만의 지도를 그려보았으면 좋겠습니다. 젊은 시절에 자신만의 지도를 그리지 못하면 40대, 50대, 60대가 되어서도 남의 지도를 기웃거리게 됩니다. 남의 지도를 뜯어내 대충 맞춘 '누더기 지도'를 들고, 그걸 자기 지도라고 믿게 됩니다. 먼저 세상을 살아낸 여러분에게 후배들은 틀림없이 물어볼 겁니다. "앞으로 세상은 어떻게 변할까요?" 젊은 시절 지도 그리기를 게을리하면, 여러분만의 시각이 담긴 지도를 그들에게 보여줄 수 없습니다. 지도를 그리는 빠른 방법이란 없습니다. 길을 잃고 방황하는 시간만이 온전한 지도를 만들어줍니다. 유치원생의 마음으로 미친 듯이 세상을 탐구하세요. 그 과정에서 자신만의 지도를 얻게 되는데, 그 지도가 아무리 엉성하더라도 자신만의 지도를 갖게 되면 그다음 계획을 짜고 어디서 머물지를 계획할 때 큰 도움이 됩니다. 그리고 우리는 남은 인생 동안 그 지도를 끊임없이 조금씩 업데이트하는 과정을 거쳐야 합니다. 누군가가 여러분에게 길을 물어보면 여러분의 지도를 보여주며 '나는 이 지도로 내가 갈 곳과 머물 곳을 정했다'고 떳떳하게 말할 수 있어야 합니다.

좋은 선택에 관해 뇌를 탐구하는 과학자들이 밝혀낸 연구결과를 들려드렸습니다. 뇌를 찍고 여러 가지 실험을 하면서 탐구하는 과정을 통해 저희가 결국 알아낸 것은 '유치원생의 마음으로 일단 시도해보라'는 겁니다. 그러면 그 시도가 시도 자체로 끝나지 않고, 나만의 지도를 그리는 데 기여하리라 생각합니다. 여러분의 앞날에 근사한 선택들이 기다리고 있기를 기대합니다. 인생을 마라토너가 아니라 탐험가의 마음으로 살아가시길 기대합니다. 여러분의 탐험에 흥미로운 행운들이 잔뜩 깃들길! 마지막 목표가 아니라 그 여정에서 말입니다.

햄릿 증후군은
어떻게
극복할수
있는가

우유부단함만큼 사람을 지치게 하는 것도 없으며,
그것처럼 아무짝에도 쓸모없는 것도 없다.

버트런드 러셀(Bertrand Russell)

저는 뇌를 연구하는 물리학자입니다. 뇌가 가지고 있는 다양한 기능들 중에서 저는 '의사결정', 즉 '선택을 할 때 뇌에서 어떤 일이 벌어지는가'를 연구하고 있습니다. 특히 마음의 병에 걸린 정신질환자들은 왜 잘못된 의사결정을 자주 하는지를 탐구하고 있습니다. 예를 들어, 우울증 환자 중에는 대개의 생명체들은 하지 않는 '자살'이라는 선택을 하는 분들이 있지요. 또 나쁜 줄 알면서도 술이나 담배, 혹은 마약을 끊지 못하는 중독환자들도 많습니다. 그들은 왜 그런 의사결정을 하는지, 그리고 어떻게 해야 잘못된 선택을 막을 수 있는지 탐구하는 것이 제 연구주제입니다.

아울러 공학적인 응용도 많이 연구합니다. 사람이 의사결정을 내리면 컴퓨터가 이를 인식하고 처리하는 '뇌-컴퓨터 인터페이스(brain-computer interface)'를 개발하고, 사람과 유사한 방식으로 상황을 판단하고 의사결정을 하는 '인간 뇌를 닮은 인공지능(brain-inspired artificial intelligence)'을 연구하고 있습니다. 내가 말하지 않아도 내 생각을 읽어 내가 원하는 대로 움직이는 장치를 만드는 연구라고 이해하시면 됩니다.

어떻게 물리학자가 뇌를 탐구하게 됐을까

물리학자가 왜 뇌를 탐구하는지 궁금하시지요? 이 질문에 답을 하기 위해 제 학문적 자아를 조금 소개해보겠습니다. 사실은 이런 질문을 종종 받거든요. 저는 대학교와 대학원에서 물리학을 공부했습니다. 처음에는 천체물리학을 공부했죠. 학부 때부터, 아니 사실은 초등학교 5학년 때부터 '철학하는 인간이 가장 고귀한 인간'이라고 생각했습니다. 우리는 이 우주에서 먼지 같은 존재이지만, '이 우주가 어떻게 탄생해서 지금과 같은 모습이 됐는가를 평생 탐구하는 삶'은 그야말로 위대한 삶이라 생각했습니다. 아리스토텔레스 같은 사람이 되는 것이 꿈이었습니다.

'만약 아리스토텔레스가 지금 태어났다면 뭘 했을까' 하고 생각해보니, 20세기에는 천체물리학자가 됐을 것 같았습니다. 그래서 물리학자를 꿈꾸게 되었지요. 근본원리를 추구하는 과학적인 관점, 최첨단 과학 도구들을 이용해 철학적인 질문에 답하는 자세, 너무나 근사하지 않습니까? 저는 학창시절, 이런 삶을 살고 싶었습니다. 늘상 밤하늘만 바라보다 물웅덩이에 빠졌다는 어느 철학자의 에피소드를 듣고 부러운 나머지 전율을 느낄 정도였으니까요.

대학에 입학해서 '인생에서 반드시 이룰 세 가지'를 정했습니다. 첫째, 당장 죽어도 후회하지 않을 사랑을 한번 해보는 것. 당시에는 했다고 생각했는데, 그 뒤에 여러 여성들을 만나면서 그때 죽었으면 큰일 날 뻔했다 (웃음) 생각했고요. 둘째, 우리 학교 도서관에 있는 책들을 모두 읽겠다, 그래서 내가 평생 답을 구할 질문을 하나 찾겠다는 게 목표였습니다. 그 덕분에 졸업할 때 제가 책을 가장 많이 대출한 학생이 되기도 했습니다. 물론 대출한 책을 다 읽지는 못했습니다만. (웃음) 그때 답을 찾지는 못했지만 수많은 질문들이 저를 거쳐 갔습니다. 마지막으로, 죽기 전에 남들에게 도움 될 만한, 세상을 깜짝 놀라게 할 뭔가를 하나 기여하고 세상을 떠나야겠다는 생각이었습니다.

석사과정 1학년 때까지 저는 인생의 질문을 천체물리학에서 찾으려 했습니다만, 막상 공부를 해보니 회의가 들기 시작했습니다. 우선 이 분야에는 걸출한 천재들이 잔뜩 모여 있다는 사실을 알게 됐지요. 평생 연구해서 천재들이 쌓아놓은 거대한 학문의 탑 위에 저만의 돌 하나를 겨우 올려놓으면 그나마 다행인, 하지만 대부분의 학자들은 이름도 남기지 못하고 역사 속으로 사라지는 이른바 '천재들의 무덤'이 바로 천체물리학 분야였습니다.

게다가 당시 저는 블랙홀로 추정되는 '백조자리 X-1(Cygnus X-1)'이라는 별의 내부를 컴퓨터로 시뮬레이션하고 있었는데, 이 별은 평생 절대 가볼 수 없는 별이어서 제 연구가 맞았는지 틀렸는지 확인할 길이 없다는 것도 자괴감을 불러일으켰습니다. 지구에서 1000명도 안 되는 과학자들만이 관심을 가질 법한, 세상은 전혀 관심 없는 이런 연구를 하는 게 무슨 의미가 있는지 당시에는 강한 회의가 들었습니다. 대학시절 방황은 깊어만 갔지요.

그러던 차에, 한 학회에서 우연히 브누아 망델브로(Benoît Mandelbrot) 교수님의 강연을 듣게 됐습니다. 그는 프랙털(fractal)이라는 개념을 세상에 내놓은 수학자입니다. 작은 세부 구조가 전체 구조를 그대로 닮아 있는, 복잡한 자연에서 흔히 발견되는 패턴을 찾아낸 세계적인 석학이죠. 저는 그분의 강연을 통해 세상을 바라보는 완전히 새로운 기하학을 알게 됐습니다. 엄청난 감동이었습니다. 제가 그때까지 상식처럼 알고 있던 유클리드 기하학이 한순간에 무너지는 느낌이었습니다. 그렇게 프랙털 기하학에 완전히 매료되었습니다.

망델브로 교수님 덕분에 '복잡계 과학(science of complexity, 자연이 만들어내는 복잡한 패턴과 역학적인 특성을 탐구하는 학문)'이라는 분야를 알게 됐습니다. 만들어진 지 30년밖에 되지 않은 신생학문이어서 앞으로 어떤 방향으로 연구가 진행될지 아무도 모르며, 또 이 분야에서 해결해야 할 문제가 무척 많다는 사실도 알게 됐습니다. '복잡계 과학을 잘 연구하면 하나의 학문이 만들어지는 탄생 과정을 가까이서 목격할 수 있겠구나!', 그리고 '잘하면 나도 뭔가 학문적인 기여를 할 수도 있겠구나' 같은 생각을 했습니다.

그래서 연구실을 옮겨 복잡계 과학을 공부하게 됐습니다. 남이 안 하는 새로운 연구를 시도해 오랫동안 버텨서 이 분야의 선구자가 되겠다는 것이 제 속셈입니다. (웃음) 그래서 지금도 복잡계 과학을 계속 탐구하고 있습니다.

복잡계 과학이란 어떤 분야일까요? 20세기 중반까지만 해도 물리학자들은 복잡한 시스템을 단순화하는 걸 좋아해서 우주와 자연의 원리를 단순한 수학적 모델로 설명하고 연구해왔습니다. 당시만 해도 물리학자들이 '복잡함(complexity)'을 다룰 능력이 부족했고, 왜 중요한

지 잘 몰랐으며, 그것을 자연과 우주의 본질이라 여기지 않았습니다.

20세기 후반에 들어서서 컴퓨터와 수학이 발달하면서 물리학자들은 복잡한 문제를 있는 그대로 대면할 용기가 생겼습니다. 복잡계 과학은 복잡한 시스템이 왜 복잡한지 알기 위해 탐구하는 학문입니다. 그 시스템이 만들어내는 현상은 매우 복잡하지만, 그것을 만들고 운행하는 근본원리까지 복잡할 필요는 없습니다. 우리가 이해할 수 있을 만큼만 복잡하다고 믿고 우주 만물에 깃든 복잡성의 근본원리를 탐구하는 학문입니다.

실제로, 아주 단순한 원리만으로도 복잡한 현상을 얼마든지 만들어낼 수 있거든요. 여러분이 한 번쯤 들어보셨을 '나비효과(butterfly effect)'가 바로 그 예입니다. 초기의 작은 차이가 얼마 후 완전히 다른 결과 값을 만들어내는 현상 말입니다. 원리는 간단하지만 그 결과로 만들어진 현상은 매우 복잡한 경우를 종종 보게 됩니다.

대학원에 다니는 동안 흥분과 열정 속에서 이 이론을 공부했는데, '이걸 어디에 적용해 무엇을 밝혀낼까?'를 결정하는 건 힘든 숙제였습니다. 복잡계 과학을 함께 공부한 연구실 선배들은 다양한 분야로 진출했죠. 날씨를 예측하거나 주식 동향을 예측한 선배도 있었고, 사회현상을 설명하려는 분도 있었습니다. 대학원을 갓 졸업하고 박사후 연구원 생활을 할 때 쓴 《정재승의 과학 콘서트》는 제가 한창 복잡계 과학에 대한 열정에 취해 있을 때 쓴 책입니다. 복잡계 과학이 얼마나 다양한 분야에 적용될 수 있는 매력적인 학문인지를 소개하려고 쓴 책이지요. 지성인들의 필독서! (웃음) 다들 읽어보셨죠?

존재론적 질문에서 인식론적 질문으로

저는 인간이 이 우주에서 발견한 가장 복잡한 시스템 중 하나인 '뇌'에 복잡계 과학을 적용하는 연구를 하고 있습니다. 뇌는 어떻게 신경세포 활동을 통해 정신이라는 놀라운 현상을 만들어낸 걸까요? 인간의 정신작용은 생물학적인 원리로 모두 설명 가능할까요? 우리가 뇌를 온전히 이해하게 되면 영혼이라는 개념을 도입하지 않고도 정신을 설명할 수 있을까요? 제 연구의 출발점이 바로 이러한 질문입니다. 저 같은 물리학자에게 '뇌'는 가장 매력적인 탐구대상이며, 이 뇌를 하나씩 장착하고 있는 인간은 너무나 흥미로운 실험대상이기도 합니다. 뇌를 장착한 인간을 저의 뇌로 탐구한다는 것도 흥미롭습니다.

뇌는 1000억 개의 신경세포로 이루어져 있으며, 주변의 다른 신경세포 1000여 개와 복잡한 시냅스를 형성하며 얽혀 있는, 무게 1.4킬로그램의 묵직한 기관입니다. 하나의 세포 안에도 수천 개의 가시가 돋쳐 있으며, 이 가시 하나하나에서 복잡한 계산이 벌어집니다. 신경세포들이 주변에 있는 신경세포들과 전기신호를 주고받으면서 정보를 처리하고, 이 정보들은 다시 더 먼 곳에 위치한 신경세포들과 상호작용을 하니, 그야말로 뇌는 '복잡한 정보처리를 수행하는 신경세포들의 사회'라고 볼 수 있습니다. 마치 인간이 주변 사람들과 소통하며 사회를 이루어 살아가는 것처럼 말이죠.

천체물리학을 공부하던 시절 제 관심은 '철학의 존재론적인 질문'에 놓여 있었습니다. 우주가 어떻게 탄생하고 팽창해서 지금과 같은 모습을 갖추게 됐는가에 답하고 싶었습니다. 뇌과학을 탐구하는 지금은, 그런 우주를 우리는 뇌를 통해 어떻게 인식하는지를 묻는 '철학의 인식론적 질문'으로 연구주제가 옮겨왔다고 볼 수 있습니다.

제 연구분야가 의사결정, 즉 '사람은 무엇을 언제 어떻게 왜 선택하는가?'라고 했지요? 우리는 선택을 할 때 내 앞에 놓인 여러 선택지(options) 중에서 가장 적절한 것을 고릅니다. 선택지를 골랐을 때 앞으로 무슨 일이 벌어질지, 나한테 어떤 이익을 가져다줄지 판단하고 비교한 다음 가장 적절한 것을 선택하지요.

의사결정을 할 때 우리는 나에게 돌아올 경제적 이익을 고려하지만, 그것이 유일한 판단 기준은 아닙니다. '내가 이걸 선택하면 저 사람과 관계가 더 좋아질 거야' 같은 사회적 이익이나 '내가 예전에 이걸 한 번 써봤는데 좋았어' 같은 과거 경험, '수많은 것 중에 제일 먼저 눈에 띄었어' 같은 주의 집중이 관여하기도 합니다. 심지어 이마 바로 뒤에 위치한 전전두엽(prefrontal cortex)에서는 '어떤 게 더 옳은 선택일까? 혹은 더 공정한 선택일까?' 같은 고등한 '도덕적 판단'이 이루어지기도 합니다. 다시 말해, 선택하는 동안 우리는 뇌의 전 영역을 두루 사용합니다.

호모 사피엔스는 경제적 이득, 사회적 관계, 과거의 경험, 주의 집중, 편견과 선입견, 도덕과 윤리 등 많은 요소를 두루 고려하고 판단하면서 최종 의사결정을 합니다. 우리는 경제학자들이 생각하는 것보다 훨씬 더 복잡한 동물이고, 선택을 하는 기준도 다양하고 복잡하며, 심지어 그런 기준들이 때에 따라 달라집니다. 저 같은 복잡계 물리학자는 이 복잡한 대뇌 선택과정이 무척이나 흥미롭습니다.

20세기까지 우리가 가지고 있던 '인간의 의사결정'에 관한 지식은 주류 경제학자들이 연구해온 게임이론을 바탕으로 한 '호모 이코노미쿠스(Homo Economicus)', 즉 인간은 합리적인 의사결정자라는 가설의 테두리에서 많이 벗어나지 못했습니다. 하지만 저 같은 복잡계 물리학자가 보기에 경제적 이득이라는 기준으로만 합리성을 정의하고 인간을 '합리적 선택을 하는 동물'이라는 관점으로 의사결정을 탐구한 미시경제학자들의 연구는 명백히 한계가 있다고 여겨집니다. 인간은 우리가 생각하는 것만큼 합리적이지 않을뿐더러, 합리적이라는 개념도 불완전하기 짝이 없습니다.

참, 뇌의 다양한 영역 중에서 우리가 가장 많이 알고 있는 영역은 어디일까요? 신경과학 분야 중에서 가장 먼저 활발히 연구된 영역은 '시각계'입니다. '우리는 어떻게 세상을 보는가?', '눈을 통해 들어온 시각정보로 우리는 어떻게 뇌에서 세상을 구성하는가?'라는 질문에 답하려 했습니다. 많은 신경과학자들은 인식론적인 질문을 안고 뇌에 대한 탐구의 여정을 시작한 것 같습니다.

한편, 1950~60년대에 들어 신경과학자들은 '학습과 기억이 어떻게 이루어지는가?'를 인지과학자들과 함께 연구하기 시작했습니다. 여러분이 최근 많은 관심을 갖게 된 '인공지능(AI, Artificial Intelligence)' 분야가 열리게 된 것입니다. 감각 기능 중 시각계, 그리고 학습/기억 시스템은 뇌의 다양한 영역 중에서 가장 많이 연구된 영역입니다.

반면 뇌의 다양한 영역들이 어떻게 복잡한 상호작용을 하면서 결국 선택을 하고 의사결정을 하는가를 연구한 지는 겨우 30년도 채 되지 않습니다. 두개골을 열지 않고 뇌 활동을 측정할 수 있는 fMRI가 등장해 인지신경과학 분야에 사용되기 시작한 것이 1990년대 중반 무렵이니까요. 의사결정은 뇌 활동 중에서 가장 중요하면서도 여전히 미지의 영역인 셈입니다.

자, 이제 물리학자인 제가 왜 뇌를 탐구하게 되었는지 충분히 이해가 되셨으리라 믿습니다. 이제부터 본격적인 뇌 얘기로 들어가고자 합니다.

오늘 제 강의의 주제는 '결정의 어려움'입니다. 사회적으로 뜨거운 이슈로 떠오르고 있지요. 결정에 어려움을 겪는 사람들은 예전부터 있었겠지만, 최근 들어 사회현상이라 불릴 만큼 널리 퍼졌습니다. 심지어는 이러한 소비자를 위한 처방이 나올 정도입니다. 우리는 평소 의사결정을 한다는 것이 얼마나 힘든 일인가를 잘 알고 있습니다. 그래서 '많은 사람들이 왜 결정을 할 때 힘들어하는지'에 대해 먼저 알아보려고 합니다. 그리고 이를 극복하기 위해 어떤 노력을 해야 하는지 함께 생각해보려 합니다.

햄릿 증후군

'햄릿 증후군(hamlet syndrome)'이라고 불리는 증상이 있죠. 영국의 극작가 윌리엄 셰익스피어의 희곡 〈햄릿〉의 주인공처럼 빨리 결정을 내리지 못하고 오랫동안 고민하는 사람들의 증세를 일컫는 말입니다.

햄릿은 삼촌이 자기 아버지를 죽이고 어머니를 데려가자 '자살할 것인지, 그를 죽일 것인지'를 놓고 며칠 밤을 고민하고 번민합니다. 이 상황에서 햄릿이 외친 "죽느냐, 사느냐. 그것이 문제로다"라는 유명한 대사 때문에 '햄릿 증후군'이라는 말이 생겼습니다. 1989년 처음 명명된 이 증후군은 선택의 갈림길에서 무엇을 선택할지 잘 몰라서 고통스러워하는 심리상태를 말합니다.

여러분은 햄릿 증후군을 겪고 있나요? 본인이 햄릿 증후군에 해당하는지 간단히 확인해볼 수 있는 자가진단법이 있습니다.

1. 메뉴를 고를 때 30분 이상 갈등하거나 타인이 결정한 메뉴를 먹는다.
2. TV 프로그램을 선택하지 못해서 채널을 반복적으로 돌린다.
3. 타인의 질문에 대부분 "글쎄" 또는 "아마도" 하고 대답한다.
4. 혼자서 쇼핑을 못하고 친구의 결정을 따른다.
5. 제대로 된 선택을 하지 못해 일상생활에서 피해를 받는다.
6. 인터넷에 '이거 사도 될까요', '오늘 뭐 먹을까요' 등 사소한 질문을 올린다.
7. 누군가에게 선택을 강요받는 것에 극심한 스트레스를 느낀다.

여러분 중 대부분이 일곱 개 항목 중에서 한두 개 정도는 경험해보셨을 겁니다. 식당에서 메뉴를 고를 때 헤맨다거나, TV 채널을 한 바퀴 다 돌리고도 볼 채널을 못 정한 경험이 다들 있죠? 확신을 갖고 얘기하지 못하고 "글쎄", "아마도" 같은 표현을 많이 사용하거나, 혼자 쇼핑을 하면 잘 고르지를 못해서 친구와 간다거나 말이죠. 이 항목 중에서 다섯 개 이상 해당하는 분은 '햄릿 증후군'이라고들 합니다.

햄릿 증후군이 사회현상이 되다 보니 그들을 겨냥한 서비스가 등장하기도 했습니다. 요즘 젊은이들이 '썸 탄다'고 하지요? 사실 '저 사람이 날 좋아하는 걸까?' 하는 고민은 옛날부터 있었습니다. 그런데 썸 탄다는 말을 유독 요즘 젊은이들이 많이 쓰는 이유는 옛날에 비해 박력 있게 고백하는 사람의 수가 현저히 줄어들고 있어서가 아닐까요? N포 세대라는 말이 있을 정도로 연애를 할 형편이 안 되고, 용기 있게 감정을 표현해본 경험은 적다 보니 고백이 쉬운 일이 아닐 겁니다. 그렇다고 사랑에 대한 욕망이 사라진 건 아니니, 스스로도 확신이 없어서 '썸'의 시간이 길어질 수밖에 없겠죠.

정보의 바다에 살다 보니 요즘 '큐레이션(curation)'이라는 말이 부쩍 늘었습니다. 옛날에는 널려 있는 정보를 선택하는 것이 그 사람의 능력이었는데, 요즘은 선택 자체를 안 하는 사람이 많아져서 '전문가가 권하는 7대 여행지' 같은 식으로 타인의 선택이라는 요소가 서비스가 된 거예요. 뉴스 큐레이션, 또는 상품 구매 결정을 못하는 사람들을 위한 큐레이션이 최근 하나의 마케팅 패턴으로 등장하고 있습니다. 식당에서는 뭘 먹을까 결정하기 힘든 손님들을 위해 '아무거나'라는 메뉴가 나오기도 했습니다. 주인이 메뉴를 골라주는 서비스인 거죠.

선택의 패러독스

큐레이션 서비스가 유행하는 이유는 우리가 너무 많은 정보에 노출돼 있기 때문입니다. 인터넷이 없던 시절에 비해 정보의 양은 현저히 늘어났어요. 게다가 모바일 시대에 들어서면서 정보에 더 빠르고 간편하게 접근할 수 있게 됐고요. 소셜미디어의 등장으로 기업이 주는 정보에 지인이 주는 정보까지 더해져 정보의 양은 기하급수적으로 늘어났습니다. 의미 있는 정보가 어떤 것인지 옥석을 가리기 어려운 상황을 가리켜 데이비드 셴크(David Shenk)는 '데이터 스모그(data smog)'라고 불렀습니다. 너무 많은 데이터는 마치 스모그처럼 우리에게 공해가 된다는 의미입니다. 정보의 양은 많아졌지만 의미 있는 정보가 뭔지 몰라서 오히려 의사결정이 어려워진 거예요. 미래는 점점 불확실해지고, 뭘 믿어야 할지 판단하기 어려워지는 현실 속에서 '햄릿 증후군'은 너무나 자연스러운 현상일지도 모릅니다.

'선택의 패러독스(the paradox of choice)'라는 현상이 있습니다. 선택지가 많을수록 우리는 더 나은 의사결정을 할 것 같지만, 실제로는 오히려 만족스러운 결정을 방해한다는 현상이지요. 이를 보여주는 아주 유명한 실험이 있습니다. 2000년 무렵, 시나 아이엔가(Sheena Iyengar)와 마크 레퍼(Mark Lepper) 박사가 이끈 컬럼비아대학교와 스탠퍼드대학교 연구진은 캘리포니아 멘로파크에 있는 한 식료품점을 빌려서 흥미로운 실험을 진행했어요. 계산대 근처에 작은 과일잼 판매 부스를 설치하고 시간마다 진열을 바꿔가며 한 번은 6종류의 잼을, 다음에는 24종류의 잼을 판매한 거예요. 그러고는 어떨 때 장사가 더 잘 되는지 관찰해본 거죠. 놀랍게도, 24종의 잼을 진열했을 때 사람들이 더 북적거렸지만, 실제로 구매 혹은 재구매하는 고객의 비율은 6종만 진열했을 때 훨씬 더 높았습니다. 구매는 10배, 재구매는 무려 15배 넘게 차이가 났어요.

왜 이런 일이 벌어질까요? 선택지가 많으면 구경하는 재미는 있지만, 내 선택에 대한 불신이 높아지고 선택하지 않은 것에 대한 미련이 커지기 때문에, 구매로는 쉽게 이어지지 않는다는 겁니다. 선택지가 늘어나면 처음에는 새로운 선택지를 발견할 때마다 좋은 감정이 커집니다. 그런데 선택지가 점점 늘어날수록 나쁜 감정이 커져서, 어느 숫자를 넘어가면 오히려 만족도가 현저히 떨어집니다. 그 기준점이 보통 6~10가지 정도라고 해요. 사람들이 6~10가지 선택지 안에서는 최대한 적절한 선택을 하려고 노력하는데, 그걸 넘어가버리면 선택이 고통스러워진다는 거죠. 보통 3~6가지 정도의 선택지를 주는 것이 가장 무난합니다.

앞선 실험에서는 과일잼을 판매했습니다만, 와인이나 자동차같이 비싼 상품도 선택지가 10개 이하일 때 만족도가 더 높게 나타났습니다. 즉, 이건 가격의 문제가 아니라는 거죠. 더 비싼 상품, 예를 들면 집을 생각해봐도 우리가 10개 이상의 선택지를 고려하진 않을 것 같습니다.

햄릿 증후군이 우리 사회에서 유난히 널리 퍼지는 데에는 요즘 아이들이 정답이 있는 문제만 오랫동안 풀어왔기 때문이라는 추론도 가능합니다. 획일화된 교육 속에서 정답을 골라야 한다는 압박을 받으며 컸는데, 사회에 나와 보니 정답이 없는 문제에 직면했을 때 뭘 선택할지 잘 모르겠는 거예요. 그리고 그것이 고통스러울 수 있지요.

패자부활전 없는 사회, 실패에 대한 두려움

그런데 만약 그 말이 맞다면, 획일화된 교육은 지난 50년간 계속 이어졌던 것이니 요즘 세대에만 국한된 문제여서는 안 됩니다. 그런데 왜 특히 요즘에 와서 햄릿 증후군이 더 사회적인 이슈가 됐을까요? 저는 그것이 '사회적 안전망의 부족'과 관련이 있을 거라 생각합니다. 옛날에는 한 번 잘못된 선택을 해도 재기할 수 있는 사회적 안전망이 어느 정도 갖춰져 있었습니다. 좋은 대학을 못 가도, 대학에서 놀거나 취미생활에 빠져 성적이 안 좋아도 취직 걱정이 적었고, 어떤 시기를 놓쳐도 늦게라도 결혼할 수 있었지요. 그런데 요즘은 사회에서 요구하는 기준을 제때 딱딱 맞추지 못하면 완전히 낙오되기 때문에, 패자부활전이 점점 줄고 있어요. 한 번 미끄러지면 재기가 불가능한 사회에서 젊은이들로서는 매번 굉장히 신중하게 선택해야 하는 상황에 놓인 거예요. 실패에 대한 두려움이 만연해 있고 사회안전망이 부재한 상황이 사람들의 결정을 더욱 어렵게 만드는 것은 아닌가 싶습니다.

결정을 잘 못하는 사람들의 가장 중요한 특징 중 하나는 '실패에 대한 두려움이 크다'는 것입니다. 실패를 많이 해본 사람과 안 해본 사람 중 어느 쪽이 실패에 대한 두려움이 클까요? 안 해본 사람이 오히려 더 큽니다. 그렇다면 실패를 안 해본 사람은 능력 있는 사람일까요? 사실 실패에 대한 두려움은 그 사람의 능력과는 큰 관련이 없어요. 인간이 가진 능력은 대부분 제한적입니다. 그 속에서 어떤 사람은 실패할 것 같아 보이는 일에도 도전해서 조금씩 성장하는 반면, 어떤 사람은 못할 것 같은 일은 아예 안 하고 잘하는 일만 하는 거지요.

성공할 것 같은 일만 골라서 한다는 전략이 보통 20~30대까지는 잘 통합니다. 그런데 나이가 들면 이 전략이 잘 통하지 않아요. 인생은 점점 예측할 수 없는 곳으로 흘러가고 내게 선택권이 없는 상황에 종종 놓이기도 하지요. 실패에 대한 두려움이 큰 사람들은 이런 상황에서 한 번 실패를 맛보면 재기하기가 어려워집니다.

이런 맥락에서 스탠퍼드대학교 심리학과 캐럴 드웩(Carol Dweck) 교수의 주장처럼 '마인드셋(mindset, 마음가짐)'이 중요합니다. 드웩 교수에 따르면, 성장 마인드셋(growth mindset)을 가진 사람은 성장하는 과정을 중요하게 생각하기 때문에 실패의 과정을 두려워하지 않습니다. 반면, 고정 마인드셋(fixed mindset)을 가진 사람들은 결과를 중시하고 다른 사람의 평가에 민감해서 잘하는 일만 하려 들지요. 실패를 통해 조금씩 나아지는 기쁨을 아는 사람은 성장하지만, 실패가 두려워 시도조차 안 하는 사람은 성장 자체가 어렵습니다. 어렸을 때부터 많은 분야에 도전해보고 실패하더라도 꾸준히 성장하는 경험을 하면, 성인이 돼서도 실패를 두려워하지 않게 됩니다.

고정 마인드셋을 가진 사람을 성장 마인드셋으로 바꾸기 위해서는 실패하더라도 주변에서 격려해주고, 조금 나아졌을 때 같이 기쁨을 공유해주는 경험이 필요합니다. 잘 못하는 것도 해보라고 격려해주면 조금씩 나아집니다. 이런 성향은 타고난 면도 있는 것 같지만, 주변에서 어떻게 격려해주느냐에 따라 고정형에서 성장형으로 바뀔 수 있다고 생각합니다.

실패에 대한 두려움은 신중함이나 경솔함과는 사실 큰 관계가 없어요. 잘하는 것만 해왔던 아이들은 칭찬에 민감하고 인정 욕구가 강합니다. 그래서 칭찬받지 못할 것 같은 일은 아예 안 하는 거예요. 그런데 다른 사람이 나를 얼마나 인정해주느냐보다 내가 그 일을 얼마나 좋아하느냐, 혹은 내 맘에 드느냐가 더 중요한 판단 기준인 사람들은 실패할 것 같더라도 그것을 선택합니다. 판단 기준이 '타인의 인정 혹은 칭찬'이라면, 성격이 신중한가 경솔한가와 상관없이 실패에 대한 두려움이 높습니다. 세상은 점점 예측 불가능하고 인생은 늘 불확실한 방향으로 전개됩니다. 따라서 잘하는 것에만 매달리는 사람보다는, 그리고 실패의 두려움이 큰 사람보다는 실패 후에 빨리 회복하는 능력을 가진 사람으로 성장하는 게 더 현명하지 않나 싶습니다.

나의 욕망을 대면할 기회

요즘 세대를 '메이비 세대(generation maybe)'라고 부릅니다. 이러한 표현은 2012년 독일에서 처음 등장했습니다. 올리버 예게스(Oliver Yeges)라는 젊은 저널리스트가 미국 담배회사 말보로의 광고 문구 'Don't be a Maybe'에 착안해서 독일의 대표적 조간신문 〈디 벨트〉에 칼럼을 기고하면서 시작되었지요. 이 광고 문구는 'Maybe라는 말은 남자가 써서는 안 되는 말이다. 남자답게 살아라'라는 의미였지만, 요즘 세대는 너무 많은 선택지 중에 뭘 골라야 할지 몰라서 Maybe를 연발하고 있다는 게 칼럼의 요지예요. 몇십만 명의 독자가 이 글을 읽으면서 화제가 되었고, 같은 제목의 책도 인기를 끌면서 메이비 세대라는 말이 등장하게 되었습니다.

반면 앞서 언급한 햄릿 증후군은 1989년에 에이드리언 밀러(Adrienne Miller)와 앤드루 골드블랫(Andrew Goldblatt)이 쓴《햄릿 증후군(The Hamlet Syndrome)》에서 처음 등장했는데, 선택의 폭이 늘어나서 겪는 결정의 어려움보다는 '고정 마인드셋에 대한 비판'으로 등장한 개념입니다. 1950년대에 태어난 베이비부머 세대가 성장하면서 보이는 특징을 묘사하기 위해 처음 만들어졌어요. '우수한 대학을 졸업하고도 실패에 대한 두려움이 큰 나머지 급여가 낮고 일하기 쉬운 직업을 고르는 사람'을 표현할 때 쓰던 신조어가 바로 햄릿 증후군이지요. 이런 성향의 사람들이 도전정신이 없고 어려운 의사결정을 자꾸 회피하다 보니, 결국은 저소득층에 갇히는 현상이 벌어지면서 '증후군'이라는 표현까지 쓰게 된 것입니다.

결핍이 욕망을 만듭니다. 뭔가 부족해야 그 결핍 때문에 뭘 하고 싶다는 욕망이 생겨요. 요즘 아이들은 영어를 잘하고 싶어 해외에 보내달라고 떼쓰지 않아도 초등학교 고학년이 되면 부모가 알아서 해외연수를 보내주죠. 또 공부의 부족함을 느끼고 학원이나 과외를 받게 해달라고 말하기도 전에 부모가 먼저 알아채고 가장 좋은 학원에 데리고 갑니다. 그들은 결핍이 되기 전에 욕망이 충족된 경험을 오랫동안 쌓아오면서 무언가를 절실히 욕망하지 않는 세대로 성장합니다. 대학 때까지는 부모 품에 있으니 별 문제가 없는데, 대학을 졸업하고 독립해야 하는 시기가 오면 내가 뭘 하고 살지 결정을 못하는 문제가 벌어지는 거예요. 자신만의 지도를 그린 경험도 없고, 자신의 욕망을 대면할 기회도 없었던 거죠.

아불로마니아(aboulomania)라는 질환이 있습니다. '의사결정 장애'라는 뜻인데요, 사실은 미국 사람들도 잘 모르는 단어예요. (웃음) 결정을 잘 못하는 상태에 오랫동안 머물러 있는 사람을 이렇게 부르죠. 이들은 사춘기 시절에 자신이 의사결정을 해본 경험이 많지 않고, 대개 부모나 또래집단의 의사결정을 따랐던 사람들입니다. 나중에 성인이 돼서 혼자 의사결정을 하려고 하면, 자연스레 자신의 결정을 확신하지 못하는 상태가 오랫동안 지속되지요.

햄릿 증후군에서 벗어나기 위해서는 우선 내가 어떤 사람인지를 객관적으로 판단할 수 있어야 합니다. 각각의 선택지가 가진 장단점을 파악한 뒤에, 어떤 것이 더 중요한지를 판단할 때 그 사람이 인생에서 경험한 선호나 우선순위가 적용됩니다. 내가 뭘 좋아하는지에 대한 기준이 명확할수록 결정이 쉬워져요. 정답은 없지만 사람마다 다른 기준이 존재하지요. 어릴 때부터 늘 부모가 대신 의사결정을 해주고 부모가 중요하게 생각하는 대로 아이가 따라간다면, 나중에 아이가 스스로 의사결정을 해야 하는 상황에서 자신의 결정을 확신하지 못하는 일이 벌어지게 돼요.

우리의 의사결정 과정을 이해하면 다음에 또 다시 결정에 어려움을 겪더라도 그 원인을 파악해서 개선할 수 있습니다. 우선 뇌를 통해 어디가 문제인지를 살펴볼 수 있지요. 의사결정 과정에서 각 선택지에 대한 판단은 전전두엽에서 벌어져요. 대개의 경우 우리의 감각기관이 선택지라는 자극을 받게 되면, 전전두엽은 앞에 놓인 선택지를 평가하면서 이걸 선택하면 과연 어떤 일이 벌어질까, 내가 얻게 되는 득과 실은 무엇일까를 계산합니다. 감정적인 평가는 편도체(amygdala)에서 벌어지며, 문화나 신념처럼 오랫동안 사람의 습성에 영향을 미쳐온 사고는 시상하부(hypothalamus)란 곳이 관여합니다. 그러니까 나의 신념 체계가 확실하지 않아서 의사결정을 잘 못하는 경우라면 책을 많이 읽고 고민하는 게 한 방법일 것입니다.

정확한 계산을 위해서는 과거의 경험이 큰 영향을 미칩니다. 과거에 스스로 선택해본 경험이 별로 없으면 그만큼 의사결정에 확신이 적겠죠? 가치 평가를 할 때도 스스로 판단을 내려본 경험을 토대로 지금 내 앞에 놓인 상황을 평가할 수 있습니다. 부모나 또래집단의 의사결정을 따르다 보면 스스로 가치를 평가할 수 있는 능력이 생겨나지 못하지요. 자기가 가치 판단을 잘 못하는 경우라면, 실패해도 좋으니 스스로 가치를 평가해서 의사결정을 했을 때 어떤 일이 벌어지는지를 보는 경험이 필요해요.

아불로마니아는 어떻게 치료할 수 있을까요? 고스톱을 치라고 의사가 권하진 않지만, 고스톱을 칠 때의 행위가 치료할 때 하는 행위와 유사합니다. 짧은 시간에 빠르게 의사결정을 하는 연습을 계속 하는 거죠. 상대가 하염없이 기다려주지 않는 상황, 실패했을 때 내 손해가 명확하지만 그렇게 치명적이지는 않은 상황, 그래서 다음 판에서 손해를 회복하면 되는 그런 정도의 상황. 이런 상황에서 자신이 얻게 되는 보상과 처벌이 뭔지 명확히 인지한 다음에, 계속해서 빠른 의사결정을 연습하는 게 아불로마니아를 위한 좋은 치료법입니다. 제가 고스톱을 권하더라고 소문내지는 마시고요. (웃음) 고스톱과 유사한 선택의 상황을 종종 경험해보시라는 겁니다.

판단하고 결정하는 뇌

뇌과학자들에게 아주 유명한 환자 사례가 있습니다. 피니어스 게이지(Phineas Gage)라는 환자인데요, 미국의 한 철도 공사 감독관이었습니다. 1848년 9월 13일, 스물다섯 살의 게이지는 버몬트주의 한 철도 공사장에서 일하는 중이었어요. 구멍에 폭발물을 넣고 쇠막대로 구멍의 표면을 고르는 작업을 하던 중에 실수로 주변 바위를 쳐 다이너마이트가 폭발하게 됐고, 그 폭발의 충격으로 쇠막대가 게이지의 왼쪽 뺨 아래쪽에서 오른쪽 머리 윗부분으로 뚫고 나가는 사고가 발생했습니다. 그 결과, 그는 두개골의 상당 부분과 왼쪽 대뇌 전두엽 부분이 손상되는 심각한 부상을 입게 됐죠.

게이지는 존 할로우(John Martyn Harlow) 박사에게 치료를 받아 다행히 죽을 고비는 넘겼지만, 그의 머리에는 지름 9센티미터가 넘는 구멍이 생겼습니다. 그는 몇 주 동안 수많은 감염에 시달렸지만 그럼에도 불구하고 거의 완벽하게 회복되었고요, 할로우 박사는 게이지의 가족과 몇 년 동안 함께 지내며 게이지의 행동들을 관찰한 후 그에 관한 논문들을 발표했습니다.

할로우 박사가 발견한 흥미로운 사실은 사고 전후로 게이지의 성

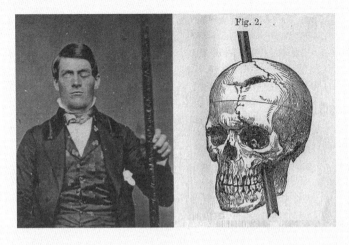

다이너마이트 폭발로 쇠막대가 머리를 관통하는 사고를 당한 피니어스 게이지. 상황 판단과 의사결정에 관여하는 전두엽이 손상되어 선택과 결정에 어려움을 겪었다.

격과 행동이 완전히 달라졌다는 것이었습니다. 마치 다른 인격체가 된 것처럼 변한 성격 때문에 친구들은 그를 더 이상 게이지로 여기지 않을 정도였죠. '대뇌 전두엽 손상이 성격과 행동에 큰 변화를 일으킨다'는 게이지의 사고 분석 결과는 19세기 신경과학에 큰 논쟁을 불러일으켰고, 게이지는 '성격이 생물학적인 뇌에서 비롯된다'는 가설을 뒷받침해 주는 환자가 되었습니다.

게이지의 손상된 뇌 영역은 감정적인 반응을 받아서 상황을 판단하고 의사결정을 내리는, 특히 어떤 일이 더 중요한지 결정하는 역할을 하는 영역이었습니다. '다 좋지만 나는 왠지 이게 더 좋아, 더 끌려'라고 선택하는 영역 말이에요. 자동차를 고를 때도 엔진보다 승차감이 더 중요하다면 기준이 명확하죠? 승차감이 제일 좋은 차를 고르면 되니까요. 그런데 각 차의 장단점을 쭉 쓰고 "얘는 연비가 좋고, 쟤는 승차감이 좋아서 뭘 고를지 모르겠다"라고 해버리면 선택이 어렵습니다. 의사결정을 할 때는 그 사람이 중요하게 생각하는 가치, 선호가 중요한 판단기준이 됩니다.

게이지는 그걸 담당하는 영역의 뇌가 손상되어 판단을 제대로 내리지 못하고 늘 선택의 어려움을 겪은 거죠. 아마 요즘 젊은이들도 선택의 과정에서 좋고 싫음이 분명하지 않다는 점을 보면, 게이지가 부상당한 그 뇌 영역을 제대로 발달시킬 기회를 충분히 경험하지 못했을 수도 있을 겁니다. 어디까지나 추측입니다만.

이 연구가 우리에게 들려주는 가장 중요한 메시지는 의사결정 과정에서 '감정'이 매우 중요한 역할을 한다는 사실입니다. 우리는 이성에 비해 감정을 열등하다고 여기지만, 감정은 상황을 빠르게 파악하고 신속하게 행동할 수 있도록 결정을 내리는 데 핵심적인 역할을 해요. 감정이 만들어낸 선호와 우선순위는 의사결정을 할 때 매우 중요하지요. 그걸 섬세하게 파악하는 뇌 영역이 망가지면, 우리는 선택에 어려움을 겪게 됩니다.

인정받고 싶은 욕구

햄릿 증후군을 얘기할 때 '인정욕구'를 언급하지 않을 수 없습니다. 다른 사람에게 인정받고 싶은 욕구가 강할 때 내 생각보다 남의 눈치를 보는 경우가 많아집니다. '과순응 행동(excessive conformity)'이라고 부르는 태도인데요, 왜 그런 사람들 있잖아요? "좋으실 대로 하세요", "저는 아무거나 다 좋아요", "저도 같은 걸로 할게요"라고 말하는 유형이죠. 타인에게 지나치게 순응하는 건 그들의 맘에 들지 않는 행동을 하지 않으려는 태도, 즉 인정욕구에서 시작됩니다. 튀지 않으려는 태도, 튀었을 때 생길 수 있는 타인들의 부정적 감정을 두려워하는 마음에서 비롯되는 거죠.

극단적으로는, 우울증에 걸리면 과순응 행동을 하게 됩니다. 우울증에 걸린 사람들이 보이는 사회성의 변화 중 하나가 '자기 주장이 사라진다'는 거예요. 남이 하자는 대로 눈치를 보고 남이 원하는 걸 들어주는 거죠. 기분이 우울한데 왜 순응성이 늘어날까요? 저 사람이 나를 어떻게 볼까를 놓고 굉장히 부정적인 판단을 많이 하기 때문입니다. 저 사람이 나를 조금이라도 안 좋게 볼 가능성이 있는 행동은 아예 안 하는 거지요. 평소에 자기 소신이 있고 의견도 주고받던 사람이 어느 순간 남들이 하자는 대로 무조건 따른다면, 요즘 자존감이 떨어지거나 우울감이 증가했는지 살펴볼 필요가 있습니다.

타인에게 인정받으려는 욕구는 누구나 있습니다. 그런데 보통 사람들은 자신의 의견이나 성취를 존중받고 인정받고 싶어 해요. 자존감이 떨어질수록 내가 어떤 행동을 주도적으로 해서는 인정받을 수 없고, 저 사람에게 순응해서 인정받을 수밖에 없다고 생각하게 되지요. 그렇다 보니 내 생각은 없어지는 거고요. 물론 여기 계신 분 중에는 특별한 호불호가 없어서 그냥 맞춰주는 거라고 생각하는 분들도 계시죠? 밥 먹을 때 뭘 먹든 하나도 안 중요한 사람은 상대방의 선택에 맞춰줄 수 있습니다. 굳이 인정받고 싶어서가 아니라 상대를 배려하는 거죠. 그걸 가지고 심각한 문제라고 생각하실 필요는 전혀 없고요. 다만 많은 경우, 특히나 일을 할 때 상대의 의견을 무조건적으로 따르는 경향이 있는 사람은 과순응적인 면이 있다고 볼 수 있습니다.

과순응은 병적인 상황입니다. 내 판단보다는 다른 사람의 판단을 더 믿기 때문에 스스로 판단해야 할 상황이 되면 혼란스러워집니다. 그 사람이 A가 좋다고 하면 나도 갑자기 취향이 바뀌어 A가 더 좋아지는 거죠. 과순응을 하는 사람들은 나중에 리더가 되었을 때 순응할 누군가가 없으면 혼란을 느끼기 쉬워져요. 순응의 상대가 상사만은 아니에요. 부하직원의 인정을 받기 위해 그들의 판단을 따라가는 것도 과순응의 한 예입니다.

이런 질문을 하시는 분들이 있습니다. "저는 결정하기 애매한 상황이 되면 직원을 대여섯 명씩 불러서 의견을 들어봅니다. 직원들에게는 너의 생각을 이야기하라고 자주 말하는데, 꼭 한두 명은 제가 어떤 걸 원하는지 눈치를 보고 짐작하며 말하는 직원들이 있습니다. 어떻게 생각하냐고 물어보면 '저도 그렇게 생각한다'는 식입니다."라고 말이죠.

직장에서의 생존 전략과 과순응이라는 병적 상황을 구분할 필요가 있습니다. 냉정하게 이기적인 관점에서만 보자면, 상사에게 직언을 안 하는 것은 굉장히 자연스럽고 합리적인 생존 전략입니다. 상사는 A를 원하는데 내가 굳이 직언을 한답시고 A가 틀렸고 B가 맞다고 말해봐야 직장 내에서 득볼 일이 별로 없잖아요. 상사의 의견을 따르면 문제가 생겨도 상사의 책임이니까 나는 책임을 회피할 수 있고, 실패하더라도 상사와의 관계는 유지돼요. 반면 내가 B를 택해야 한다고 주장하는 그 순간 상사와의 관계가 틀어질 수도 있고, 무엇보다 내 생각이 받아들여지지 않을 가능성이 매우 높지요. 상사와 다른 의견을 내는 것이 생존 전략에 별로 도움이 되지 않기에, 굳이 소신을 관철시키려는 노력을 할 필요가 없는 거예요. '나는 아무 생각이 없으니 원하시는 대로 하세요'가 아니라 나는 B가 더 좋다고 생각하지만 그걸 굳이 말할 필요는 없는 상황이라 상사의 의견을 따르는 거죠. 그건 과순응이 아니라 그냥 윗사람에 순응해주는 것입니다.

그 사람들이 아불로마니아인 것 같냐고요? 굉장히 정상적입니다. (웃음) 아불로마니아에 해당되는 분들은 병적인 것으로 여겨질 만큼 사회생활이나 일상생활에서 어려움을 겪는 분들입니다. 능력이 부족하거나 판단 자체가 어려워 고통받는 분들이죠. 물론 그렇다고 해서 결정을 쉽게 내리지 못하는 모든 분들을 환자 취급하면 안 됩니다. 세상이 이토록 불확실한데 어떻게 확신을 가질 수 있겠습니까?

이런 질문도 하십니다. "저는 오랫동안 공무원 생활을 했는데, 집권당에 따라 정책 방향이 갑자기 확 바뀌어버립니다. 만약 분배를 중시하는 정당이 집권당이 되면, 바로 기획서를 바꿔야 합니다. 그렇게 되면 그것을 햄릿 증후군이라고 할 수 있습니까?" 흔히 공무원들더러 '영혼이 없다'고 하는데, 영혼이 없다고 해서 그 사람을 햄릿 증후군으로 몰아갈 수 있냐는 것이죠.

우리나라는 위계질서가 공고하고, 나와 다른 의견을 가진 사람에 대한 존중이 부족합니다. 그렇기 때문에 살아남기 위해서는 내가 소신을 강력하게 주장하지 않거나 상황에 따라 의견을 바꾸는 경우도 종종 발생하지요. 제가 보기엔 굉장히 자연스런 상황입니다. 그런 사람들을 햄릿 증후군이나 아불로마니아라고 말하지는 않아요. 그렇지만 내가 윗사람 명령대로만 일하다 보니 더 이상 다른 의사결정도 못하게 되고 심리적으로 고통스럽고 사회생활이 어려우면 그때부터는 '장애'라고 할 수 있겠지요. 우리가 일반적으로 생각하는 것보다 심각한 상황입니다. 아불로마니아를 앓는 사람들은 어떻게 의사결정을 하는지 잘 모르겠다고 울면서 고통을 호소합니다.

덧붙여, 아불로마니아와 우유부단함(indecisiveness)도 구분할 필요가 있습니다. 우유부단함은 반드시 결정을 내려야만 하는 상황에서 결정을 지나치게 미루는 행위를 말합니다. 다른 사람의 의견을 듣지 말고 스스로 결정하라고 했을 때 엄청난 스트레스를 받거나 공황상태에 빠지면 그 사람을 아불로마니아라고 봐요. 그런데 그냥 어떻게 해야 할지 몰라서, 혹은 무능해서 결정을 못하는 것은 아불로마니아가 아니죠.

리더는 굉장히 많은 의사결정을 해야 하는 사람이고 그 결정 중에는 잘한 것과 잘못한 것이 늘 있기 마련입니다. 신중한 의사결정 때문에 적절한 타이밍을 놓쳐서는 안 됩니다. 성공확률 100퍼센트인 리더가 되는 방법은 매우 쉽습니다. 아무 의사결정도 안 하거나 아주 확실한 것만 결정하면 되거든요. 그러면 100퍼센트 정확도의 의사결정자가 될 수 있어요. 하지만 그것이 조직에 이로운 건 아니죠. 결정했어야 했던 수많은 순간들을 놓친 것도 정확도에 포함시켜야 합니다. 좋은 의사결정자는 놓쳐서는 안 될 의사결정을 해내는 사람입니다.

신중함에 관한 환상

'신중함'은 지금도 우리 사회의 덕목이기 때문에 쉽게 고쳐지지 않습니다. 제가 최근에 희한한 경험을 했습니다. 특허 분쟁 조정을 위한 국제 법원을 구성하는 일에 관한 회의였는데, 특허 관련 국제소송이 벌어지면 쌍방 합의하에 영어로 변론하고 재판부도 영어로 듣고 판단을 내리는 법원이 있어야 한다는 내용이었어요. 당연히 이런 법원이 있으면 좋겠지요. 통상은 이런 요구가 있어도 사법부가 귀찮아하며 미룰 법한데, 다행히 법원이 그 필요성에 공감해서 추진하려는 것이었습니다. 그런데 오히려 민간에서 '신중하게 결정하자'며 미루는 거예요. 문제는 그들에게 미룰 만한 특별한 이유가 없다는 것이었어요. "이런 문제는 신중히 하셔야 할 것 같습니다"가 이유였던 거죠. 그래서 결국 그해에 결정이 안 났어요. 신중하게 결정해야 한다는 말에 누가 반대를 하겠어요? 이 말 자체가 우리 사회에서는 언제나 옳은 명제인 것처럼 받아들여집니다. 결정 자체를 못하게 해서 변화를 막는 좋은 핑곗거리가 되지요. 얼마나 신중해야 신중한 것인지 기준도 명확하지 않고, 반론을 제기하기도 힘듭니다.

신중함이 절대적인 미덕으로 간주되는 사회에서는 기민한 의사결정을 해야 하는 기회들을 놓칠 수밖에 없습니다. 우리가 신중함이라는 모호한 신화에 사로잡혀 있는 건 아닌지 살펴보시기 바랍니다.

평소 결정을 내릴 때 주저하는 편이라면, 의사결정에 시간제한을 두는 것이 중요합니다. 제게는 이 전략이 굉장히 유용했습니다. 마음먹은 그날이 될 때까지 열심히 의사결정을 잘하려고 애쓰고, 정한 시간이 되면 그때까지 얻은 내 생각과 정보를 토대로 결정을 합니다.

저는 '결정을 한 다음에라도 잘못했다는 생각이 들면 번복하고 다시 하라'고 권합니다. 반면 미국정신의학협회는 '의사결정을 한 뒤에는 뒤돌아보지 말라'고 권고합니다. 돌아보면 항상 실패한 것 같고 후회가 들고 다음 결정을 빨리 못하는 일이 벌어지기 때문이지요. 저는 의사결정을 한 뒤에 후회하고 반성하는 과정이 더 나은 결정을 내리는 데 도움이 되기에 그런 시간도 필요하다고 생각하는 쪽입니다.

자신을 새로운 환경에 놓이게 만드는 것도 햄릿 증후군을 극복할 수 있는 방법 중 하나입니다. 집에서 키우는 개와 들에서 자란 개 중에 누가 더 의사결정을 잘할까요? 들에서 자란 개는 굉장히 다양한 상황에 놓이고 그때마다 해야 하는 의사결정의 스펙트럼 역시 굉장히 넓었을 거예요. 반면 주인이 대부분 의사결정을 하는 안전한 집에서 편하게 자란 개들이 할 만한 의사결정이란 매우 제한돼 있겠죠. 의사결정에 어려움을 겪는 분이라면 자신을 새로운 환경에 놓이도록 해보라고 권하고 싶습니다. 결과가 어떻게 될지 모르는 상황에서 결정을 해보고 결국 큰 문제가 생기지 않는다는 경험을 많이 해보면 자신감이 생깁니다.

남들에게 항상 스마트하게 보이려는 마음을 버리는 것이 중요합니다. 잘못된 의사결정을 내려 주위 사람들을 실망시킬까 봐 걱정하는 마음에서 벗어나야 합니다. 실패해도 별일 없다는 경험을 자주 해야 합니다. 우유부단한 사람에게는 '자신의 직관을 믿으세요'라고 말해줍니다. 신중하게 고민할 때보다 직관을 따를 때 더 나은 의사결정을 해서가 아니라, 의사결정을 안 하는 것보다는 차라리 직관을 믿고 결정하는 편이 낫다는 뜻입니다. 비교의 대상이 다릅니다. 우선순위를 두는 것도 매우 중요합니다. 판단 기준이 생기면 의사결정은 단순해지고 빨라집니다.

메멘토 모리, 죽음을 기억하라

마지막으로, 이건 제가 평소 의사결정을 할 때 자주 사용하는 원칙이라 여러분에게도 권해드리는데요, 바로 '메멘토 모리(Memento Mori, 죽음을 기억하라)'입니다. 오늘 죽는다고 생각하면 그 어떤 상황도 그보다 비극적이진 않기 때문에, 두려움 없이 의사결정을 할 수 있습니다. 내가 뭘 한다고 대단히 큰 이득을 보는 것도 없고, 반대로 뭘 안 한다고 해서 대단히 심각한 문제가 되는 경우도 없다는 걸 알고 나면, 부담이 적어져서 빨리 의사결정을 할 수 있게 돼요. 망설이는 데 힘과 에너지를 쓰지 않게 되지요. '메멘토 모리'는 의사결정의 무게를 줄이는 데 도움이 됩니다.

이건 아마 인생을 살아가는 데에도 좋은 전략이 될 것입니다. 내일 혹은 한 달 후에 죽는다고 생각하면 앞으로 내게 주어진 시간을 어떻게 보내야 할지 고민하게 되겠지요. 그리고 정말 소중한 일들에 집중하게 되고, 주변에서 벌어지는 다양한 일들도 대수롭지 않게 생각되고, 선택의 무게도 훨씬 가벼워집니다. '내가 눈 감을 때 무슨 후회가 들까'를 생각해보면 절실함 혹은 진정성이 커질 테고요. 그런 면에서, 죽음을 생각하는 것은 절대 불길하거나 우울한 것이 아니에요. 결국 삶을 살아내는 데 도움이 되지요. 죽음이라는 최악의 상황에서는 빠르게 결정하지 못할 일이 없어집니다.

역설적이게도, 담배를 끊는 가장 빠른 방법은 암에 걸리는 겁니다. 그쯤 돼야 끊을 수 있을 정도로 삶의 태도를 바꾸는 일은 정말 쉽지 않지요. 죽음에 직면해야 그 지긋지긋한 담배를 끊을 수 있는 것처럼, '메멘토 모리'는 햄릿 증후군으로 고생하는 분들에게 삶의 조언이 될 수 있습니다.

세
번
째

발
자
국

결핍 없이
욕망할 수
있는가

문제는 결핍의 덫(scarcity traps)에 걸렸을 때 일어난다. 한 가지 일이 해결되고 나면 다른 긴박한 일이 생기고, 이미 예정되었던 것이든 갑자기 생겨난 것이든 그 이상의 문제들이 꼬리에 꼬리를 물고 몰려든다. 설상가상의 상황이 반복되는데, 마치 저글링을 하는 것과 같다. 결국 여러 개 공 가운데 땅에 떨어지려는 공에만 신경을 쓰다 보니 모든 게 엉망이 된다. 그렇다고 갑자기 저글링을 멈출 수도 없다.

센딜 멀레이너선·엘다 샤퍼, 《결핍의 경제학》

오늘 제가 여러분과 함께 고민하고 싶은 주제는 '결핍'입니다. 결핍은 우리 삶에 어떤 영향을 미치는가? 저는 여러분과 이 순간 '내 삶에는 무엇이 결핍돼 있는가? 나는 그 결핍을 어떤 방식으로 대면하고 있는가?'라는 질문에 대해 얘기해보고자 합니다.

삶에서 원하는 것을 모두 누리고 모두 소유하고 있으신가요? 많은 분들이 그러지 않겠죠. 설령 지금 만족스러운 삶을 살고 있다 할지라도, 누군가 여러분의 소망을 더 들어주겠다고 하면 기다렸다는 듯이 긴 리스트를 적어낼 테고요.

경제학자들은 오랫동안 결핍을 '희소성(scarcity)'이라는 개념과 연계시켜 연구해왔습니다. 하지만 오늘 제가 여러분에게 드릴 말씀은 그런 경제학적 결핍이나 희소성이 아니라 내 삶에 깊숙이 들어와 있는, 심리학적인 관점에서 보는 결핍입니다.

결핍이 우리를 성장시킨다

저는 여러분께 '결핍이 욕망을 낳는다'라는 너무나 당연하면서도 놀랍고, 쉽게 간과되고 있지만 인생에 막대한 영향을 미치는 진실을 강조하고 싶습니다. 우리 모두는 '결핍 없는 삶'을 원합니다. 만약 우리 아이가 무언가 결핍이 있다고 하면, 부모는 그걸 극복하려고 애쓰죠. 철분이 부족하다고 하면 먹이려고 애쓰고, 영어를 잘 못한다고 하면 미국에 연수를 보내서라도 더 가르치고 싶고요. 그렇게 우리 모두는 결핍을 메우려고 노력합니다.

원하는 것이 있는데 그것이 결핍되었다고 느꼈을 때 우리는 그것을 채우려고 노력하지요. 그런 노력이 우리를 성장시키고 때로는 성취하게 하며, 성숙하게 만듭니다. 삶에서 결핍이란 누구나 경험하는 것이고, 특히 어린 시절 겪은 결핍은 삶의 원동력이 되기도 합니다.

결핍이 우리 삶에 얼마나 긍정적인 역할을 하는가에 관한 많은 연구들이 있습니다. 가장 널리 알려진 건 '마감효과(deadline effect)'라는 현상인데요, 마감이 다가오면 갑자기 효율이 늘어나고 결과가 좋아지는 거예요. 시간이라는 자원이 결핍되었다고 생각하면 갑자기 집중력이 높아지는 거죠.

게다가 결핍은 동기(motivation)를 만들어냅니다. 예를 들어 사람을 대상으로 실험을 할 때, 점심시간 무렵에 진행된다면 밥을 주고 실험을 한 경우와 밥을 주지 않고 실험을 한 경우 결과가 다르게 나옵니다. 보통 식사를 못한 사람들이 훨씬 더 성실히 실험에 참여합니다. 그래서 심리학자들은 많이들 알고 있어요. 꼭 점심 때 실험을 해라, 실험 후에 밥을 드려라. (웃음) 모든 실험이 다 그런 건 아니고요, 그 과제가 음식이나 보상과 관련이 깊다면 그렇다는 얘기입니다. 가령 '도넛'이라는 단어를 퍼즐에서 찾는 것, 이럴 때는 허기진 피험자들의 찾는 속도가 3배 이상 빨라집니다. (웃음) 그러니까 그건 순전히 능력만의 문제가 아닌 거죠.

심리학자들은 이것을 '집중 배당금(focus dividend)'이라는 개념으로 설명합니다. 우리 뇌는 매순간 주변 환경으로부터 수많은 자극을 받는데, 받아들인 자극들에 모두 주의를 집중할 수는 없겠죠. 그중 적절한, 의미 있는 자극들에 내 한정된 집중 능력을 몰아주려 할 겁니다. 그렇다면 과연 어디에 몰아줄 거냐? 내가 뭔가 부족하거나 결핍이 있다고 생각되면, 그와 관련된 자극에 더 민감할 겁니다. 배가 고프면 음식과 관련된 단어가 먼저 들리고, 거기에 대해서 좀 더 민감하게 반응하고, 그것에 훨씬 더 집중하고 몰입한다는 거죠.

때론 장애물이나 방해물이 생기면, 내가 원하는 것을 잃거나 결핍될지도 모른다는 불안감에 더욱 강력하게 원하는 현상도 나타납니다. 원하는 걸 얻는 과정이 힘겨우면 힘겨울수록 그 결핍은 오래 지속되고, 그러면 그것을 갈망하는 열정도 더 불붙죠. 예를 들어 자식이 집에 데려온 신랑감 혹은 신붓감이 맘에 안 든다면, 부모는 어떻게 해야 할까요? 자식의 선택을 믿고 존중하는 것이 가장 올바른 태도입니다. 자식을 내 마음대로 할 수 있다는 환상을 버려야 합니다. 그 둘 사이를 갈라놓기 위해 부모님들이 기를 쓰고 방해할수록 그들의 사랑은 더욱 뜨겁게 타오른다는 사실만 알아두세요. (웃음) 그들의 사랑을 불붙게 하는 가장 효과적인 방법은 '내 눈에 흙이 들어가도 절대 결혼은 안 된다'고 반대하는 겁니다. (웃음) 사랑은 방해물을 만났을 때 더욱 숭고해집니다.

'부모의 반대'라는 역경이 그들의 사랑을 '매우 결핍된 소중한 것'으로, 더욱 아름다운 것으로 만드는 겁니다. 오히려 쿨하게 열심히 사귀어보라고 격려하고, 10년 이상 사귀면 그때 결혼해도 좋다고 해보세요. 그 전에 다 스스로 헤어집니다. (웃음) 10년이라는 넉넉한 시간이 주어지는 순간, 사랑이 다르게 보입니다.

'게임'을 교과목으로 만든다면

제 개인적인 경험을 들려드릴게요. 저는 어릴 때 말은 매우 빨리 배웠는데 부모님이 글자를 좀 늦게 가르쳐주셨어요. 유치원에 갈 나이가 되자 친구들은 다들 유치원을 가는데, 저희 부모님은 제가 몸이 약하다고 생각해 태권도를 보내신 거예요. 그래서 그 시기에 태권도장에서 친구들과 놀면서 미취학 시절을 보냈습니다.

저희 부모님은 '애들이 무슨 공부냐', '애들이 무슨 책을 읽냐' 하시면서 계속 나가서 뛰어 놀라고만 하셨어요. 그러면서 당신들은 책을 즐기고 열심히 읽으셨어요. 그래서 저는 어렸을 때 '책은 굉장히 재밌는 것들로 가득 차 있는데 어른들이 우리한테는 숨기고 그들만 즐기고 있다'고 생각했습니다. (웃음) 빨리 자라고 부모님이 불을 끄면 자는 척하고 있다가 일어나서 다시 불을 켜고 읽지도 못하는 책을 펼치고 혼자 책을 읽는 흉내를 내곤 했습니다. 그리고 '언젠가는 저 책들을 반드시 읽고 말리라!' 생각하곤 했죠. 그러니 학교에 입학했을 때 책이 얼마나 읽고 싶었겠어요.

그리고 제가 왼손잡이인데, 나중에 알게 된 사실이지만 언어중추가 뇌의 좌반구에 있다 보니까 오른손잡이들은 언어중추를 어릴 때부터 많이 쓰게 돼서 자연스럽게 글자를 빨리 배우는데, 왼손잡이들은 종종 난독증을 겪는 경우가 있더라고요. 글을 빨리 못 읽고 어떤 단어들이 뒤바뀌어 보이기도 하고 그런 거죠. 저도 비슷한 경험을 했습니다. 어렸을 때 '만남' 같은 단어를 자꾸 '난맘'이라고 쓰는 식으로 ㄴ과 ㅁ이 헷갈린다거나 해서, 그런 단어를 쓸 때 긴장하고 불안해하면서 썼던 경험이 있습니다. 실제로 왼손잡이 중에 난독증이 많습니다. 아인슈타인도 난독증이었고, 빌 게이츠도 그랬다고 하지요. 저도 어렸을 때 책을 읽는 것에 대한 두려움이 있었습니다. 책을 빨리 읽으면 쉽게 이해가 잘 안 돼서, 글을 천천히 읽었습니다.

제게 놀라운 기록이 하나 있는데, 초등학교 1학년 때부터 대학원 박사학위를 받을 때까지 수업시간에 단 한 번도 졸아본 적이 없다는 겁니다. '어떻게 수업시간에 안 잘 수 있냐' 지금 그런 생각 하시잖아요. (웃음) 그런데 저는 수업시간에 선생님 강의를 귀로 듣는 게 교과서를 읽는 것보다 훨씬 더 효율적이었어요. 수업시간에 강의를 못 들으면 제가 책을 읽어야 되잖아요. (웃음) 그래서 수업시간에 강의를 열심히 듣는 습관이 어렸을 때 생겼죠. 물론 지금은 책도 누구보다 빠르게 읽고 잘 적응해 살고 있습니다. (웃음) 초등학교 때 책을 별로 안 읽다 보니, 중학교에 가서 책을 열심히 읽어야겠다는 생각이 들었습니다. 고등학교 때는 문학 동아리에 가입해 도서관 사서 아르바이트를 하면서 도서관에 있는 책들을 다 읽겠다는 야심찬 목표를 세우기도 했지요. 그리고 대학보다는 대학원 때, 대학원 때보다는 교수가 돼서 훨씬 더 많은 책들을 읽게 됐고, 많이 읽다 보니 난독증도 자연스레 해결이 되었습니다. 어린 시절 책에 대한 결핍이 늘 책을 가까이하는 오늘의 저를 만들어주었습니다. 독서는 습관이 되기 힘듭니다. 독서가 쾌락이 되어야 평생 책을 읽는 어른으로 성장합니다. 쾌락이 되기 위해서는 어린 시절 책을 읽으라고 강요해선 안 됩니다. 스스로 책을 즐길 수 있도록 기다려주는 인내심이 필요합니다.

아이가 게임에 완전히 빠져 있어 걱정이라는 부모님들을 종종 만납니다. 아이들의 게임 중독을 고치는 제일 좋은 방법은 게임을 정규 교과목으로 만드는 겁니다. (웃음) 아이들에게 게임에 관한 책을 읽게 하고, 게임을 직접 만들게 하고, 게임에 관해 시험을 보고, 정해진 기준만큼 스코어를 못 받으면 낙제를 시키는 거죠. 그러면 아이들이 게임으로부터 멀어질 겁니다. 어떤 즐거운 것도 학교 공부처럼 시키면 무조건 싫어하게 돼 있어요. 강제와 과잉이 거부를 낳는 거죠. 하지 말라고 하면 아이들은 훨씬 더 매력을 느끼기 때문에, 게임에 빠져드는 겁니다.

아이가 게임에 빠져 있다는 것은 게임 외에는 다른 즐거움이 없다는 뜻이기도 합니다. 게임에 중독된 아이를 보면 '에고, 내가 우리 아이를 게임 외에는 즐거움을 모르는 아이로 키웠구나!' 하면서 다른 즐거움을 제공하려 애쓸 필요가 있습니다. 게임은 아이들이 학교 공부로 받은 스트레스를 푸는 가장 손쉬운 즐거움이거든요. 운동을 즐기고 음악이나 미술 등 다양한 예술 활동에 관심 있는 아이일수록 게임에 중독될 가능성은 줄어듭니다.

무료한 시간을 허락하기

요즘 청소년들에게 가장 심각한 문제 중 하나는 결핍을 경험할 기회가 없다는 겁니다. 아이가 수학에 관심을 갖기 전에 이미 부모가 아이에게 숫자를 가르쳐주고요, 아이가 책에 관심을 갖기 전에 글을 가르칩니다. 외국인과 얘기를 하고 싶다거나 영어로 된 영화 대사를 이해하고 싶다고 느끼기 전에, 영어캠프를 2주 정도 경험하게 해줍니다. '엄마, 나 영어 배우고 싶어'라는 마음을 먹기 전에 이미 영어가 자신의 삶 속에 들어와 있는 거죠. 스스로 학교 공부의 부족함을 깨닫기 전에 부모가 알아서 가장 좋은 학원을 알아보고 그곳에 보내다 보니, 요즘 아이들은 학교를 다니는 동안 '나 이거 너무 하고 싶어!' 해서 뭔가를 배우는 시간, 무언가 열심히 활동하는 시간이 현저히 줄어들어 있습니다.

학교란 뭘 하는 곳일까요? 공부라는 게 너무 즐거워서 학교를 졸업하고도 평생 공부하고 싶어 하는 학생들을 배출하는 것이 학교의 가장 중요한 의무인데, 지금 우리나라의 학교는 '졸업하면 이런 공부 절대 다시 안 할 거야!'를 외치는 졸업생들을 세상에 내보내죠. 지금의 교육은 '더 이상 미적분을 풀지 않아도 된다는 것이 삶의 가장 큰 기쁨'이라고 느끼는 어른들을 세상에 내보내고 있습니다. 매우 가슴 아프고 슬픈 현실입니다.

호기심이 많아서, 관심 있는 게 많아서 궁금한 걸 스스로 알아보고 탐구하는 것이 공부입니다. 그런데도 "아니, 좋아서 공부하는 사람이 어딨어요! 하라니까 하는 거지."라는 대답이 돌아옵니다. 공부해야 하는 이유를 모른 채, 특히 자신이 진정 뭘 하고 싶어 하는지 모른 채 세상이 요구하는 삶, 부모가 원하는 삶을 추구하죠. "너, 이 정도 점수면 OO 대학 갈 수 있겠다. 거기 지원해봐."라는 식으로, 세상이 세팅해놓은 배치표 사이에 자신의 삶을 구겨 넣는 거죠. 타인의 욕망을 내 욕망인 것으로 착각하며 우리 아이들은 살아가고 있습니다.

젊은이들이 제게 종종 묻는 질문 중 하나가 "잘하는 것과 좋아하는 것 사이에서 뭘 골라야 하나요?"라는 질문입니다. 그리고 대개 성공한 멘토들은 쿨하게 "인생은 짧습니다. 진정 좋아하는 걸 하세요!"라고 답하죠. 그런데 실상 이 질문은 상당히 사치스러운 질문입니다. 대부분의 사람들은 안타깝게도 잘하는 게 별로 없어요. 그래서 잘하는 게 있다는 건 그 자체로 축복입니다. 잘하는 걸 꾸준히 하다 보면 즐길 가능성이 높습니다. 더욱 안타까운 건 좋아하는 것도 생각보다 별로 없다는 사실입니다. 내가 진정 좋아하는 게 뭔지 찾을 시간이, 기회가, 경험이 별로 없습니다. 그러다 보니 '내가 진정 좋아하는 게 뭔지 잘 모르겠어'라고 생각하는 사람들이 훨씬 더 많습니다.

오징어잡이 배에 등이 쭉 매달려 있는 모습을 보신 적 있죠? 집어 등이라는 건데 오징어를 불러들이는 기능을 합니다. 어느 철학자의 책에 이런 대목이 나옵니다. '지금 우리 사회는 욕망의 자본주의 시대다. 요즘 젊은이들은 집어등에 달려드는 오징어 떼 같은, 그러니까 그 욕망이 자신에게 좋은지 나쁜지도 잘 모르면서, 심지어는 독이 되는 욕망인지도 모르면서 무조건 내달리고 있다.' 저도 같은 생각입니다. 학습된 욕망, 부모로부터 혹은 사회로부터 내려와 스며든 욕망들이 자신의 욕망인 줄 알고 열심히 추구하다가 동력을 잃어버리면 어느 순간 좌절하고, 벽을 만나 실패하면 더 이상 추동할 힘이 없어 극단적인 선택을 하기도 하는 게 지금 우리 사회입니다.

제가 몸담고 있는 '대학교'라는 곳은 뭘 해야 하는 공간일까요? '내가 진짜 원하는 게 뭔지를 알아내는 곳'이어야 합니다. 그러기 위해 대학생들은 이것저것 해보고, 여기저기 찾아가봐야 합니다. 온갖 분야를 구경하고 경험하고 물어볼 수 있어야 합니다. 부족하면 책을 통해 간접 경험도 해보고요, 인턴도 해보고 선배들을 찾아가 물어보고, 랩에 가서 실험도 해보면서 실험실도 어지럽혀야 합니다. 실제로 그곳에선 무슨 일이 벌어지고 있는지 경험해볼 기회를 학교가 제공해야 합니다. 학교는 '실패가 용납되는 공간이자 시간'이어야 합니다. 하지만 안쓰럽게도 우리 사회는 학생들에게 그런 시간과 기회를 부여하지 않습니다. 심지어 방학 때조차도 스펙 쌓기로 '이력서에 들어갈 한 줄'을 만들기 위해 애쓰고, 그리고도 자신이 정규직으로 제대로 취업할 수 있을지 확실하지 않은 불안과 절망 사이에서 심리적 방황만 하고 있습니다.

저는 우리 사회에 요구하고 싶습니다. 아이들에게 결핍을 허하라! '아, 심심해, 뭐 재밌는 거 없나' 할 수 있는 무료한 시간을 아이들에게 허락해야 합니다. 스스로 엉덩이를 떼고 일어나 재미있는 걸 찾기 위해 어슬렁거리는 젊은이들로, 성취 동기로 가득 찬 어른으로 성장하게 하는 길은 그들에게 결핍을 허하고 무료한 시간을 허락하는 것입니다. 그들이 방황하면 그 방황을 적극적으로 밀어주고, 실패하고 사고 쳐도 좋다고 믿어주는 태도가 필요합니다. 우리 모두는 어린 시절, 청소년 시절, 심지어 젊은 시절에 얼마나 미숙했습니까! 그 시간을 참고 기다려주고 믿어주는 부모가, 학교가, 사회가 그들에게 필요합니다.

결핍의 그림자, 터널 비전

그렇다고 결핍이 항상 필요하고 좋은 것이냐 하면 그렇지만은 않습니다. 결핍도 어두운 면이 있습니다.《결핍의 경제학(Scarcity)》이라는 책에서 하버드대학교 경제학과 교수와 프린스턴대학교 심리학과 교수인 저자들은 결핍이 사람의 행동에 얼마나 큰 영향을 미치는지에 대해 다양한 사례를 들어 설명하고 있습니다.

그들에 따르면, 결핍은 사람을 바로 눈앞에 있는 것에만 집중하게 만들어 큰 그림을 못 보게 하며, 특히 결핍을 채우는 데에만 급급하게 만듭니다. 이 책에 흥미로운 사례가 소개됩니다. 2차 세계대전 때, 독일 점령지를 탈환한 연합군은 오랫동안 굶주린 사람들을 발견했습니다. 이들에게 음식을 공급해야 하는데, 굶어 죽기 직전인 상태였던 사람들에게 어떻게 해야 건강에 무리가 가지 않게 영양을 공급할 수 있을 지 알 수 없었죠. 미네소타대학의 연구팀이 해답을 찾기 위해 실험을 진행했습니다. 지원자를 모집하여 이들을 장기간 굶긴 뒤 신체 반응을 보면서 음식물의 양을 조절하고자 한 겁니다. 그런데 이 실험 과정 중에 피험자들의 흥미로운 행동이 관찰됩니다. 굶주림을 경험한 피험자들이 실험이 끝난 뒤에도 음식과 관련된 것들에 강한 집착을 보인 거예요. 그들은 음식점에서 줄을 서서 기다려야 하는 상황을 잘 못 참고 기다리는 걸 극도로 싫어했습니다. 실험 전에는 학자가 되겠다고 했던 사람도 요리책에 훨씬 더 많은 관심을 갖고, 또 다른 사람은 식당 주인이 되겠다고 결심했다고 합니다. 제가 앞서 언급했던 실험과 연결 지어 말씀드리자면, 점심시간에 배고픔을 경험한 피험자들이 음식과 관련한 실험에서 좋은 성과를 냈지만 나머지 분야에서는 관심과 집중력이 현저히 떨어지고 결과도 그다지 좋지 않았다는 겁니다. 우리가 가진 집중력의 크기는 한정돼 있는데 그 대부분을 결핍된 것에 쏟게 되면, 다른 것에는 제대로 집중을 못해서 성취도가 낮다는 거지요.

만약 음악이 무지 좋아서 '어떻게 하면 음악을 더욱 잘할까'를 늘 생각한다거나 물리학이 무척 좋아서 모든 문제를 물리적인 관점에서 바라보거나 하는 거라면 별 문제가 없겠지요. 하지만 만약에 그에게 부족한 결핍이 성적인 문제 혹은 먹는 것과 관련된 문제라면 그것 외에 다른 것들은 거의 생각하지 않게 됩니다. 그러면 정상적인 삶을 살아가는 데 어려움이 생긴다는 겁니다. 어린 시절 경험한 지나친 결핍이 내 생각과 판단, 행동에 큰 영향을 미친다면, 혹은 내 삶을 송두리째 뒤틀거나 왜곡시킨다면, 그것이 다른 사람과의 관계를 망가뜨린다면 심각한 문제가 아닐 수 없습니다. 결핍된 것에 너무 많은 생각을 집중하는, 온통 거기에만 뇌 에너지를 쏟는 경우가 발생할 수 있다는 것이 결핍의 어두운 그림자입니다. 우리가 '터널 비전'을 갖게 만드니까요.

결핍이 터널 비전을 만들 수 있다는 대표적인 사례 중 하나가 미국 소방관의 주요 사망 원인입니다. 통계에 따르면, 놀랍게도 미국 소방관들의 주된 사망 원인이 화재 현장에서 화재 진압 중 일어난 불의의 사고뿐 아니라 화재 현장으로 급히 가는 도중에 일어난 교통사고라고 합니다. 왜 이런 일이 벌어질까요? 불을 꺼야 한다는 생각에 온통 신경을 뺏긴 나머지 안전벨트를 안 매는 경우가 종종 생긴다는 겁니다. 안전벨트를 매는 것 같은 사소한 일에는 신경을 못 쓰게 되는 거죠. 굉장히 급박한 상황에서 차가 커브를 틀 때 튕겨나가거나, 갑자기 급정거를 할 때 부딪혀 사망하는 사고가 종종 벌어진다고 합니다. 중요한 것에 온통 신경 쓰느라 다른 것들을 소홀히 했던 경험이 다들 있으실 겁니다.

'마시멜로 테스트(marshmallow test)'를 다들 들어보셨을 겁니다. 실험실에 4~5세 어린이를 데려다 놓고, 잠시 실험자가 나가야 하는 상황을 만듭니다. 어린이에게 책상 위에 놓인 마시멜로를 먹어도 된다고 일러주면서, 만약 15분 동안 참고 먹지 않으면 돌아와서 마시멜로를 하나 더 주겠다고 사악한(!) 제안을 하죠. 그러고 나서 몰래카메라로 어린이들이 어떻게 행동하는지 관찰하는 유명한 행동 실험입니다. 컬럼비아대학교 심리학과 월터 미셸(Walter Mischel) 교수는 이 실험에서 마시멜로를 먹지 않고 15분을 참아낸 아이들이 참지 못하고 먹어버린 아이들보다 나중에 SAT(미국 대학입학시험) 점수도 평균적으로 무려 200점이나 더 높고, 연봉도 1만 5000달러 정도 더 많이 받는다고 했지요. 알코올중독에 걸릴 확률도 10분의 1에 지나지 않으며, 범죄를 저지를 확률도 15분의 1밖에 안 된다고 추적조사를 한 바 있습니다. 다시 말해, 사회적 성취를 하는 데 있어서 충동을 억제하는 능력이 얼마나 중요한가를 단적으로 보여준 것입니다.

그런데 안타깝게도 어린 시절 결핍을 많이 경험한 사람들은 충동을 억제하는 능력이 떨어지는 경우가 많습니다. 사탕수수 농장에서 했던 실험이 있는데요. 사탕수수 농장에서는 사탕수수가 다 익어 경작이 끝나면 풍요로운 시간을 보낸다고 합니다. 당연히 그 직전에는 굉장히 빈곤하겠죠. 우리가 예전에 농촌에서 겪은 춘궁기 같은 시기를 사탕수수 농장에서도 경험한다고 생각하시면 됩니다. 신경과학자들이 사탕수수를 추수하기 전후로 농장에서 일하는 사람들의 자기조절능력, 인지능력, 기억력, 주의력 등을 살펴봤다고 합니다. 그 결과, 놀랍게도 풍요로운 시기에는 인지능력이 현저히 좋은 반면, 빈곤한 시기에는 테스트 결과 값이 시원찮았다는 거예요. 먹을 게 부족하면 '내가 이런 걸 왜 풀어야 되나' 싶기도 하고, 집중도 잘 안 되고, 짜증도 늘어나 동기부여가 안 된다는 거죠. 그것이 고스란히 결과에도 영향을 미치는 겁니다. 결핍이 의사결정, 특히 인간의 인지능력에 얼마나 부정적인 영향을 미치는지를 보여주는 사례인 거죠. 다시 말해, 물질적 자원의 고갈이 정신적 고갈로 이어질 수 있음을 보여주고 있습니다.

여러분에게 결핍은 무엇입니까

저는 오늘 이 자리에서 여러분에게 결핍의 두 얼굴을 이야기했습니다. 결핍은 때로는 우리에게 강한 성취동기를 부여하고, 무언가를 열심히 할 의욕을 심어주고, 내 삶을 성장하게 하는 에너지가 될 수 있다고 했습니다. 하지만 지나친 결핍은 사람들의 생각을 좁게 만들고 자기조절능력을 떨어뜨리며 타인과의 관계를 왜곡시키는 정신적 병균으로 작용할 수도 있습니다.

　여러분에게 결핍은 무엇입니까? 여러분은 어떤 것들이 결핍되었습니까? 그 결핍이 여러분의 삶을 어떻게 만들었습니까? 내 삶에서 결핍이 어떤 의미인지 살펴보세요. '나는 어린 시절 무엇이 부족했나. 진짜 하고 싶었는데, 못한 것이 무엇인가? 그리고 그것이 지금도 나를 사로잡고 있는가?'라는 질문에 답해보세요. 여러분에게는 인생의 결핍과 대면할 용기가 있습니까? 그것이 열등감이나 정신적 병균이 아니라 삶의 에너지로 작용할 수 있도록 당당하게 대면할 용기를 가지세요. 결핍은 우리를 성장시킵니다!

네
번째
발자국

인간에게
놀이란
무엇인가

인간과 동물에게 동시에 적용되면서 생각하기와 만들어내기처럼 중요한 제 3의 기능이 있으니, 곧 놀이하기이다. 그리하여 나는 호모 파베르 바로 옆에, 그리고 호모 사피엔스와 같은 수준으로, 호모 루덴스(Homo Ludens, 놀이하는 인간)를 인류 지칭 용어의 리스트에 등재시키고자 한다.

요한 하위징아, 《호모 루덴스》

질문은 우리를 성장시킵니다. 좋은 질문은 그 자체로 커다란 대답이기도 합니다. 아인슈타인이 말했죠. 가장 중요한 것은 질문을 멈추지 않는 것이다! 오늘도 저는 이 자리에서 위대한 질문을 던지고 그 질문에 스스로 답을 하려 합니다. 제가 오늘 여러분에게 던지고 싶은 질문은 '인간에게 놀이란 무엇인가?'입니다. 물론 저는 이 질문에 대해서 정답을 말할 수는 없을 겁니다. 그럼에도 불구하고 제가 이 자리에 선 이유는 두 가지입니다.

우리는 어린 시절부터 "너는 커서 뭐가 될래?", "어떤 직업을 가질래?", "뭘 하면서 먹고살래?" 같은 질문들을 무수히 받습니다. 어떤 일을 하며 살 것인가에 대한 질문은 많이 받지만, "넌 뭘 하면서 놀래?", "혼자 있는 시간에는 뭘 할 거야?", "여유로운 시간이 생기면 어떻게 놀아야 제대로 노는 걸까?" 같은 질문은 하지 않습니다. "너는 어떻게 노는 어른이 될래?"는 별로 받아본 적이 없는 질문일 거예요. 하지만 인간은 일하는 시간만큼이나 많은 시간을 노는 데 사용합니다. 어떻게 노느냐가 그 사람을 규정합니다. 그 사람을 행복하게 만드는 시간도 바로노는 시간이지요. 놀이하는 동물, 호모 루덴스(Homo Ludens)인 인간에게 놀이는 삶의 화두여야 합니다. 이것이 첫 번째 이유입니다.

또 다른 이유가 있는데요. 제 아이들은 커서 절대로 과학자가 되지 않겠다고 날마다 결심합니다. (웃음) 제가 볼 때는 과학자가 될 가능성도 매우 적어 보입니다만. (웃음) 가족여행을 가서도 컴퓨터를 붙잡고 논문을 쓰고 있는 저를 보면서 아이들은 '과학자는 저렇게 살아야 하는구나, 못 노는 삶이구나'라고 생각했나 봐요. 저희 집 아이들도 커서 어른이 되면 알게 될 겁니다. 어떤 직업을 갖더라도 대부분의 사람들이 맘 편히 놀지 못하며 산다는 것을 말이지요. 어른들도 아이들만큼 놀이를 좋아합니다. 놀 때 매우 행복하죠. 하지만 할 일 목록 가운데서 늘 하고 싶은 것 대신 해야 할 것을 먼저 지워나가는 삶을 사는 것이 바로 우리 어른들입니다. 이래선 안 됩니다. 일과 삶의 균형, 이른바 워라밸이 중요합니다. 일만큼이나 놀이가 중요합니다.

위대한 질문의 매력은 '답하긴 어렵지만 그 질문 자체가 가진 울림이 크다'는 거겠죠. 오늘 저는 여러분과 놀이에 대해 매우 진지하게 생각해보고 싶습니다.

놀이하는 인간

'놀이'란 무엇일까요? 놀이는 다양한 말로 정의될 수 있을 겁니다. 놀이를 정의한다는 건 농담을 정의한다는 것과 같아서 매우 부질없다는 글도 본 적 있는데요. 저라면 놀이를 '생산적인 결과물이 아닌 즐거움을 추구하는 행위'로 간단히 정의해보겠습니다. 옥스퍼드 사전을 살펴보니, '특별한 생산적인 목적 없이 우리가 시간을 즐기기 위해 하는 행동'이라고 정의돼 있더군요.

놀이는 매우 보편적인 행동입니다. 수백 년 전 사람들의 일상을 담은 그림에도 노는 모습이 담겨 있죠. 사람뿐 아니라 개나 고양이도 잘 놀고요, 종을 뛰어넘어 같이 놀기도 합니다. 심지어 개미들조차도 특별한 목적 없이 자기들끼리 혹은 혼자서 놀고 있는 것처럼 보이는 행동들이 목격되곤 해요. 그런 점에서, 놀이는 종을 넘어선 보편적인 행동처럼 보입니다.

이런 놀이는 일과 다른 여러 특징들이 있지요. 누가 시켜서 하는 게 아니라 내가 좋아서 자발적으로 하는 행위이고요, 어떻게 놀아야 한다는 규칙이 없으며, 어떤 결과를 만들어내야 한다는 목표도 없습니다. 더 잘 놀기 위해 경쟁하지 않으며, 혼자 놀아도 재미있고 같이 놀아도 재미있습니다. 매우 집중이 잘 되고 즐거운 과정이며, 끝나면 다시 하고 싶어지는 행위이지요.

요한 하위징아(Johan Huizinga)는 1938년에 출간한 《호모 루덴스(Homo Ludens)》에서 놀이는 문화의 한 요소가 아니라 문화 그 자체라고 역설한 바 있습니다. 그는 합리주의와 낙관론을 숭상했던 18세기에 우리는 우리 종족을 '생각하는 인간(Homo Sapiens)'이라고 칭했지만 그것은 이성을 숭배하던 시절의 정의라고 못 박고, 인간을 다른 동물들과 확연히 구별할 수 있는 특징은 '놀이하는 것' 그리고 그것을 예술과 문화로 승화시킨 능력이라고 설명했습니다. 하위징아는 놀이 전통이 우리 삶을 너무나 중요하게 관통하고 있어서, 문화 곳곳에 그 흔적이 스며 있다고 주장했습니다. 예를 들어, 인간은 몸을 회전하면 굉장히 즐거거든요. 이런 생물학적 본성 때문에 서커스가 만들어지고 그것을 예술의 수준으로 승화시켰다는 거죠. 춤과 음악을 좋아하는 인간은 수많은 도박을 만들었고 가무를 즐기는 축제를 만들었습니다.

미국 놀이연구소 소장 스튜어트 브라운(Stuart Brown)에 따르면, 놀이는 인간의 창의성을 높여주는 가장 창조적인 행위라고 합니다. 그는 도널드 헵(Donald O. Hebb)의 아주 오래된 이론인 '가소성 이론'을 빌려서 '인간은 놀이를 통해서 정상적인 어른으로 성장할 수 있다'고 주장합니다.

헵은 미국의 행동주의 심리학자입니다. 그는 자극이 많은 환경에 놓인 쥐들의 뇌에서 신경세포들이 더 많은 수상돌기와 축색돌기를 뻗고, 그들 사이의 시냅스 연결도 증가한다는 것을 보여주었습니다. 쥐가 살고 있는 상자에 놀이기구를 많이 들여놓았더니 시냅스 연결이 현저히 늘어난 반면, 아무것도 넣어주지 않은 상자에서 자란 쥐들은 신경세포들이 제대로 발달하지 못했다는 사실을 관찰한 거죠. 신경세포들 간의 연결도 많이 진행되지 않았고요. 이를 바탕으로, 브라운은 아이들이 놀이를 통해서 생존에 필요한 다양한 삶의 지혜를 배우고 의사결정 과정을 제대로 익힌다고 주장합니다. 특히나 인간은 그 어떤 동물보다도 유년기가 길기 때문에 그 시절 놀이를 통해서 다양한 행동양식을 학습하고 성장하는 거죠.

사람이 놀지 않고 일만 하면 바보가 된다고 하죠? 과학자들은 이 오래된 통념이 진실에 가깝다는 사실을 연구를 통해 꾸준히 증명하고

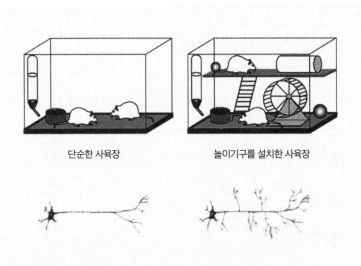

단순한 사육장　　　　　　　　놀이기구를 설치한 사육장

자극이 적은 환경에서 생활한 쥐들은 자극이 풍부한 환경에서 생활한 쥐들에 비해 대뇌 신경세포의 축색돌기가 적고 신경세포들 간의 연결도 적은 것으로 나타났다. (자료: BSCS)

있습니다. 그렇다고 해서 여러분에게 "아이에게 장난감을 많이 사주세요"라는 말씀을 드리고 싶지는 않아요. 과거를 떠올려보면, 저만 해도 어렸을 때 레고 같은 근사한 걸 가지고 놀았던 기억이 없거든요. 골목에서 야구를 하거나, 치기 장난, 숨바꼭질 등을 하며 열심히 뛰어놀았죠. 썰매 같은 걸 나무로 만들어 타고 놀았던 기억이 있습니다. 사실 아이들을 더욱 창의적으로 만드는 건 장난감 없이 자기네들끼리 놀면서 스스로 장난감을 만들 때입니다. 바로 그 순간 아이들의 뇌가 훨씬 더 발달합니다.

예를 들어, 우리는 어렸을 때 그림도 그리고 춤도 추고 친구들과 같이 놀면서 사회성을 체득합니다. 사회성을 배우는 시기에 놀이의 역할은 너무나도 강력합니다. 그 시기에 제대로 놀지 못하면 범죄를 저지를 확률이 5배 이상 증가하며, 심지어 살인을 저지를 위험성은 17배나 높아진다고 알려져 있어요. 〈샤이닝〉이라는 영화의 주인공이 그랬듯이, 놀지 않고 일만 하는 건 사람을 바보로, 살인자로 만듭니다. 이제 "나, 왕년에 좀 놀았어!"가 자랑이 아니라 필수가 되어야 한다는 겁니다.

놀이의 매력은 자발성

놀이는 계속하고 싶은 속성이 있죠. 중독의 위험성 말입니다. 실제로 도파민을 많이 방출시키는 놀이는 중독을 불러일으킬 만한 위험성이 있습니다. 다른 사람을 괴롭히면서 노는 것도 영장류에서 굉장히 자주 목격되는 현상입니다. 다르게 말하면, 누군가를 괴롭히는 행위 자체가 인간에게 즐거움을 준다는 거예요. 그게 좋은 놀이라고 할 순 없겠죠. 왕따 가해자인 아이들에게 "왜 친구를 괴롭혔니?"라고 물어보면, 그냥 노는 거예요, 장난이에요, 재미있어서요라고 하죠. 이것은 놀이가 가지고 있는 어두운 측면입니다. 그렇기 때문에 세상의 모든 놀이가 고무되어야 한다는 건 아닙니다. 우리는 놀이를 통해 다른 인간을 어떻게 대해야 할지를 배웁니다.

우리 사회는 아이들의 놀이에 대해서는 굉장히 관대하고 당연하게 생각하며, 이의를 달지 않고 열심히 놀게 해줍니다. 심지어 키즈 클럽에 데려다주며 창의적으로 놀라고 기회를 주죠. 하지만 중학교쯤 올라가면 상황이 서서히 바뀌기 시작해요. (웃음) 놀이는 어느덧 죄책감을 동반한 무엇이 되지요. 중간고사나 기말고사가 끝난 다음 주 정도에만 허용되는 일시적 일탈로 바뀝니다. 어른이 되어서도 논다고 하면 죄책감은 더 심해지죠. "너 뭐 하니?"라고 물었을 때 "지금 놀고 있습니다"라고 당당히 말할 수 있는 어른은 드물어요.

놀이는 인간의 내재적 본능이며 심지어 뇌의 여러 영역을 발달시켜주는 창조적인 행위인데, 왜 우리 사회는 놀고 있는 사람들을 못마땅하게 바라보는 걸까요? 왜 어른이 되면 덜 놀아야 한다고 기대하는 건가요? 오히려 어른들이 제대로 놀 수 있도록 놀이문화에 대해 생각해볼 기회를 제공하는 것이 더욱 중요합니다. 어른들의 놀이가 터부시되어서는 안 됩니다.

학교에 대한 청소년들의 열정과 애정을 조사한 연구가 있습니다. 어릴 때에는 어린이들이 학교에 가는 걸 그다지 싫어하지 않습니다. 학교에 가서도 굉장히 재미있는 것들을 많이 배우고, 노래나 춤도 배우고, 야외학습도 많고, 선생님과의 유대도 강해서 유치원이나 초등학교에 대한 아이들의 애정과 열정은 매우 높습니다. 점차 학년이 올라가면서 그 열정이 식기 시작하죠. 중학교 3학년 때 가장 낮습니다. 거의 죽을 맛으로 학교를 다니는 거죠. (웃음) 저는 학교를 얼마나 즐겁게 다니느냐는 자기 스스로 결정하고 선택할 수 있는 것들이 얼마나 되느냐에 달려 있다고 생각합니다. 오로지 대학 입시만 바라보는 중학교나 고등학교에서 행복한 청소년들이 적은 건 너무나도 당연합니다. 대학교에 입학하면 다소 높아지는데, 아무래도 자기 선택권이 조금 높아지기 때문이죠.

예전에 신임교수 워크숍에 갔는데, 거기서 '교수는 언제 가장 즐거운가?'라는 설문조사에 대한 답변을 본 적이 있어요. KAIST 교수들은 실험에 성공하거나 좋은 저널에 논문이 실려 학생들과 맥주 한잔을 할 때 가장 즐겁다고 대답했습니다. 좌절했던 학생이 좋은 성취를 이루고 졸업할 때 기쁘다는 답변도 많았습니다.

동시에 KAIST 학생들이 만든 '학교에서 가장 즐거울 때' 리스트도 공개했습니다. '동아리방에서 밤새 술 먹었을 때'가 1위였고요, 선배들이 술 사줬을 때, 후배들이랑 술 먹었을 때, 엠티에서 술 먹었을 때, 졸업식에서 술 먹었을 때가 뒤를 이었습니다. (웃음) 그들에게 가장 즐거운 순간에는 늘 술이 함께했습니다. (웃음) 교수는 어디에도 없었습니다. 자신을 통제하는 대상과 같이 있을 때 즐거운 인간은 없습니다. 학생들은 교수와 놀지 않습니다. (웃음)

혁신의 열쇠

실리콘밸리에는 '진지한 놀이(serious play)'라는 개념이 있습니다. 인간은 놀이를 하는 동안 완전한 몰입을 경험하며, 이때 창의적인 아이디어가 나오고 혁신의 실마리를 얻을 수 있다는 겁니다. 현대사회에서 혁신과 창의가 놀이를 통해서 나올 수 있다는 사실은 기업들에게 매우 매력적으로 들렸을 겁니다. 그래서 업무 공간 안에 놀이를 끌어들이려는 일련의 노력들이 시작됐지요. 술자리에서는 진지한 얘기를 해도 즐겁고, 업무 얘기도 술술 잘 나옵니다. 브레인스토밍을 술자리처럼 진행하면 어떨까요? 업무 공간을 놀이터처럼 만들어주고 그들이 자유롭게 생활하도록 해주면 어떨까요? 실리콘밸리는 점점 구글플렉스(Googleplex, 구글의 업무 공간)처럼 바뀌어가고 있습니다.

브레인스토밍에 대해 좀 더 얘기해볼까요? 회사에서는 갑자기 터진 문제에 대해 대책을 마련하거나 제품에 대한 아이디어를 모을 때 이렇게 합니다. '자, 우리가 OO 제품을 하나 기획해야 하는데, 어떻게 하면 좋을까요? OOO 과장은 생각이 좀 있나? 아니면 돌아가면서 한 마디씩 해볼까?' 직원들은 열심히 받아 적으면서 자기 차례가 올 때까지 조마조마해합니다. 그러다 중간에 다른 사람이 내가 말하려고 준비했던 걸 먼저 이야기하면 '망했다' 하고 탄식하죠. (웃음) 다른 직원의 아이디어에 대해서 어떻게 생각하는지 물어보면 대개 "좋은 아이디어인 것 같습니다" 같은 의미 없는 말들을 주고받습니다.

한두 시간 정도 회의를 하고 나면, 리더는 15분 정도 커피 타임을 갖고 다음 주제에 대해서 얘기해보자고 제안합니다. 그러면 그 15분 동안 놀라운 일이 벌어져요. 커피 머신 주변에 둘러선 직원들은 동료들과 이런 얘기를 주고받습니다. "야, 저 사람 진짜 말도 안 되는 얘기 하는 거 아니야? 무슨 저런 걸 아이디어라고. 저걸 하려면 이런 문제를 해결했어야지." 같은 열띤 대화가 오가는 겁니다. 정말 중요한 아이디어는 이처럼 커피 타임 때, 담배를 나눠 피는 흡연실에서, 업무 후 술자리에서 나온다는 겁니다.

실제로 이런 광경을 목격한 조직문화 이론가 해리스 오언(Harris

Owen)은 진짜 의미 있는 아이디어와 정보는 회의가 아니라 커피 타임 때 나온다는 사실을 응용해, 커피 타임과 유사한 형식으로 회의하는 법을 고안했습니다. 이른바 '오픈 스페이스 테크놀로지(Open Space Technology)'라는 기법인데요, 직원들이 커피를 손에 든 채로 서서 동료들과 이런저런 이야기를 나누면, 이를 녹음해서 정리한 후에 15분 동안 공유하는 방식의 회의입니다.

이런 형태의 워크숍이 실리콘밸리에서는 큰 인기를 끌고 있습니다. 직원들에게는 일터가 놀이터가 된 거죠. 일을 놀이처럼 즐기니까요. 사람들은 놀이를 통해 창의와 혁신이 우연처럼 만들어질 수 있다는 사실을 깨달았습니다. 히피 정신을 강조한 실리콘밸리에서 놀이 문화를 중요시하는 건 놀라운 현상이 아닙니다. 모든 사람이 수평적이라 믿고, 자발적인 행동을 통해 동지애로 협업하며, 이 우주를 깜짝 놀라게 만들겠다는 그들에게 놀이는 가장 중요한 의식인 것입니다.

문제는 우리나라 기업들입니다. 실리콘밸리의 이런 철학을 공유하지 못한 채 놀이가 창의와 혁신에 도움이 된다는 사실만 가져와서 "저는 여러분이 일을 놀이라고 생각하면서 즐겁게 했으면 좋겠습니다. 우리도 실리콘밸리처럼 놀이를 일에 접목해봅시다. 다만 정말 놀기만 하면 안 됩니다. 혁신을 만들어내세요!"라고 말하는데, 정말로 혁신이 일어날까요?

자발적으로 참여할 수 없는 일은 힘듭니다. 고된 일을 놀이라고 생각하는 사람은 변태입니다. (웃음) 지금 우리가 살고 있는 사회는 자유가 우리 손에 있는 사회가 아니라, 시스템이 자유를 움켜쥐고 우리를 대하는 사회이지요. 우리는 이런 사회를 신자유주의라고 부릅니다. 인간에게는 자유가 별로 없지요. 우리는 열심히 일하고 성취하면 칭찬받지만, 열심히 일하지 못하는 순간 냉정하게 내쳐지는 사회에 살고 있습니다. 모두가 열심히 일하는 사람들로 항상 가득 차 있는 시스템, 그들을 언제든지 내칠 수 있는 사회가 바로 신자유주의 사회입니다. 진정한 자유가 없는 곳에는 놀이도, 창의도, 혁신도 없습니다.

나는 어떻게 놀 때 가장 행복한가

이제 강연을 마무리하려 합니다. 교수는 답을 주는 사람이 아니라 질문을 던지는 사람입니다. 그런 의미에서 제가 오늘 여러분에게 '인간에게 놀이란 무엇인가?'라는 질문에 '놀이란 이런 겁니다'라고 답을 드릴 능력과 재간은 없습니다. 그런데도 제가 이 질문을 여러분께 던진 이유는 '나에게 놀이란 무엇인가'라는 질문이 '나는 어떤 존재인가? 나는 도대체 누구인가?'라는 질문과 맞닿아 있어서입니다.

'당신은 인생에서 가장 행복했던 순간이 언제였나요?'라는 질문에 대한 가장 많은 답변 중 하나가 '어린 시절 해변에서 모래성을 쌓을 때'였습니다. 고개를 돌려 뒤를 보면 부모님이 흐뭇한 눈으로 나를 바라보고 있어서 안전함을 느끼고, 자연과 함께 있으며, 고개를 들면 바다가 보이는 상황 말이죠. 놀이터의 놀이기구들과 달리, 모래는 내게 어떻게 가지고 놀아야 한다고 강요하지 않습니다. 타인의 모래성과 비교하지도 않고, 혼자 쌓아도 재미있고 친구와 같이 쌓아도 즐겁지요. 완성하지 못해도 즐겁고, 결국 근사한 모래성이 완성되면 부모님에게 보여주며 즐거워합니다. 과정 그 자체를 즐기며 결과에 연연하지 않습니다. 내일 다시 쌓는다면 다른 모래성이 나오겠지요. 놀이의 본질을 모두 담고 있는 행위입니다. 노는 동안, 놀이에 몰두하는 동안 우리는 행복합니다. 창의와 혁신, 행복은 서로 맞물려 있는 듯 보입니다.

내 마음대로 할 수 있는 시간이 주어졌을 때 나는 어떤 행동을 하는가를 살펴보면 내가 어떤 인간인지를 알 수 있습니다. 혼자 노는 사람인가, 아니면 같이 노는 사람인가? 나를 가장 즐겁게 하는 것은 무엇인가? 이런 질문은 내가 어떻게 일할 때 가장 행복한가에 대한 실마리를 제공합니다. 혼자 노는 게 즐거운지 함께 노는 게 즐거운지, 현실에서 놀 때 즐거운지 온라인상에서 놀 때 즐거운지, 나는 몸을 움직이면서 노는 사람인지 두뇌의 유희를 즐기는 사람인지, 이성적인지 감성적인지 말이지요. '나는 무엇에서 즐거움을 얻는 사람인가?'라는 질문은 내가 무엇을 지향하는 사람인지를 알려줍니다. '나는 무슨 일을 하며 살아야 할까'라는 질문에 대답하려면, 내 즐거움의 원천인 놀이 시간을 들여다보아야 합니다.

나는 어디에서 누구와 무슨 일을 하며 살 것인가? 이 질문에 정말로 답하고 싶다면, 일만 들여다보지 말고 놀이에서 해답을 찾아보세요. 일과 놀이를 함께 성찰할 때, 우리는 더 나은 대답을 찾을 수 있습니다. 그 안에서 나를 발견할 수 있습니다.

다섯 번째 발자국

우리 뇌도
'새로고침'
할수있을까

산다는 것은 세상에서 가장 드문 현상이다.
대다수 사람들은 그저 존재할 따름이다.

오스카 와일드(Oscar Wilde)

오늘 강연 주제는 '새로고침'입니다. 여기 오신 분들은 다 한번쯤은 인생을 새로고침하고 싶으신 분들이겠죠? (웃음) 꼭 바꾸고 싶은 인생을 사는 분도 있을 거고, 뭔가 변화가 필요하다고 느끼는 분도 있으실 겁니다. 본의 아니게 새로고침을 당한 분도 있을 테고요.

저는 오늘 여러분에게 제 머릿속에서 떠올린 새로고침이 어떤 건지 말씀드리고, 우리는 어떻게 인생을 새로고침할 수 있을까, 그리고 새로고침은 왜 그토록 어려운가 하는 질문에 대해 뇌과학적인 관점에서 답해보려 합니다. 과학적인 연구결과를 모두 진실인 양 알려드리고 가르치려 하기보다는, 새로고침과 관련된 과학적 연구들이 그동안 어떤 답을 내놓고 있는지 공유하고 함께 들여다보려는 마음입니다. "정재승 교수가 그러는데, 원래 인생은 새로고침이 안 되는 거래"라든가, "이렇게 하면 인생을 새로고침할 수 있대" 같은 단정적 표현은 강연 이후에도 자제해주셨으면 합니다. (웃음)

올해 제 화두는 앞으로 40대를 어떻게 보내야 할까, 하는 겁니다. 40대를 새로고침하려는 마음으로 40대에는 이런 걸 지켜야지 하면서 제 나름대로 목록을 작성했어요. 그중 하나가 강연 자료를 미리 만드는 겁니다. 미리 강연 준비를 하면 더 좋은 강연을 할 수 있을 것 같은데, 항상 다른 일을 하다가 마감에 쫓겨서 강연 한 시간 전에야 자료를 완성하곤 했거든요. 이게 좋은 습관이 아닌 거 같아서 앞으로는 그러지 말아야겠다고 결심했습니다. 그런데 제가 오늘 강연 자료를 몇 시에 완성했을까요? 강연 50분 전에 완성했습니다. 제가 오늘 여러분에게 드리고 싶은 메시지는 '인생에서 새로고침은 참 어렵다'는 겁니다. (웃음)

인생을 다시 시작하고 싶은 욕망

우리 삶이 컴퓨터라면, 새롭게 하는 데에는 여러 방식이 있을 겁니다. 우선, 그냥 코드를 뽑는 방식이 있습니다. 재부팅을 하는 거죠. 컴퓨터가 작동을 잘 안 하고 갑자기 화면이 멈출 때, 가장 좋은 방법은 강제 종료를 한 후에 다시 부팅하는 방법입니다. 혹은 컴퓨터의 F5 키, 리프레시(refresh) 버튼이 있죠. F5 키를 눌러 화면을 업데이트하는 수준의 리프레시먼트(refreshment)가 필요하신 분도 있을 겁니다. 아니면 강력하게 리셋(reset)으로 인생을 다시 시작하고 싶다고 생각하는 분들도 있을 거고요. 가장 강력하게는, 삶을 하드 포맷하고 싶은 분들도 계실 겁니다. 그간의 삶의 궤적을 다 지워버리고 전혀 낯선 곳으로 가서 완전히 새로운 사람으로 다시 태어나고 싶은 거죠.

저는 이러한 여러 욕망의 집합체로 새로고침을 생각해봤습니다. '이건 업데이트 정도의 수준이다', '이건 완전히 재부팅을 한 거 같은데', 혹은 '내 삶을 완전히 하드 포맷하려면 어떻게 해야 하나' 같은 다양한 욕망이 중첩된 개념으로 새로고침을 이해해주셨으면 좋겠습니다. 인생을 새로고침하고 싶어 하는 욕망은 자연스러운 겁니다. 돌아보면 후회뿐인 인생, 다시 시작하고 싶은 욕망은 당연해 보이지요.

하지만 삶을 다시 시작하고 싶은 욕망의 크기는 사람마다 다를 겁니다. 예를 들면, 일상을 새로고침하고 싶은 분들은 자신의 안 좋은 습관, 즉 게임에 빠져 있다거나 술이나 담배를 못 끊는다든가 하는 일상의 태도를 바꾸어보고 싶을 겁니다. 사랑을 새로고침하고 싶은 분들도 많을 거예요. 여자 친구 혹은 남자 친구를 바꾸고 싶다거나, 애인과의 관계를 바꾸고 싶은 경우가 많이 있죠. "나는 늘 사랑에 빠지면 비슷한 행동들을 한다. 헤어질 땐 다음에는 이러지 말아야지 하는데, 새로운 사람을 만나면 또 비슷하게 행동한다. 그래서 나는 내 사랑을 업그레이드하고 싶다."는 분도 있을 테고요. 직장생활도 마찬가지겠죠. 신뢰를 회복하고 싶다거나, 사람들과의 관계를 재정립하고 싶은 욕망도 있을 겁니다.

그래서 매년 1월 1일에 우리는 이런 다양한 새로고침의 욕망들을 담아 '새해 결심'을 합니다. 그리고 설날에 한 번 더 합니다. '아, 그동안 못 했구나' 하면서 다시 한번 기회를 주지요. 그렇지만 실패하고 여름쯤 됐을 때, '한 해가 벌써 반이나 갔네. 이제부터는 잘 살아야지' 하고 새로고침을 한 번 더 하지요. 10월쯤 되면, 또 가슴이 철렁 내려앉습니다. '올해가 벌써 얼마 안 남았네. 난 크게 달라지지 않았는데', 하면서 못다 한 새로고침의 욕망을 다시 한번 불태우겠다고 다짐하나, 11월을 허탈하게 맞이하게 되죠. 그리고 12월이 되면, 한 해가 다 갔는데 자기가 한 해 동안 뭘 했는지 자책하면서, 1월 1일에 모든 걸 새로고침하겠다는 마음으로 편하게 크리스마스와 연말을 보냅니다. 작년에도, 재작년에도 그런 패턴으로 새로고침을 제대로 하지 못한 채 사셨을 거라는 생각이 드는군요. (웃음)

연초에 새로고침하고 싶은 사항들을 많이 적어두셨지요? 그리고 가끔 그걸 들여다보실 겁니다. 그러면서 아직 시간이 남아 있다고 위안하거나, 이게 과연 이루어질 수 있는 것인가를 회의하는 시간을 종종 갖죠. 연말에 이르러, 올 초에 세운 새해 결심이 얼마나 허황되고 무모한 것이었는가를 깨달으면서 1월 1일을 맞이하기 전에 또다시 새해 결심을 적어보지만, 작년에 적은 결심과 크게 다르지 않죠. '작년에도 살을 빼기로 했는데, 올해도 살을 빼야 하네'. '어, 몸무게는 오히려 늘었네' 하는 것들을 경험하게 됩니다. 지금 제 얘기를 드리고 있는 겁니다. (웃음) 그리고 아마 많은 분들이 저와 비슷한 삶을 살고 계시리라 확신합니다. (웃음)

'새해 결심은 왜 그토록 지켜지지 못하는가'를 연구한 과학자들이 있어요. 그들의 논문에 따르면, 약 77퍼센트의 사람들이 새해 결심을 일주일 정도 지킵니다. 그리고 대부분은 다 포기하지요. 결심은 그저 결심일 뿐, 삶은 크게 바뀌지 않는다는 겁니다. 약 19퍼센트의 사람만이 새해 결심을 나름대로 지키면서 2년 정도의 시간을 보낸다고 해요. 그러니까 모든 사람이 새해 결심을 못 지키는 건 아닙니다. 그런데 제가 보기엔 지켜진 새해 결심 중 많은 부분이 '올해는 남자 친구 만들어야지' 같은 유의 결심이 아닐까 싶습니다. (웃음) 남자 친구가 갑자기 생겨서 본의 아니게 지키게 되는 경우들도 포함해서 말입니다. 냉정하게 보자면, 약 10퍼센트 정도가 새해 결심을 지키는 훌륭한 분들이 아닐까 싶습니다. 그리고 여기 앉아 계신 분들은 위의 77퍼센트, 혹은 90퍼센트에 포함된 분들이 아닐까 합니다. 저처럼요. (웃음)

중국집에 가면 무슨 메뉴를 고르시나요

도대체 새해 결심은 왜 지키지 못하는 걸까요? 새로고침은 왜 그토록 어려운 건가요? 인생은 리셋이 안 되나요? 저는 이 질문들에 대해, '새해 결심은 지켜지지 않는 게 너무도 당연하다. 우리 뇌는 그렇게 디자인돼 있다'라는 말씀을 드리고 싶습니다. 그러니 우리 모두 그걸로 너무 죄책감을 느끼지 말자는 겁니다. 인생을 새로고침하고 싶으면 결국엔 생각과 행동을 바꾸어야 하고, 그것의 중추인 뇌가 다른 방식으로 정보를 처리하고 행동하도록 만들어야 합니다. 그런데 그게 쉽지 않아요.

저희 연구실에서 최근에 했던 실험 하나를 소개하면서, 인생을 리셋하는 게 얼마나 힘든 일인지 말씀드릴게요. 제가 학생들과 3년 반 동안 진행했던 재밌는 실험인데, 저희는 이 실험을 '올드보이 실험'이라고 부릅니다. 영화 〈올드보이〉의 유명한 장면 기억나시죠? 오대수는 영문도 모른 채 한 여관방에 15년간 갇히게 됩니다. 그는 그 15년간 오로지 한 중국집에서 배달한 군만두만 먹게 됩니다. 굉장히 고통스러운 설정이지요.

그런데 저는 이런 생각을 해보았어요. 제가 박찬욱 감독보다 좀 더 관대해서, 매끼 군만두만 주는 게 아니라 네 가지 음식 중에서 선택할 수 있게 해주는 겁니다. 예를 들면 짜장면, 짬뽕, 군만두, 볶음밥 이 네 개 중에서 골라 먹으라고 하면, 15년간 그 사람은 어떤 음식을 어떤 패턴으로 골라 먹었을까요? 인간이 음식을 골라 먹는 패턴에는 어떤 특징이 있을까요? 이 실험을 위해 저희 연구실에서는 지금도 피험자를 모집하고 있는데, 아직 자원자를 못 찾았어요. (웃음) 이 실험에 참가하시면 15년간 숙식이 제공됩니다. (웃음)

실험 참가자를 찾는 동안, 저희는 쥐를 대상으로 이 실험을 해봤습니다. 우선 쥐를 상자 안에서 살게 합니다. 상자 안에는 네 개의 버튼이 있는데, 쥐가 이 중에 한 버튼을 누르면 먹이가 나와요. 향이 다른 네 종류의 조그마한 음식 덩어리인데, 영양분은 똑같아 영양학적으로는 뭘 먹어도 상관이 없어요. 커피 향, 초콜릿 향, 바나나 향, 시나몬 향 이렇게 네 가지 향이 있습니다. 저희가 만든 상자는 쥐가 버튼을 눌러서 먹을 때마다 어떤 순서로 먹고, 뭘 제일 많이 먹고, 어떤 선택을 하는지를 모두 자동으로 기록합니다.

쥐는 하루에 약 200끼를 먹습니다. 체구가 굉장히 작기 때문에 한 번에 많이 못 먹어요. 조금씩 먹지만 그걸 다 소화하고 나면 금세 또 다음 음식을 먹어야 하지요. 피부의 열 손실이 많거든요. 그래서 계속 뭔가를 먹어야 합니다. 쥐는 야행성이라서 주로 밤에 깨어 있는데, 깨어 있는 동안 열심히 200끼를 먹습니다. 쥐를 두세 달 정도 감금해놓으면 대략 사람 한 명을 15년 감금한 만큼의 끼니 수가 나와요. 그래서 쥐를 석 달 정도 감금하고 숙식 제공하며 실험해서 결과를 얻었습니다. (웃음)

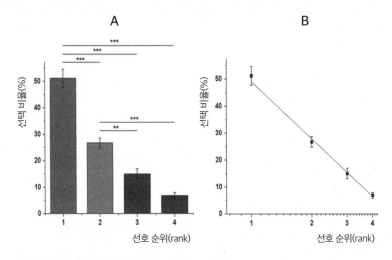

올드보이 쥐 실험의 결과 그래프. A는 선호 순위에 따른 먹이 선택 비율을 막대그래프로 나타낸 것이다. 쥐들은 전체 끼니 횟수의 50퍼센트 가량을 1순위 먹이를 선택하여 먹었으며, 선호 순위에 따라 선택 비율이 절반씩 줄어드는 것으로 나타났다. B는 이 같은 결과를 로그 스케일로 나타낸 그래프로, 쥐들의 메뉴 선택이 얼마나 수학적인가를 보여준다.

결과는 위와 같습니다. 여러분은 이 실험결과를 보면 머리가 아프시겠지만, 저 같은 물리학자는 '아, 너무 아름답다'라는 생각이 듭니다. (웃음) 이 그래프가 왜 아름다운지 설명해드릴게요. 실험 결과, 쥐는 낮에는 먹이를 잘 안 먹고 주로 밤에 많이 먹었습니다. 그리고 쥐에게도 향에 대한 아주 확연한 선호가 있다는 사실도 발견했습니다. 아무렇게나 먹는 게 아니라, 어떤 쥐는 커피 향을 굉장히 좋아하고요, 어떤 쥐는 초콜릿 향을 좋아하고, 어떤 쥐는 시나몬 향을 좋아합니다. 쥐마다 취향은 다르지만 제일 좋아하는 것, 두 번째로 좋아하는 것, 세 번째로 좋아하는 것, 네 번째로 좋아하는 게 나름 있다는 겁니다.

음식이 나오는 위치와 먹는 양은 상관이 없었고, 초콜릿 향을 좋아하는 쥐가 제일 많고, 커피 향을 좋아하는 쥐가 제일 적었습니다. 여기까지는 무난한 결과입니다.

다시 이 아름다운 두 개의 그래프를 보시죠. A는 쥐들의 선호 순위에 따른 먹이 선택 비율을 막대그래프로 나타낸 것입니다. 쥐들이 커피향을 좋아하든 초콜릿 향을 좋아하든 자기가 제일 좋아하는 향을 '랭크 1(rank 1)'이라고 하면, 전체 끼니 중에서 거의 반수, 그러니까 50퍼센트를 가장 좋아하는 향의 음식을 먹습니다. 그다음에 두 번째로 좋아하는 '랭크 2'는요, 제일 좋아하는 음식을 먹는 횟수의 절반 정도를 먹습니다. 세 번째로 좋아하는 음식은 두 번째로 좋아하는 음식의 절반 정도를 먹습니다. 네 번째로 좋아하는 음식은 세 번째로 좋아하는 음식의 절반 정도를 먹습니다. 그러니까 쥐가 석 달 동안 하루에 200끼씩 먹는데, 그걸 다 더하면 아주 정확하게 절반씩 줄어드는 분포가 나온다는 거예요. 한 마리의 쥐가 아니라 여러 마리의 쥐를 살펴봐도 비슷한 패턴이 반복됩니다. 그래서 이걸 로그 스케일로 그려보면, B 그래프처럼 직선이 나옵니다. 아름답지 않습니까? 너무 신기하지 않나요? (웃음)

쥐들이 아무 생각 없는 것 같아 보이지만, 희한하게도 두 번째로 좋아하는 것은 제일 좋아하는 것의 절반 정도, 세 번째로 좋아하는 것은 두 번째로 좋아하는 것의 절반 정도, 네 번째로 좋아하는 것은 세 번째로 좋아하는 것의 절반 정도 먹는다니 쥐들이 얼마나 수학적인가를 알 수 있습니다. 아무렇게나 먹는 것처럼 보여도 자신들도 모르게 매우 정교하게 계산하면서 끼니를 선택한다는 겁니다.

더 재밌는 건 다음 결과입니다. 예를 들어, 쥐가 지난 열 번 동안 내내 커피 향 음식을 먹었다고 가정해볼게요. 그러면 열한 번째에는 어떤 향을 먹을까요? 지난 열 번 동안 커피 향을 먹었을 때, 열한 번째도 커피 향 음식을 먹을 가능성이 얼마나 될까요? 실험결과에 따르면, 80퍼센트나 됩니다. 열두 번째 끼니에서는 뭘 먹을까요? 그때도 커피 향 음식을 먹을 가능성은 무려 83퍼센트나 됩니다. 열세 번째 끼니에서는 커피 향 음식을 먹을 가능성이 85퍼센트까지 올라가요.

과거에 어떤 음식을 연속해서 오랫동안 먹었으면 그다음 끼니 때는 당연히 다른 음식으로 옮겨갈 거 같잖아요. 그런데 쥐들은 오히려 또 같은 걸 선택해서 먹을 확률이 높아진다는 겁니다. 다시 말해, 음식에 대한 선택이 잘 안 바뀐다는 거지요. 이 결과는 우리의 직관과 정반대입니다. 경제학자들이라면, 초콜릿을 한 입 먹고 나면 그 다음에 다시 초콜릿을 먹을 때에는 만족감이 줄어들어 계속 먹지 않을 거라 예측할 겁니다. 한계 효용 체감의 법칙이라고 해야 할까요? 따라서 같은 걸 계속 선택하는 일은 잘 벌어지지 않아야 합니다. 하지만 실험결과는 정반대였습니다. 왜 이런 일이 벌어졌을까요?

목표지향과 습관이라는 행동 양식

쥐들이 행동하고 판단하고 결정하고 실행에 옮길 때, 뇌의 두 영역이 특히 활발히 작동합니다. 특히나 반복적으로 어떤 걸 선택해야 하는 상황일 때, 여러분이 일상적으로 늘 하는 행동에 대해서도 이 두 영역이 작동합니다. 하나는 '목표지향 영역(goal-directed system)'입니다. 내가 지금 이걸 해서 뭘 얻을 수 있는지 그 목표를 생각한 다음에 가장 큰 보상을 얻을 수 있는 선택지를 찾아서 선택하는 거예요. 예를 들면, 여러분이 사랑하는 사람과 이탈리안 레스토랑에 갔다고 가정해봅시다. 메뉴판에는 이탈리아어로 된 음식 이름이 잔뜩 써 있겠지요. 그럼 그중에서 가장 맛있는 걸 골라야 하잖아요. 그때 여러분의 머릿속에서는 목표지향 영역이 활발히 활동합니다. '내가 지금 뭘 먹어야 제일 맛있는 경험을 하게 될까?' 레스토랑 직원에게 이것저것 계속 물어보면서 가장 좋은 선택을 하려고 노력하는 뇌의 영역이 바로 여깁니다.

또 하나는 이른바 '습관 뇌 영역(habit system)'입니다. 일상적인 과제를 반복적으로 수행할 때에는 목표의 결과 값을 높이기보다는 인지적인 노력을 줄이려 애씁니다. 내가 이걸 선택하면 어느 정도의 보상이 오는지는 이미 경험했거든요. 선택했을 때 어떤 결과가 나올지 대략 안다면, 그다음부터는 더 나은 선택을 하기보다는 같은 걸 선택하면서 선택의 고민을 줄입니다. 이른바 습관적인 의사결정을 하는 곳이 바로 저 영역입니다. 이탈리안 레스토랑에서 여러분의 선택이 목표지향적인 영역이 작동한 결과라면, 습관을 관장하는 영역은 가정식 백반집에 가서 "여기 2인분 주세요" 하고 주문하는 뇌 영역입니다. 메뉴판을 보면서 뭘 먹어야 할지 고르기는 싫고, 그냥 알아서 주면 좋겠다는 거죠. 우리는 반복적인 선택을 해야 하는 상황에 놓이면 늘 고르던 걸 다시 선택할 가능성이 높습니다.

여러분이 중요하다고 생각하는 선택일수록, 처음 해보는 과제일 수록 목표지향 영역이 활발히 활동합니다. 그래서 뭔가 선택을 하겠죠. 근데 그게 두 번이 되고 세 번이 되고 자꾸 반복되면, 이제 더 이상 결과는 중요하지 않습니다. 이제부터는 선택하는 데 에너지를 별로 들이고 싶지 않게 돼요. 그래서 습관 시스템은 아주 최소한의 노력으로 예측 가능한 결과를 얻을 수 있는, 습관이라는 행동 패턴을 만들어서 사람들에게 가볍게 선택하도록 도와줍니다. 처음에는 목표지향적인 행동을 하지만, 나중에는 습관으로 옮겨 가는 게 우리의 일상입니다.

그렇다면 이 연구결과는 우리에게 어떤 메시지를 들려주는 걸까요? 우리는 종종 '짜장면이냐 짬뽕이냐, 그것이 문제로다'가 인류의 해결되지 않은 질문이라고 농담 삼아 말합니다. 중식당에서 '짜장면을 먹을까, 짬뽕을 먹을까'는 너무나도 고민되는 질문이며, 대한민국 사람들이 영원히 풀지 못하는 화두라고 언론에서 계속 얘기하잖아요. 근데 저희 실험결과는 '짜장면과 짬뽕'이라는 질문이 그다지 어려운 문제가 아니라고 말해줍니다. 사실 사람들의 머릿속에는 짜장면과 짬뽕 중에서 어떤 것을 먹을지 이미 나름의 답이 있다는 겁니다. '나는 주로 OO을 먹어' 하는 답이 있다는 거죠. 만약 이 질문이 진짜로 '인류의 화두'라면, 짬짜면이 나오는 순간 이 문제는 해결됐어야 합니다. 짜장면과 짬뽕을 동시에 다 먹을 수 있는데 그 이상 좋은 답이 어디 있겠어요? 그런데 짜장면, 짬뽕, 짬짜면 중에서 짬짜면을 선택하는 사람의 비율은 15퍼센트를 넘지 않습니다.

설문조사에 따르면, 중식당에서 식사로 짜장면을 선택하는 사람이 무려 50퍼센트나 됩니다. 짬뽕을 선호하는 사람들은 그 절반 정도인 23

퍼센트쯤 됩니다. 짜장면의 반 정도. 볶음밥을 선택하는 사람은 12퍼센트 정도 돼요. 짬뽕을 선택하는 사람의 절반 정도이지요. 여러분도 한번 생각해보세요. 짜장면과 짬뽕 중에 여러분만의 답이 이미 있지 않나요?

뇌가 에너지를 절약하는 방법

사람들은 중식당에서 음식을 고를 때마다 뇌를 쓰고 싶어 하지 않습니다. 집에 돌아가는 길에 가장 빠르고 편한 경로를 찾기 위해 매번 고민하지 않습니다. 그게 바로 '습관의 힘'입니다. 더 빠른 길을 찾기 위해 뇌를 사용하면서 인지적인 노력을 하기보다는, 그 노력을 다른 데 쓰고 싶어 하는 거예요. 그냥 지하철에서 스마트폰을 하고, 책을 읽죠. 여러분이 지금까지 중국집에서 짜장면을 먹은 횟수, 짬뽕을 먹은 횟수를 생각해보세요. 대부분 사람들은 탕수육 같은 요리를 하나 가운데 놓고 짜장면이나 짬뽕을 먹습니다. 중국집에 있는 메뉴판에 적힌 음식 종류를 생각해보세요. 그 많은 메뉴 중에서 우리가 먹어본 것이 얼마나 될까요? 우리는 선택의 가능성이 매우 많다고 생각하지만, 실제로 선택하는 개수는 매우 한정돼 있습니다. 모험을 하고 싶어 하지 않고요. 자신의 뇌를 그런 데 쓰고 싶어 하지 않는 거죠. 짜장면과 짬뽕은 사실 인류의 영원한 화두가 아닙니다. 제가 그 질문에 답하기 위해서 그런 연구를 한 건 아니지만, 어쨌든 저희 연구결과는 그것을 말해줍니다. 사람의 뇌가 그렇게 디자인되어 있습니다.

우리 뇌의 무게는 전체 몸무게의 2퍼센트밖에 안 되지만, 우리가 먹는 음식 에너지의 25퍼센트를 사용합니다. 다시 말해, 우리가 뭔가를 생각하고 신경 쓴다는 건 굉장히 에너지를 많이 쓰는 과정입니다. 그래서 우리 뇌는 되도록 에너지를 적게 쓰려고 애씁니다. 예를 들어볼까요? 여러분의 오른손에 15킬로그램짜리 덤벨을 매달아 놓았다고 가정해보세요. 여러분은 과연 하루를 어떻게 보낼까요? 아마 웬만한 일들은 오른손이 아니라 왼손으로 처리할 겁니다. 저녁 무렵에는 오른손을 거의 질질 끌고 다니겠죠. 되도록 오른손을 사용하지 않으려 애쓸 겁니다. 오른손을 쓰려면 많은 에너지를 사용해야 하니까요. 뇌도 마찬가지입니다. 뇌를 쓰려면 많은 에너지가 들기 때문에, 되도록 습관적인 선택을 통해 인지활동에 에너지를 쓰지 않으려 노력합니다.

몸도 마찬가지입니다. 왜 사람들은 그토록 운동을 싫어하는 걸까요? 몸을 움직여서 에너지를 쓰는 게 너무 싫기 때문이에요. 왜 우리는 생각하기 싫어할까요? 생각을 하려면 뇌가 에너지를 많이 쓰기 때문에 그게 귀찮은 겁니다. '어떻게 하면 에너지를 안 쓰고 세상을 살까'가 사람들의 생존 전략입니다.

에너지를 적게 쓰는 방식으로 생활하면 생존의 가능성이 높겠죠. 그러니까 에너지를 적게 쓰는 전략이 사실은 보편화된 전략이고요. 그런 의미에서 끊임없이 움직이면서 청소하고, 가구를 옮기고, 일을 만들어서 하는 분들은 매우 훌륭한 분들이에요. 그런 분들이 그렇게 생활할 수 있는 이유는 무엇일까요? 에너지를 쓰면서 특별한 기쁨을 느끼기 때문입니다. 그런 기쁨을 느끼게 하는 일은 사람마다 다르죠. 자기가 좋아하는 일에 대해서는 기꺼이 그 에너지를 투자하지만, 별로 중요하지 않다고 생각하는 일에 대해서는 습관이라는 방식으로 에너지를 최소화합니다.

'골라 먹는 재미가 있다'라는 아이스크림 회사 배스킨라빈스(Baskin Robbins)의 모토 아시죠? 배스킨라빈스는 '한 달 31일 동안 고객들이 매일 다른 아이스크림을 먹게 해주겠다'라는 모토이자 전략으로 홍보를 해왔습니다. 근데 여러분, 배스킨라빈스에서 아이스크림을 매번 골라 드세요? 31개 맛을 다 먹어보신 분, 여기 계십니까? (웃음) 고객들은 대개 네다섯 가지 맛 중에서 하나를 고릅니다. 30가지 정도의 아이스크림 중에서 여덟 종류의 아이스크림 매출이 전체 매출의 80퍼센트가 넘어요. 대부분의 사람들은 골라 먹지 않고 늘 먹던 걸 먹습니다. 우리는 아이스크림 가게에서 뇌를 쓰고 싶어 하지 않습니다. 사실은 '골라 먹는 재미란 건 없다'는 게 제 연구결과입니다.

우리가 뇌의 에너지를 기꺼이 사용하면서 즐기는 일은 매우 제한적입니다. 대부분의 시간을 차지하는 일상은 습관이 관여하고, 우리는 거기에 굳이 많은 에너지를 쓰지 않고 살아가죠. 맛집 찾아다니는 걸 좋아하는 분들은 중국집에 가서 메뉴판에 있는 음식을 보고 "와, 이건 무슨 음식이지?" 하면서 다양한 선택을 하시겠죠. 하지만 대부분의 사람은 음식 선택에는 인지적인 에너지를 별로 쓰지 않으려고 합니다. 그러다 보니 우리의 일상은 습관으로 가득 차 있게 되었습니다. 으레 아침에 일어나면 커피를 한 잔 마시고, 지하철을 타면 스마트폰으로 페이스북을 하는 삶. 그렇게 판에 박힌 듯이 돌아갑니다. 그게 바로 우리 '삶의 진폭'입니다.

내 삶의 진폭은 얼마나 될까

자기 삶의 진폭이 어느 정도인지 살펴보세요. 이건 행동반경만을 말하는 게 아닙니다. 먼저 내가 자주 만나는 사람들의 명단을 한번 작성해보세요. 일로 잠깐 만나는 사람들 말고, 일상에서 내가 노력해서 만나는 사람의 수를 세어보세요. 생각보다 많지 않습니다. 인류학자인 로빈 던바(Robin Dunbar)에 따르면, 사람에게는 최대 150명 정도의 지인이 있다지요. 여러분은 어떠십니까? 바쁜 일정에 쫓겨 살다 보면 원숭이(70~80명) 수준의 사회적 관계를 유지하기도 어려운 경우가 많습니다.

여러분에게는 다양한 색상의 옷을 입을 자유가 있습니다. 그런데 여러분의 옷장을 열어보세요. 색상의 진폭이 어느 정도인가요? 그다지 넓지 않은 경우가 많습니다. 다양한 색상을 입으신다면 색에 대한 삶의 진폭이 굉장히 넓으신 거예요. 패션에 특별한 관심이 있고, 옷을 입으면서 각별한 보상을 얻고, 그래서 습관보다는 목표지향 시스템이 작동해서 옷을 고르는 분들인 거죠. 대부분의 남자들은 반대입니다. 청바지가 쭉 있고, 두세 종류의 색상으로 가득 차 있죠. "이거 예쁜 거 같아"라고 하면, 늘 듣는 얘기가 있잖아요. "너 이런 옷 있잖아." 제가 40년간 들어온 얘기입니다. (웃음) 비슷한 옷들이 주르륵 있는 거예요. 다양한 선택의 가능성이 있지만, 사람들은 선택의 가능성을 다 탐색하지 않고 산다는 거죠.

이럴 때 '나는 색 선택에 있어서 너무 진폭이 좁구나', '만나는 사람의 진폭이 너무 좁구나', '취미가 너무 빤하구나' 하고 느끼게 돼요. 밤에 먹는 야식, 굉장히 선택지가 많은 것 같잖아요? 근데 비슷해요. 그냥 치킨이죠. 그게 다수를 차지합니다. 자기가 관심 있는 건 아주 꼼꼼하게 뒤져보고 찾지만, 그렇지 않은 부분에 대해서는 에너지를 투자하지 않습니다.

새로고침이 어려운 이유는 무엇일까요? 새로고침을 하려면 여러분의 습관을 바꿔야 합니다. 습관을 바꾸는 데는 굉장히 많은 에너지를 써야 하지요. 새로운 습관을 얻기 위해 탐색해야 하고, 그것이 습관으로 자리 잡기 위해서는 반복적 수행을 해야 합니다. 쉬운 일이 아니죠. 그래서 여러분의 새해 결심은 번번이 실패할 수밖에 없고, 여러분의 삶은 어제의 삶과 크게 다르지 않고, 작년 이맘때의 삶과 별반 다르지 않은 겁니다. 우리는 왜 그렇게 행동하는 걸까요? 그렇게 사는 것이 우리 삶을 예측 가능하게 해주고, 안전하게 해주기 때문입니다.

습관적인 행동은 '사랑'이라는 뜨거운 열정을 필요로 하는 행위에서도 여실히 나타납니다. 우리는 사랑을 하면서 굉장히 많은 걸 경험합니다. 매번 사랑에 실패하고 새로운 사람을 만나면 만날수록, 우리는 더 좋은 사람이 되어 가죠. 이전 사랑에서 실패했던 걸 생각하면서 다음 사랑에서는 그 실패를 되풀이하지 않아야겠다는 마음도 먹고요. 그래서 좀 더 너그러워지고, 서로 맞춰주려는 노력도 합니다.

하지만 한편으로는, 사랑의 관계를 유지하기 위해 우리가 하는 행동들이 굉장히 유사한 패턴을 보이기도 합니다. 영화 보고, 밥 먹고, 차마시고, 데려다주고, 헤어지죠. 가는 데는 늘 정해져 있고, 새로운 시도도 판에 박힌 듯해요. "우리 너무 오랫동안 영화 안 본 거 아니야", "우리 너무 오랫동안 OO 안 한 거 아니야" 하면서 새로운 시도조차 틀 안에 넣는 사랑을 하죠. 사랑마저도 습관화가 된다는 얘기는 습관이라는 것이 얼마나 강력하게 우리의 삶을 옥죄고 있는 것인지를 여실히 보여줍니다.

나이가 들수록 이 경향은 더욱 심해집니다. 여러분 삶의 진폭이 20대 때보다 40대 때 좀 더 줄어들 수 있고요, 특히 60대가 넘어가면 굉장히 줄어듭니다. 사회심리학자들의 연구에 따르면, 사람들은 나이가 들면 들수록 나와 정치적 성향이 다른 사람, 나와 경제적 여건이 다른 사람, 나와 미적 취향이 다른 사람과 이야기하는 것을 점점 불편해합니다.

어렸을 때는 내 친구가 가난하든 부유하든 별로 신경 쓰지 않고 사귀잖아요. 정치적으로 나와 의견이 다르다면 술 마시면서 막 엄청나게 싸우죠. 그걸 사실 굉장히 즐기거든요. 그러면서 내 세계가 새로운 세계로 확장되고, 내 세계관이 더 공고해지죠. 미적 취향이 다른 사람과 사귀기도 해서, "내가 쟤 때문에 판소리를 처음 듣게 됐어", "내가 쟤 때문에 처음 발레 공연을 봤어" 같은 일들이 벌어지는 겁니다. 근데 나이가 들면 주 관심사가 재테크거나 아이들 교육인데, 나와 경제적 여건이 다르면 속내를 털어놓고 이야기하기가 어려워져요. 정치적으로 의견이 다르면 분란이 생기기 때문에, 이 사람의 정치 성향이 어떤지 재빨리 파악해서 나와 다르면 아예 정치적인 얘기를 꺼내지 않는 전략들을 취하게 되죠. 미적 취향도 마찬가지입니다.

"나는 그런 거 안 해." 이런 어르신들이 굉장히 많죠. 우리 사회가 고령화 사회가 되면서 실버산업이 커질 것이다, 노년층이 주된 소비층으로 등장할 것이다라고 예측했지만 그 예측이 계속 틀리고 있는 이유가 그거죠. 어르신들은 새로운 시도를 하지 않아요. 늘 사던 브랜드를 사고, 늘 입던 브랜드의 옷을 입습니다. 그렇기 때문에 건강과 관련된 영역이 아니면 크게 확장되지 않는다는 거예요. 그만큼 나이가 들면 들수록 삶의 진폭이 줄어들거나 고정된다는 겁니다. 새로고침이 더 어려워진다는 거죠.

습관이라는 안락함 속에서는 평화롭고 예측 가능한 삶을 영위할 수 있지요. 반면 습관의 틀을 벗어나려는 노력은 버겁습니다. 때문에 인생의 리셋도 어렵습니다. 새로고침을 신경과학적으로 해석해보면 나쁜 습관, 뻔한 일상으로부터 벗어나려는 시도입니다. 나와 다른 분야에 있는, 다른 관심을 가진 사람들을 만나려고 의도적으로 노력하지 않으면 그런 사람을 만날 가능성은 점점 적어집니다. 불편함을 견디면서 새로운 사람과 이야기하는 걸 즐기면서 살지 않으면, 내 삶에 새로운 생각이 유입되는 일들이 점점 줄어들 것이라는 문제의식을 가져야 합니다. 그걸 극복하기 위해 각고의 노력을 하지 않으면 새로고침은 점점 어려워집니다. 나쁜 습관, 틀에 박힌 일상으로부터 벗어나 삶을 새롭게 뒤바꿀 수 있는 신선한 자극이 있는 곳으로 먼저 여러분이 움직여야 합니다.

절박함이 새로고침을 이끈다

새로고침은 왜 어려울까요? 인생에서 리셋은 왜 힘든 걸까요? 이유는 매우 자명합니다. 새로고침해야 할 마땅한 이유가 없기 때문입니다. 지금 내 삶이 굉장히 맘에 안 들어요. 맘에 안 드는 부분을 바꿔서 마음에 드는 삶으로 갔을 때 얻게 되는 기쁨이 있습니다. 그 기쁨을 얻기 위해 여러분이 노력해야 하고 그만큼 힘을 쏟아야 하는데, 그 정도의 힘과 에너지를 소비할 마음이 없다는 겁니다. 굳이 새로고침을 할 절박한 이유가 없기 때문에 번번이 실패하는 거예요. 새해 결심은 왜 늘 실패하냐고요? 내년에도 새해는 오니까요.

새로고침이 성공할 수 있는 유일한 길이 뭔지 아세요? 새해 결심을 이루는 방법이 뭔지 아세요? 내 삶에서 새해가 더 이상 없어지는 겁니다. 여러분에게 단 1년의 삶만 주어진다면, 그 1년의 삶은 완전히 새로고침된 삶일 겁니다. 주변에서 새로고침에 성공한 사람들을 보세요. 갑자기 심근경색으로 쓰러져 죽다 살아난 사람이 그토록 많이 마시던 술을 끊고, 담배를 끊고, 등산을 하는 거예요. 죽을 만큼 절박하지 않으면 습관은 쉽게 바뀌지 않는다는 겁니다. 그 절박함을 만들어내는 것이 새로고침을 할 수 있는 중요한 첫 단계입니다.

그 절박함을 어떻게 만들어낼 수 있을까요? 본의 아니게 만들어질 수 있습니다. 대개 불행한 일이 생겨서겠죠. 갑자기 아파서, 주변의 누군가가 죽는 걸 보면서 '이렇게 살면 안 되겠구나'라고 느끼는 거죠. 직장을 잃게 되거나 예전처럼 살아서는 더 이상 생존이 어렵다는 절박함 때문에 새로고침을 하게 되는 상황도 있을 수 있습니다. 그렇지만 갑자기 상황이 바뀌어서 본의 아니게 내 삶을 새로고침당하는 것은 사실 좋은 방법은 아닙니다. 우리가 어떻게 하면 그런 경험을 하지 않으면서, 그 절박함만을 느낄 수 있을까요. 이게 새로고침을 할 수 있는 가장 현명한 비결이겠죠. 지난 강연에서 말씀드렸죠? 제가 종종 사용하는 '메멘토 모리', 죽음을 기억하라는 방법을 사용해보세요. 도움이 되실 겁니다.

후회, 인간의 고등한 능력

우리는 인생을 리셋할 능력이 있습니다. 바로 '후회하는 능력'이 있기 때문입니다. 여러분, 제가 질문을 하나 드릴게요. 실망과 후회의 차이가 뭘까요? 여러분은 일상에서 실망과 후회라는 단어를 적절히 잘 사용하십니다. 하지만 그 둘을 구별해보세요. 실망은 뭐고 후회는 뭔가요? 실망하니까 후회하는 걸까요? 실망 다음에 찾아오는 감정이 후회일까요? 실망과 후회는 같이 따라다니는 단어처럼 보이지만, 신경과학적으로 보자면 이 두 단어는 굉장히 다른 뇌 영역에서 처리됩니다.

신경과학자들은 실망이란 내가 선택을 하기 전에 기대한 것에 비해 결과 값이 못 미칠 때 우리가 겪게 되는 부정적인 감정으로 정의합니다. 실망은 뭔가를 끊임없이 예측하고, 그 예측 결과가 실제 결과와 비슷한지 아닌지를 비교하는 능력 때문에 얻게 되는 고통입니다. 결과가 기대만 못할 때 말이죠. 많은 동물은 실망이라는 반응을 보입니다. 많은 동물이 기대라는 행동을 하기 때문입니다.

아주 흥미로운 실험 하나를 예로 들어볼게요. 제가 오이를 들고 원숭이 앞에 서 있다고 생각해보세요. 그러면 원숭이가 조약돌 같은 걸

주워서 제게 건넵니다. 그 돌을 받고 저는 원숭이에게 오이를 줍니다. 그럼 그 옆에 있던 원숭이가 제게 다가와요. 그리고 제게 조약돌을 줍니다. 그럼 저는 또 그 원숭이한테 오이를 줍니다. 그럼 그 옆에 있던 원숭이도 제게 다가와 자신의 조약돌을 줍니다. 그런데 이번에는 제가 그 원숭이에게 오이보다 훨씬 달고 맛있는 포도를 건네는 겁니다. 그 원숭이는 뛸 듯이 기뻐합니다. 그러자 그 옆에 서 있던 다른 원숭이가 제게 다가옵니다. 그리고 제게 조약돌을 줍니다. 이때 제가 그 원숭이에게는 예전처럼 오이를 주는 겁니다. 그러면 그 원숭이는 어떤 행동을 할까요? 제가 준 오이를 제게 던집니다. (웃음) 무슨 얘기냐 하면, 동물도 기대와 예측을 하면서 행동을 한다는 거예요. 행동을 하고 나서, 돌아온 걸 비교합니다. 결과가 기대에 못 미치면 부정적인 감정을 느낍니다. 그리고 제게 오이를 던지는 것과 같은 행동을 하지요.

후회는 다릅니다. 제가 A를 선택할 수도 있고 B를 선택할 수도 있다고 가정해볼게요. 그런데 A를 선택한 거예요. 그러면 이 선택을 통해 얻게 되는 결과를 보겠죠. 이 상황에서 저는 '내가 만약에 B를 선택했다면 어떤 결과가 나왔을까'를 머릿속으로 시뮬레이션합니다. 그래서 B를 선택했을 때 얻게 될 결과물과 제가 선택한 A를 통해 얻게 된 결과물을 비교했을 때 제 선택의 결과물이 더 작으면, 저는 후회를 하게 됩니다.

다시 말해서, 'A를 선택하면 이런 결과가 나올 거야'라고 해서 선택했는데 그 결과가 기대만 못할 때 느끼는 부정적인 감정이 실망이라면, A를 선택해놓고선 B를 선택하면 어떤 일이 벌어졌을지를 머릿속으로 시뮬레이션한 다음에 그때 예상되는 결과와 내 현실을 비교해서 내 현실이 그보다 못하면 느끼게 되는 부정적인 감정이 후회인 겁니다. 'A를 선택하지 말고 B를 고를걸!' 하고 말이지요.

후회를 하기 위해서는 내가 선택하지 않은 것을 선택했을 때 벌어질 일을 머릿속으로 시뮬레이션하는 능력이 필요합니다. 아주 고등한 능력이죠. 그래서 오랫동안 '후회'라는 감정과 행위를 하는 동물은 인간밖에 없다고 여겨지다가, 몇 해 전에 '원숭이도 후회를 한다'는 내용의 논문이 〈네이처 뉴로사이언스〉라는 저널에 실렸습니다. 그러니까 지구상에서 후회하는 동물은 아직 영장류밖에 없는 거죠. 메뚜기는 실망은 하겠지만 후회는 하지 않습니다.

후회 없는 삶을 살겠다는 건, 저 같은 뇌과학자에게는 '나는 내 전전두엽의 시뮬레이션 기능을 사용하지 않겠다'는 강한 의지 표현으로 들립니다. 자기가 선택한 것 외의 다른 선택지에 대해서 고려하지 않겠다는 건 어리석은 태도입니다. 저는 인간이 이 시뮬레이션 능력을 통해서 다음에 유사한 선택 상황이 왔을 때 더 나은 결정을 하라는 뜻으로 후회하는 기능을 부여받은 거라 생각해요. 우리는 잘못된 선택 때문에 후회하기도 하지만, 자신의 선택을 성찰하며 점점 후회를 줄여나가는 과정이 적절한 태도이지 후회 없는 삶을 살기 위해 뒤를 돌아보지 않는 태도가 적절한 건 아닙니다.

그렇기 때문에 우리는 다양한 선택지들을 시뮬레이션하는 기능을 십분 활용하면서 살아야 합니다. 만약에 여러분이 죽으면 무슨 일이 벌어질지, 여러분은 아주 생생하게 시뮬레이션할 수 있습니다. 내가 암에 걸리면 어떤 일이 벌어질까, 내가 교통사고를 당하면 어떤 일이 벌어질까, 내가 지금 이렇게 죽으면 내 삶은 어떻게 되는 거지? 누가 슬퍼할 거고, 내 돈은 어떻게 되는 거고, 내 직장은 어떻게 되는 거고, 내가 하던 일은 어떻게 되는 거고, 친구들은 나를 어떻게 평가할까? 그걸 머릿속으로 시뮬레이션할 수 있어요. 여러분은 영장류이니까요. (웃음) 그 시뮬레이션을 통해서 '아, 이러면 안 되겠구나' 하는 절박함을 느낄 수가 있습니다. 후회를 통해서 절박함을 만들어낼 수 있습니다. 이게 사실은 제가 새로고침을 하는 방법 중 하나입니다. 필요하다면 '메멘토 모리' 전략을 쓰세요.

새로운 환경에 자신을 놓이게 하는 것도 굉장히 좋은 전략입니다. 예를 들면 학교를 옮긴다거나 유학을 간다거나 하는 거죠. 삶의 환경이 바뀌면 저절로 새로고침이 이루어집니다. 새로운 환경에서 집을 구하고 차를 구하고 가구를 놓고……. 하나하나 삶을 완전히 리셋해야 합니다. 어떤 사람한테는 그것이 굉장한 스트레스겠지요. 일상적이고 안정적인 상태로부터 벗어난 삶이니까요. 결국은 그 삶도 언젠가는 일상이 될 테니, 한동안만 그 혼란스러움을 즐기면 됩니다.

처음 새로운 환경에 처하면, 아무런 시스템도 안 갖춰져 있고 뭘 해야 할지 잘 몰라요. 그러다가 하나씩 하나씩 시스템이 갖춰지고, 새로운 환경이 주는 즐거움을 느낍니다. 어느덧 그것이 일상이 되고요. 일상이 주는 안락함 속에서 아주 편안하게, 늘 하던 방식으로 행동하는 삶을 살게 되지요. 어느 정도 시간이 지나면 이 일상으로부터 벗어나기 위해 다시 안간힘을 쓰고, 여행을 꿈꾸고, 새로운 직장을 찾으려고 노력하게 됩니다. '나는 그중에서 뭘 제일 즐기는 사람인가'를 생각해보세요. 나는 어떤 유형의 인간인지 한번 돌이켜보세요.

새로운 환경이 너무나 혼란스럽고 싫은 분들은 굳이 새로고침의 욕망을 실현하려고 노력하지 않으셔도 될 거 같아요. 일상이 주는 안락함이 훨씬 더 중요하니까요. 근데 일상의 안락함을 못 견디는 사람들도 있어요. 적응할 때쯤 되면 다른 데로 가고 싶어지죠. 일상에서 벗어나기를 날마다 꿈꾸는 사람들이 있습니다. 그런 사람들은 크게 노력하지 않아도 새로고침을 하실 수가 있습니다. 그걸 실천에만 옮기면 말이에요. 대부분의 사람들은 그 중간 어딘가에 있습니다. 일상을 벗어나야겠다는 마음은 있으나, 딱히 벗어나려는 노력은 안 하는 사람들이죠. 새로운 환경이 주는 즐거움도 적고 그렇다고 일상이 주는 안락함도 별로 못 느끼는 삶, 딱히 어디로 갈 데는 없는데 지금 있는 데는 싫은 상황 말입니다.

20퍼센트쯤 열어두는 삶

마지막으로 실험 하나를 소개하면서 마무리하겠습니다. 심리학 도서에 종종 소개된 실험인데, 게리 해멀(Gary Hamel)과 C. K. 프라할라드(C. K. Prahalad)의 책 《시대를 앞서는 미래 경쟁 전략(Competing for the Future)》에도 이 실험이 언급돼 있습니다. 하지만 솔직히 말하자면 이 실험은 실제로 수행된 실험이 아니에요. 과학자들 사이에서 '오랫동안 수행됐다고 믿어졌으나, 논문에 제대로 기술된 적은 없는' 전설의 실험입니다. 실험의 이름을 빌린 우화와 같은 이 이야기는 습관 형성에 관한 의미 있는 통찰을 우리에게 전합니다.

전설의 실험에 따르면, 일련의 동물행동학자들이 동물원의 우리를 하나 빌립니다. 거기에다가 장대를 하나 세워두고 맨 위에 먹음직스러운 바나나 한 꾸러미를 올려놓습니다. 그러고는 이틀 정도 굶은 원숭이 네 마리를 우리 안으로 집어넣습니다. 그러면 원숭이들이 바나나를 보고 너무 기뻐서 미친 듯이 장대 위로 올라갑니다. 거의 다 올라가서 장대 위 바나나에 손이 닿을 무렵, 실험자들은 원숭이들에게 호스로 물을 뿌립니다. 원숭이는 물을 굉장히 싫어하지요. 그래서 물세례를 받고 황급히 내려옵니다. 그리고 그날은 하루 종일 장대 위의 바나나를 힐끗힐끗 쳐다만 볼 뿐, 아무도 다시 올라가려는 시도를 하지 않습니다.

다음 날, 원숭이 네 마리 중에서 두 마리를 우리 밖으로 뺍니다. 그리고 이틀 정도 굶은 신참 원숭이 두 마리를 집어넣습니다. 그러면 무슨 일이 벌어질까요? 새로 들어온 신참 원숭이들은 장대 위의 바나나를 보고 미친 듯이 장대 위로 올라갑니다. 그러면 전날 들어와서 장대 위에 올라가게 되면 무슨 일이 벌어지는지를 아는 고참 원숭이 두 마리가 따라 올라가서, 앞선 녀석들을 끄집어 내립니다. 영문도 모른 채 올라가려는 원숭이들을 심지어는 할퀴고 때리면서 물세례를 받지 않도록 해줍니다.

세 번째 날, 첫날 들어온 고참 원숭이 두 마리마저 우리 밖으로 뺍니다. 그리고 이틀 정도 굶은 신참 원숭이 두 마리를 새롭게 집어넣습니다. 그러면 과연 어떤 일이 벌어질까요. 신참 원숭이들은 장대 위의 바나나를 보고 미친 듯이 올라가겠죠. 질문은 둘째 날 들어와서 장대 위에 올라가면 무슨 일이 벌어지는지는 모르지만, 올라가려다가 저지 당했던 원숭이들이 과연 어떤 행동을 할 것인가 하는 겁니다.

결과에 따르면, 그들 역시 따라 올라가서 신참 원숭이들을 끄집어 내린다는 겁니다. 자신들이 당한 대로 할퀴고 때리면서 그들을 못 올라 가게 막습니다. 왜 그래야 하는지 영문도 모른 채로요.

그다음 날부터는 네 마리 중에 아무나 한 마리를 빼고 새로운 원숭 이를 우리 안으로 집어넣어도 똑같은 일이 반복됩니다. 신참 원숭이는 미친 듯이 장대 위로 올라가려고 하고, 나머지 원숭이들은 그를 말리는 거죠. 한 달, 두 달, 석 달이 되어도 말입니다. 그런데 흥미로운 건, 둘째 날부터 실험자들이 물 호스를 완전히 뺐기 때문에 장대 위로 올라가 바 나나를 먹어도 아무 일도 벌어지지 않는 상황이었다는 거죠.

원숭이를 포함해서 영장류가 어떤 방식으로 조직 내에서 생활하는 지를 보여주는 조직 축소판 실험입니다. 아마 사람도 크게 다르지 않을 것 같습니다. 합리적인 원숭이라면, 장대 위로 올라가려고 할 때 저지 당하면 "왜 나를 막는 겁니까?"라고 문제 제기를 해야 하잖아요. 그런 데 원숭이들이 문제 제기를 안 한다는 겁니다. 근데 잘 생각해보시면, 원숭이들만 문제 제기를 안 하는 게 아닙니다. 인간도 안 해요. 회사에 신입 사원이 오면 선배들한테 업무를 배우잖아요. 그런데 "아니, 왜 이 걸 이렇게 합니까. 저렇게 하면 더 편하지 않아요?"라고 얘기하는 신입 은 잘 없습니다. 여기는 이래야 하는 건가 보다, 눈치를 채죠. 그리고 조 용히 이 조직의 운영 방법을 배웁니다. 조직 적응력이 뛰어난 사람들인 거죠.

"우리도 사실은 왜 그랬는지 잘 모르겠네. 그러면 한 마리만 올라가서 무슨 일이 벌어지는지 살펴볼까? 혹시 무슨 일이 벌어질지 모르니 한 마리가 바로 뒤따라가서 보호해주고, 우리는 밑에서 널 받쳐줄게. 무슨 일이 일어나지는지 보자." 이런 회의를 해야 합리적인 원숭이들이죠. 그래서 올라갔는데 물세례를 받으면 "아, 이래서 안 했던 거구나" 하면 됩니다. 아무 일도 벌어지지 않으면 그냥 바나나를 맛있게 나눠 먹으면 되는 겁니다. 근데 원숭이들은 그렇게 하지 않았습니다. 아마 사람들도 그러지 않았을 겁니다. 만약 직장에 새로 들어온 신참이 "이거는 왜 이렇게 해야 하는 겁니까?"라고 문제 제기를 한다면 고참들은 여지없이 "야, 여기는 원래 이래. 그냥 하라면 해."라고 대답할 겁니다.

어제 얻은 지식, 사고방식, 생각, 고정관념, 습관을 오늘의 문제에도, 내일의 문제에도 계속 적용해서 문제를 해결하는 전략을 '지식 활용(exploitation)'이라고 부릅니다. 과거의 지식과 경험을 오늘의 문제에 적용하면 예측 가능한 안정적인 결과물을 얻을 수 있기 때문에 당연히 조직에서 선호하는 전략입니다. 여러분도 그럴 겁니다. 회사 내에서 어떤 문제가 터졌을 때, 전임자들이 어떻게 행동하는지를 보고 전임자들이 했던 방식대로 문제를 해결하는 경우가 많잖아요. 그래서 지식 활용 전략이 중요한 겁니다.

반면에 내가 지금 선택할 수 있는 최선의 것들이 뭔지를 살펴본 다음에, 그중에서 제일 좋은 결과를 내겠다 싶은 것을 찾아서 선택하는 방법을 '방법 탐색(exploration)'이라고 부릅니다. 한 번도 직접 해보지 않았으니 실패할 가능성이 있겠죠. 그렇지만 문제를 굉장히 잘 해결할 가능성도 있습니다. 예측 가능한 성공이 보장된 건 아니지만, 우리가 혁신을 이루는 건 방법 탐색 과정 덕분입니다.

여러분은 과거의 경험과 학습 내용을 가지고 그때그때 삶을 꾸려 나가야겠지만, 그중 10~20퍼센트 정도는 새로운 탐색을 하는 삶을 살아보시길 권합니다. 그래야만 예전에는 못했던 일을 시도해볼 수 있고, 새로운 삶이 주는 기쁨을 만끽할 수 있습니다. 과거의 방식으로만 문제를 해결하면 빠르고 효율적이고 안정적으로 예측 가능한 수준의 결과는 얻겠지만, 새로운 시도가 주는 큰 즐거움과 뜻밖의 수확은 얻을 수 없습니다. 삶에서 80~90퍼센트 정도는 기존 방법을 적용하더라도, 10~20퍼센트 정도는 방법 탐색의 전략으로 살아보시길 바랍니다. 회사 앞 중식당에 갈 때마다 "이 집은 탕수육이 맛있고, 짜장면을 먹어야 해"라는 선배의 조언을 실천하는 것도 좋겠지만, 가끔은 짬뽕도 시켜 먹고 '이래서 짜장면을 먹으라고 했구나' 하는 실패의 경험도 해보고, '어, 이 집 마파두부덮밥은 의외로 맛있네'라는 뜻밖의 수확을 얻을 가능성도 20퍼센트쯤은 열어두는 삶이 새로고침을 할 수 있는 좋은 방법이겠죠.

인생의 목표가 성공이 아니라 성숙이라면, 우리는 날마다 새로운 삶을 살기 위해 노력해야 합니다. 습관은 안락하고, 포근하고, 안전하게 우리의 삶을 여기까지 끌고 왔지만, 새로고침이 주는 뜻밖의 재미, 유쾌한 즐거움은 여러분의 삶을 더욱 풍성하게 해줄 겁니다. '내가 지금처럼 10년 살아봤더니 이 삶이 주는 즐거움이 뭔지 충분히 알겠어. 그럼 이제 새로운 삶이 주는 즐거움을 만끽해볼까?' 하는 설렘으로 새로고침을 시도해보시면 어떨까요. 우리 뇌는 습관이라는 틀을 벗어나기가 매우 어렵게 디자인돼 있지만, 새로운 목표를 즐겁게 추구하도록 디자인돼 있기도 합니다. 어느 뇌 영역을 사용할 것인지는 이제 여러분이 선택하시면 됩니다.

여섯 번째 발자국

우리는 왜
미신에
빠져드는가

나는 오직 증거를 믿는다. 관찰과 측정, 그리고 이를 바탕으로 한 추론을 믿는다. 나는 증거만 있다면, 설령 그것이 과격하거나 우스꽝스럽게 들리더라도 기꺼이 믿을 것이다. 물론 과격하거나 우스꽝스러울수록, 더 확실하고 강력한 증거가 있어야 하겠지만 말이다.

아이작 아시모프(Isaac Asimov)

오늘은 제가 좋아하는 만화를 소개하면서 강연을 시작하겠습니다. 오바 츠쿠미가 글을 쓰고 오바타 다케시가 그림을 그린 만화,《데스노트》입니다. 보신 적 있나요? 고등학생 야가미 라이토가 이름을 적어넣는 것만으로 누군가를 죽일 수 있는 공책 '데스노트'를 우연히 갖게 되면서 벌어지는 일들을 그린 만화죠. 데스노트! 우리가 진짜 원하는 노트 아닙니까? (웃음) 이런 것만 있으면 적을 이름들이 여럿 떠오르잖아요. 인간의 보편적이면서도 어두운 욕망을 건드리고 있는 걸작이라고 생각합니다.

실제로 이런 노트를 만들 수 있을까요? 이름을 쓰면 그 사람이 죽는 그런 노트, 어디 없나요? 다들 웃으면서 그런 건 없다고 고개를 설레설레 흔드시네요. 너무 만화 같은 설정인가요?

사실 데스노트는 존재합니다. 바로, 빨간색 펜으로 노트에 이름을 쓰면 됩니다! (웃음) 아닌가요? 왜 웃으시죠? 이런 거 안 믿으시나요? 그럼 우리 다같이 하얀 종이에 빨간색 펜으로 자신의 이름을 써볼까요? (웃음)

빨간색 펜으로 이름 쓰기

빨간색으로 사람 이름을 쓰면 안 된다. 모두가 들어본 적 있을 겁니다. 그러면 그 사람이 죽는다, 혹은 그 사람의 엄마가 돌아가신다는. 물론 미신이라는 것도 잘 알고 있지요. 그렇다면 여러분은 빨간색으로 이름을 써본 경험이 있습니까? 그래서 확인해본 적 있습니까?

저는 이 미신과 관련해서 인생 경험이 있습니다. 미국에 연구원으로 처음 유학을 갔을 때 얘기입니다. 첫날 대학교에 서류를 제출하는데, 행정 직원이 제 이름을 빨간색 펜으로 적는 거예요. 그래서 제가 "어어, 왜 빨간색으로 이름을 쓰세요? 검은색 펜을 줄까요?" 했더니 그분이 저를 황당한 표정으로 보면서 "빨간색으로 이름을 쓰면 안 되나요?"라고 묻는 거예요. 그래서 제가 이걸 어떻게 설명해야 할지 몰라 당황하면서 이렇게 대답했습니다. "그러면 제가 죽습니다!" (웃음) 그랬더니 그분이 황당한 표정으로 장난치지 말라는 듯이 아무렇지 않게 제 이름을 빨간색으로 쓴 거죠.

그날 하루 종일 기분이 찜찜했습니다. 그날 밤에 자려고 침대에 누웠는데 도저히 잠이 오지 않는 거예요. 아, 이번 미국 생활은 망했다. 이러다 죽는 거 아닌가? 빨간색이라도 영어로 이름을 썼으니 괜찮지 않을까? (웃음) 별의별 생각이 다 났습니다. 그러다가 새벽 무렵, 갑자기 오늘의 제 행동, 빨간색 이름에 대한 제 태도, 그리고 이렇게 하루 종일 찜찜해했던 제 자신이 너무나 부끄러워졌습니다. 과학자라는 인간이 '빨간색으로 이름을 쓰면 죽는다'라는 미신에 휘둘려 이렇게 평정심을 잃은 모습을 보면서 제 자신이 얼마나 비과학적인 삶을 살고 있는가에 대해 생각해보게 됐습니다. 그래서 그 자리에서 일어나 책상에 불을 켜고 앉아서 하얀색 종이에다가 빨간색으로 제 이름을 썼어요. 그날 저는 비로소 '과학자 정재승'으로 다시 태어났습니다. (웃음)

강요하지는 않겠습니다만, 여러분도 한번 해보세요. 인생에서 한 번도 그런 경험이 없으신 분들은 하얀 종이에 빨간색으로 자신의 이름 쓰기를 시도해보세요. 갑자기 심장이 마구 뛰면서 금기를 어긴, 이런 정도의 금기에도 제대로 도전하지 못하는 몹시 초라한 자기 자신을 발견하게 될 겁니다. 정 힘드시면 영어로 먼저 이름을 써보고, 그다음에 용기가 생기면 한글로 써보세요. 그 순간 여태껏 미신에 사로잡혀온, 근거 없는 금기에 온전히 세뇌당한 자신을 만날 겁니다.

우리는 왜 빨간색으로 이름을 쓰면 안 된다고 믿고 있을까요? 다양한 가설이 있습니다. 그중 하나가 진시황 때 중국에서는 빨간색이 너무나 귀한 색이어서 왕만 쓸 수 있었다는 설입니다. 그래서 왕이 아닌 사람이 빨간색으로 이름을 쓰면, 왕을 모욕하거나 자신이 왕이 되려 한다는 의심을 받았다고 해요. 그래서 진시황이 다 죽였다고 합니다. 그래서 빨간색으로 이름을 쓰지 않는 풍습이 지금까지 내려왔다는 거죠. 이제 좀 쓸 용기가 생기지 않나요? 이거, 왕이 하는 일이었다니! (웃음)

미신(迷信, superstition)이란 인과관계를 알 수 없는 것에 대한 비이성적인 믿음을 말합니다. 합리적인 설명이 불가능한 것들에 대해 매우 광범위하게 퍼져 있는 믿음 혹은 그것을 믿는 행위이지요. 그러니까 현실 과학의 논리로는 설명할 수 없는데도, 이성적인 관점에서 보자면 아무런 연관성이 없는데도, 우리는 이런 것들을 오랫동안 믿고 살아왔습니다. 대개 미신은 행운 혹은 불행과 관련이 깊습니다.

돼지꿈에서 13일의 금요일까지

서양인들이 한국에 와서 황당하게 여기는 미신이 몇 가지 있습니다. 한국 사람들은 숫자 4가 죽을 사(死)와 발음이 같고 죽음을 연상시킨다고 해서 엘리베이터 층 표시가 1, 2, 3, F로 되어 있지요. 너무 흔해서 이상하지도 않으시겠지만, 생각해보면 말도 안 되지 않습니까? 온 나라가 이걸 실천에 옮기고 있다는 것이 말이에요. 아예 건물에 4층이 없는 경우도 봅니다.

남자가 닭날개를 먹으면 바람을 핀다는 얘기도 하지요. 저로서는 고마울 수도 있는, 가부장적 미신이지요. 덕분에 우리는 남자들이 닭다리를 독차지하는 황당한 시대에 살고 있습니다. 사실 저는 이런 식의 가부장적인 발상이 매우 불편합니다. 문제는 남자들만이 아니라 세상의 많은 장모님들이 이 미신을 믿으셔서 현실화되고 있다는 사실입니다. (웃음) 남녀차별의 음모가 스멀스멀 그 안에서 나오는 것 같은데, 여성분들이 반기를 드셨으면 좋겠습니다.

돼지꿈을 꾸면 복권을 사라거나, 사랑하는 연인에게 신발을 선물하면 떠난다거나. 우리는 오늘도 이런 유의 미신을 믿으며 살고 있습니다. 어디 그뿐인가요? 옛날부터 어르신들이 믿었던 금기들이 많죠. 밤에 휘파람이나 피리 불지 마라, 밤에 손톱 깎지 마라. 이런 미신 들어본

적 있습니까? 밤에 휘파람이나 피리 불면 무슨 일이 벌어지죠? "뱀 나와요!" (웃음) 집 근처에서 뱀 보신 분 있으십니까? (웃음) 인도에 사시나요? (웃음) 밤에 손톱 깎으면 왜 안 되나요? 손톱을 깎으면 종종 엉뚱한 곳으로 튀는데, 쥐가 그걸 먹으면 내 영혼이 쥐한테 간다고들 하죠. 굉장히 흥미로운 이야기 아닙니까? 영혼이동설? 그 현장을 너무나 관찰하고 싶은, (웃음) 일부러 밤에 쥐에게 손톱을 먹이는 실험을 하고 싶어지는 흥미로운 미신입니다. 앉아서 다리를 떨면 복 나간다, 테이블 모서리에 앉으면 안 된다, 베개는 세우지 마라, 밥에 숟가락을 세워서 꽂으면 안 된다. 이런 말대로라면, 우리나라는 도처에 위험이 산재해 있는 나라입니다. (웃음) 여차하면 뱀이 나타나고, 쥐가 영혼을 앗아가고, 죽거나 불행이 닥칠 상황들이 너무나도 많이 벌어지는 위험천국이에요.

미신은 나이 많은 어르신들만 믿나요? 그렇지 않아요. 젊은이들도 많이 믿습니다. 아까 제가 말씀드렸듯이, 사랑하는 연인에게 신발을 선물하면 떠난다는 것도 젊은이들의 미신이죠. 함께 술을 마시는데 주위 사람 잔이 빈 걸 모르고 안 따라줘서 그 사람이 자작을 하면 무슨 일이 벌어지나요? 네, 맞습니다. 그 사람은 예쁜 애인이 생기고, 나는 재수가 없어집니다. 결혼식장에서 신부의 부케를 받았는데 6개월 이내에 결혼 안 하면, 6년간 결혼 못하죠. 이런 저주를 행복한 결혼식장에서 절친들끼리 주고받습니다. (웃음) 당연히 미신인 건 아는데, 말도 안 된다는 것도 아는데, 이상하게 안 지키면 찜찜해요. 아주 약간. 그게 문제인 거죠.

혈액형이 성격을 말해준다! 이거 믿는 분 진짜 많죠? 지금까지 어떠한 논문도 혈액형과 성격이 상관관계가 있다는 것을 밝힌 연구가 없음에도 불구하고, 마치 이미 증명된 것처럼 다들 이야기하죠. 저는 그런 거 믿지 않습니다. 원래 B형은 이런 거 안 믿습니다. (웃음) 물론 농담입니다.

최면으로 전생을 볼 수 있다, 이런 얘기도 많이 하죠. TV에도 종종 나오잖아요. 사실 전생이란 건 없지요. 정확하게는 지금까지 있다고 과학적으로 발견된 사례가 없습니다. 물론 최면이라는 현상은 엄연히 존재하는 현상입니다. 일종의 자기암시 같은 거지요. 제 공동연구자 중 한 명이 최면을 연구하는 학자인데, 그가 최면 연구를 하는 걸 보면서 저도 많은 걸 알게 됐습니다. 우리나라에선 TV에서 최면술사가 최면을 거는 과정을 보여주잖아요? 사실 이거 불법입니다. 세계최면협회는 최면이 범죄에 악용될 수 있기 때문에 '최면을 거는 과정을 절대 외부로 노출하면 안 된다'는 서약을 씁니다. 그걸 노출한 사람은 최면협회에서 자격을 박탈합니다. 이런 장면을 보여준다는 것 자체가 일단 그 사람이 제대로 된 최면교육을 받지 않았다는 걸 보여주는 반증사례이기도 합니다. 최면은 전생과 아무런 상관이 없습니다.

심지어 청소년도 미신을 믿습니다. 여러분, 청소년 시절을 한번 생각해보시죠. 분신사바라고 귀신을 부르는 놀이 있죠? 해보신 분 있을 겁니다. 대학가에 가보면 사주카페, 타로점 보는 포장마차 같은 곳들이 엄청 많습니다. 학생들이 그 사람들에게 돈을 내는 모습을 보면 너무나도 가슴이 아픕니다. 또 하나가 손금이에요. 손금은 태아가 자궁 내에 있을 때 손을 어떻게 쥐느냐에 의해서 결정되는데요, 그게 그 사람의 남은 인생을 좌우한다고 믿습니다. 생명과 두뇌, 건강이 어떻게 주먹을

쥐느냐에 의해 결정된다는 겁니다. 입시에 관한 징크스도 많지요. 대한 민국은 입시 때만 되면 남의 건물에 엿을 붙이면서 혈액순환에 좋은 미 역국을 못 먹는 이상한 현상이 벌어집니다.

미신은 우리나라만의 문제가 아닙니다. 미신은 어느 나라에나 다 있습니다. 서양에서는 길에서 동전을 주우면 행운이 온다거나, 7을 행 운의 숫자로 여긴다거나, 13일의 금요일을 불길한 날로 여기는 건 잘 알려져 있죠. 사다리 밑으로 지나가면 재수가 없다거나, 실내에서 우산 을 펴면 재수 없다는 것도 서양 미신입니다. 참, 거울을 깨면 7년간 재 수가 없다는 것도 서양 미신이죠. 이렇게 어느 국가든 민족이든 사회든 미신을 믿는 문화가 존재했습니다. 미신을 믿는 행위는 인간의 아주 보 편적인 행위라는 겁니다.

비합리적인 믿음의 결과

우리는 수많은 미신 속에 살고 있습니다. 우리가 계속 사소하게라 도 지키고 있기에 우리 주위에 아직도 존재합니다. 미신들이 말도 안 되는, 비이성적인, 과학적 근거도 없는 것이라는 사실도 대부분 잘 알 고 있습니다. 그런데 "우리는 왜 미신을 따르는 걸까요?"라고 물어보면, 다들 대수롭지 않게 대답합니다. "그냥 재미로 보는 거예요. 재미있잖 아요!", "하지 말라는데, 굳이 할 필요 있나요?", "무시하면 찜찜하니까, 혹시 몰라서 그냥 지키는 거예요. 큰 의미를 두진 않아요.", "거, 과학자 아니랄까 봐 직업병 드러내시네."라는 말들을 듣습니다. 미신이란 걸 알지만 혹시 몰라서, 100개 중에 하나쯤 효험이 있을까 봐, 일단은 미신이 하라는 대로 하고 본다. 해서 손해 볼 건 없지 않느냐? 하는 태도입니다.

여기 그래프가 하나 있습니다. 해마다 출산율을 나라별로 표시한 것입니다. 일본의 출산율 그래프가 보이시나요? 좀 이상한 점을 발견했나요? 1966년을 보시지요. 매년 출산율이 2명 이상이었는데 1966년만은 1.58명으로 현저히 떨어진 모습을 볼 수 있습니다. 이 해 출산율이 예년에 비해 유난히 낮은 이유는 '병오(丙午)년에 태어난 말띠 여자는 팔자가 사납다'는 미신 때문에 사람들이 아이 낳기를 꺼린 탓입니다. 그 해 암묵적으로 수많은 낙태가 벌어졌습니다. 특히 여자아이라고 하면 더욱 그랬겠지요? 이 지경인데도, 우리가 미신을 재미로 보는 걸까요?

별거 아닌 재미로 본다는 미신이 연인을 갈라놓기도 합니다. '궁합이 나쁘다'는 이유로 사랑하는 사람과 결혼하지 못하는 경우를 주변에서 가끔 봅니다. 부모가 자식의 결혼을 반대하는 강력한 명분이 되기도 하지요. 심지어 '궁합이 나쁘다'는 말 자체가 연인의 사랑을 식게 만드는 이유가 되기도 하고요.

마녀사냥은 바로 이런 근거 없는 속설이 만들어낸 대규모 학살이었습니다. 15세기부터 18세기 사이에 유럽에서는 최소 20만 명의 여성들이 마녀로 몰려 죽임을 당했다고 알려져 있습니다. 마을 사람들이 누군가를 마녀로 몰면 그 혐의를 벗어나기가 어려웠어요. 마녀로 몰리면 스스로 자신이 마녀가 아니라는 사실을 증명해야 했지요. 그 당시의 마녀 구별법은 여성을 물에 빠뜨려보는 것이었습니다. 마녀는 물에 뜬다

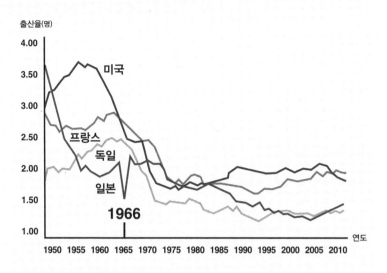

미국, 프랑스, 독일, 일본의 출산율 추이. (1950~2010년)

고 믿었거든요. 결국 여성들은 물에 빠져 죽거나, 물에 뜨는 경우 화형을 당해 죽었습니다. 무려 300년 동안 죄 없는 여성들이 마녀로 몰려 죽임을 당한 것입니다. 마녀사냥뿐만 아니라 비합리적인 믿음 때문에 억울한 사람들이 희생당한 사건은 인류 역사에서 보편적으로 벌어져 왔습니다.

'미신 경제학'이라는 말이 나올 정도로 미신 관련 산업은 그 규모가 어마어마합니다. 세금을 내거나 국가의 규제를 받는 것도 아니어서, 미신 산업의 규모가 얼마나 되는지는 정확히 알 수 없습니다. 다만 수조 원대 규모가 아닐까 추측할 뿐입니다. 우리는 지금 미신이 '재미' 이상으로 우리 삶에 영향을 미치는 사회에 살고 있습니다.

제가 오늘 미신이라는 주제를 환기하는 이유는 무엇보다도, 너무도 소중한 우리의 삶이 불합리한 요소들에 영향을 받고 있기 때문입니다. 왜 우리는 삶을 구속하는 비이성적인 믿음이 우리를 지배하는 것을 허락하고 있을까요? 내 삶은 내가 하기 나름이고, 나의 온전한 의지에 좌우된다는 고귀한 믿음을 왜 우리는 스스로 기꺼이, 너무나도 쉽게 포기하는 걸까요? 사소한 미신이라고 해서 '좋은 게 좋은 거지' 하면서 받아들이기 시작하면, 우리가 비합리성을 미신의 영역에만 머물게 할까요? 그렇지 않습니다. 굉장히 중요한 의사결정에도 비합리적 영향을 끌어들이는 어리석음을 범할 수 있습니다. 신입 사원 면접을 볼 때 점술인을 곁에 두고 진행했다는 어느 재벌 총수의 얘기 잘 아시지 않습니까? 기업의 중요한 의사결정을 점술가에게 상담한다는 대기업 오너의 사연 잘 아시지 않습니까?

왜 '타자'들에게 징크스가 많을까

미신은 왜 우리 곁을 떠나지 않는 걸까요? 그것은 '통제할 수 없는 미래에 대한 불안' 때문입니다. 미래를 내가 원하는 대로 통제하고 싶은데, 그럴 수 없을 때 불안한 마음에 미신이라도 믿게 되는 것이지요. 회의주의자 마이클 셔머(Michael Shermer)가 자신의 저서《왜 사람들은 이상한 것을 믿는가(Why People Believe Weird Things)》에서 야구 선수들의 징크스로 이를 잘 설명했지요.

익히 아시다시피, 야구 선수들에게는 많은 징크스가 있습니다. 공을 던지기 전에 항상 코를 두 번 만지고 땅을 세 번 고르는 투수가 있는가 하면, 반드시 배트로 홈 플레이트를 두 번 내리치는 타자도 있고, 빨간 양말을 신어야 그날 홈런을 치는 식으로 '행운의 물건'을 몸에 지니는 등의 징크스를 야구 선수라면 하나쯤은 가지고 있습니다. 유리컵이 깨지는 걸 보면 그날 실책을 한다는 야구 선수도 있어요.

그런데 여기 흥미로운 질문이 하나 있습니다. 타자, 투수, 야수 중에서 어떤 포지션에 있는 선수들이 가장 징크스가 많을까요? 한번 생각해보시지요. 과학자들의 연구 결과, 정답은 '타자'였습니다. 그다음이 '투수'고요. '야수'들이 징크스가 가장 적었습니다. 왜 그럴까요?

야구 경기를 하다 보면, 포지션별로 성공 확률이 굉장히 다릅니다. 타자는 세 번 타석에 들어서서 한 번 안타 치면 잘 치는 선수이죠. 3할 타율만 가져도 훌륭한 선수입니다. 다시 말해 타자의 성공 확률은 매우 낮습니다. 반면, 야수는 한 경기에서 실책을 한 번 할까 말까 합니다. 대부분 자신에게 오는 공을 잘 처리하죠. 성공 확률이 가장 높습니다. 투수는 그 중간 정도 됩니다. 9회 동안 총 27개의 아웃을 잡아야 하는데, 보통 10개 정도의 안타를 맞고, 볼넷이나 사구까지 포함하면 약 15개 정도의 진루를 허용합니다. 그러니까 아웃을 좀 더 많이 잡지만, 진루타를 허용하는 비율이 절반 가까이 되는 거죠.

위에서 보신 것처럼 세 포지션 중 성공 확률은 타자가 제일 낮습니다. 자신이 성공할 확률이 낮을수록, 선수들은 더 많은 징크스를 만들어냅니다. 상황을 통제하고 싶은 욕구는 강한데 자신이 상황을 충분히 통제하지 못하기 때문에, 미신이라는 엉뚱한 인과관계를 넣어 지푸

라기라도 잡는 심정으로 최선을 다하는 겁니다. 빨간색 양말을 신고 간 날 홈런을 쳤다면, 우연히 자동차 사고를 목격한 날 역전타를 쳤다면, 다음에도 그런 인과관계가 존재하길 바라면서 같은 행동을 반복하죠. 결국 징크스나 미신을 믿는 이유는 미래라는 굉장히 통제하기 어렵고 예측하기 힘든 상황에서 그것을 통제하기 위해 인과관계를 억지로 갖다 붙인, 그래서 마음의 위안을 얻으려는 노력이라고 할 수 있습니다. 입시와 관련해서 유독 미신이 많은 것도 같은 이유입니다. 시험 결과에 대한 확신은 없고, 시험을 잘 치러야 한다는 욕망은 강하고, 노력 이상의 행운을 필요로 하는 상황. 다시 말해 결과에 대한 기대는 높은데 미래에 대한 통제권이 약할수록 우리는 그 간극을 극복하기 위해서 아무 상관도 없는 인과관계를 끄집어내려는 노력을 하게 된다는 겁니다. 그래서 네덜란드의 철학자 스피노자는 《신학 – 정치론(Tractatus Theologi-co-Politicus)》에서 이런 말을 했습니다. "만약 자신의 모든 환경을 완벽히 통제할 수 있거나 지속적으로 행운이 따라준다면, 인간은 결코 미신의 희생양이 되지 않았을 것이다."

"마음이 편안해지고 불안감이 해소되면 미신도 좋은 거 아닙니까?"라고 반문하실 분도 있을 겁니다. 하지만 실제로 미신을 믿거나 징크스를 가지고 있는 선수가 더 좋은 성적을 내는 건 아닙니다. 오히려 사회적 성취가 높거나 지능이 높은 사람들은 미신이나 징크스를 잘 믿지 않는 경향이 있습니다. 내가 노력하면 상황이 좋아질 수 있다고 생각하는 사람들, 그리고 내가 옳은 방향으로 원인을 찾아서 노력하면 그것이 상황을 개선해줄 것이라고 믿는 사람들은 자신의 노력과 의지가 좋은 결과를 만들어낼 것이라 판단합니다. 미신이나 징크스로 마음의 위안을 얻고자 기대면 제대로 원인을 파악하지 못하기 때문에, 개선의 여지가 오히려 적다는 거죠.

양치기 소년이 알려준 것

우리가 미신에 빠지게 되는 또 다른 이유가 있습니다. 이를 설명하기 전에 중요한 개념 하나를 소개하겠습니다. 우리가 평소 일상에서 자주 범하는 실수에는 두 종류가 있습니다. 바로 '제1종 오류(type I error)'와 '제2종 오류(type II error)'입니다. 제1종 오류는 아닌 것을 맞다고 판정하는 오류, 없는데 있다고 판정하는 실수, 즉 기각해야 할 가설을 채택하는 오류를 말합니다. 환자를 진단해서 암이라고 판정을 내렸으나 사실은 암이 아닌 경우, 임신을 안 했는데 임신이라고 판정 오류를 범하는 경우가 여기에 해당합니다. 그래서 이를 '긍정 오류(false positive)'라고도 합니다. 사실은 아닌데, 맞다고 판단하는 식의 오류인 거죠.

반면 제2종 오류는 맞는 걸 아니라고 판정하는 오류, 있는데 없다고 판정하는 실수, 채택해야 할 가설을 기각하는 오류를 말합니다. '부정 오류(false negative)'라고도 하지요. 그러니까 암에 걸렸는데 안 걸렸다고 잘못 판단하는 상황, 임신을 했는데 안 했다고 잘못 진단하는 상황을 말합니다. 사실은 맞는데 아니라고 판단하는 실수인 거죠.

우리는 살면서 이와 같은 종류의 실수를 종종 범합니다. 그런데 제1종 오류와 제2종 오류 중에서 어떤 실수가 우리 삶에 더 치명적일까요? 없는데 있다고 판단해 화들짝 놀라는 오류가 심각한 실수일까요, 있는데 없다고 눈치 못 채고 그냥 넘어가는 오류가 더 심각한 실수일까요? 예를 들어, 사실은 뱀이 없는데 "저기 뱀이 있어요!"라고 실수하는 게 치명적일까요, 사실은 뱀이 있는데 "뱀 없는 것 같은데" 하고 넘어가는 게 더 치명적일까요? 당연히 있는데 그걸 눈치채지 못하고 없다고 판단 내리는 실수가 더 치명적이겠죠. 제2종 오류가 더 치명적입니다.

　제1종 오류를 범하는 사람은 그냥 바보나 웃음거리, 혹은 겁쟁이가 되면 됩니다. 세상에 귀신이 있다고 믿는 사람, 신이나 외계인이나 전생이 있다고 믿고 사는 사람은 나중에 설령 그런 것들이 없다고 판명되더라도 치명적인 피해는 없습니다. 살면서 조롱거리나 웃음거리가 될 수도 있고 비과학적인 삶을 살게 되는 오류를 범할 수는 있어도 상대적으로 안전합니다. 하지만 뭐든지 없다고 믿는 사람들은 위험에 빠질 수 있어요. 귀신이 없다고 믿었는데 나중에 있는 걸로 판명 나면 치명적일 수 있죠. 그래서 우리는 제2종 오류를 범하지 않으려고 하는 반면, 제1종 오류에 대해서는 상대적으로 너그러운 편입니다. 그것이 바로 미신이 세상에 존재하는 이유입니다.

　"난 밤에는 휘파람 불지 않을 거야. 그러다 진짜 뱀이 나타나면 어떡해!"라고 생각하는 사람이 치명적인 위험에 빠질 가능성은 적습니다. 하지만 "밤에 휘파람 분다고 무슨 뱀이 나타나니. 나는 휘파람 불거야!"라고 했다가, 만에 하나 정말로 휘파람 소리를 듣고 지난주에 우리 집 위층으로 이사 온 인도사람 집에서 키우던 뱀이 내려오면 어떡합니까? (웃음) 그런 인생 경험을 여러분이 할 확률은 매우 낮겠지만, 혹여 그런 일이 벌어지면 여러분에게는 치명적이겠지요. 그렇기 때문에 미신을 믿는 태도가 형성됩니다. 혹시 몰라서 뭐든지 '있을지도 몰라, 위험할지 몰라'라고 생각하는 태도가 만들어집니다. 부적은 효과가 있을까요? 없으면 몇만 원 혹은 몇십만 원 돈을 날리는 거지만, 만에 하나 효과가 있다면 액운을 쫓을 수 있으니 점술가가 말하는 대로 부적을 구입해 가지고 다니는 거지요.

이솝 우화 〈양치기 소년〉을 떠올려보세요. 양치기 소년이 심심해서 "늑대가 나타났다!"라고 거짓말을 해 마을에 소동을 일으킵니다. 동네 어른들은 소년의 거짓말에 속아 무기를 가져오고 늑대를 잡기 위해 애쓰지만 헛일이었지요. 이렇게 처음에는 양치기 소년 때문에 마을 사람 모두가 제1종 오류를 범하게 됩니다. 헛소동이 벌어질 뿐 치명적이진 않지요. 하지만 소년이 두 번 세 번 반복해서 거짓말을 하자, 나중에 정말로 늑대가 나타났을 때 양치기 소년이 아무리 소리쳐도 마을 사람들은 소년의 말을 믿지 않고 아무도 도우러 가지 않았습니다. 제2종 오류를 범하게 된 것입니다. 결국 마을의 모든 양을 늑대가 죽여버리지요. 치명적인 실수가 벌어진 셈입니다.

양을 살려야 한다는 입장에서 오류의 치명성을 생각해보면, 〈양치기 소년〉 우화의 교훈은 아무리 소년의 거짓말에 놀아나 웃음거리가 된다 해도 "늑대가 나타났다!"라는 외침을 한 번이라도 간과해서는 안 된다는 것입니다. (웃음) 만에 하나 진짜 늑대가 나타났을 때, 거짓말이라고 간주하는 오류는 매우 치명적이기 때문입니다.

그렇기 때문에 우리 뇌는 제1종 오류보다 제2종 오류에 훨씬 민감

합니다. "뱀이 나타났다!" 같은 외침에 매번 반응하도록 우리 뇌는 만들어져 있습니다. 우리 모두는 생존에 절대적으로 민감한 '겁쟁이들의 후손'입니다. (웃음) 뭔가 길쭉한 것만 보면 "어 저거 혹시 뱀 아니야?"라고 의심하고 조심했던 조상들은 뱀에 물리지 않고 자식을 낳아서 우리를 만들어냈고요, "야! 뱀이 어딨…… 윽!" 이렇게 대범했던 조상들은 뱀에 물려서 다 죽었어요. (웃음) 자식을 못 만들었어요. 우리는 어떤 인간들일까요? "저거 뱀일지도 몰라" 하면서 늘 만에 하나 있을지도 모르는 현상에 민감한 겁쟁이들인 겁니다. 우리 인간은 이런 겁쟁이 뇌를 수만 년 전에 물려받았습니다. 그리고 이 복잡한 현대사회, 굉장히 과학적이고 이성적인 사회에서도 정글에서나 통할 법한 규칙들을 유지하면서 살고 있는 거죠.

미신에 친화적인 '뇌'

회의주의자이자 저널리스트인 셔머는《믿음의 탄생(The Believing Brain)》이라는 책에서 신경과학자 수전 블랙모어(Susan Blackmore)의 이론을 빌려 우리 뇌에 '믿음 엔진(belief engine)'이라는 게 있다고 주장합니다. 블랙모어에 따르면, 초자연적인 현상을 쉽게 믿는 사람들일수록 무작위 패턴 속에도 의미 있는 패턴이 존재한다고 믿고, 자연의 무작위적인 패턴을 보면서도 신의 메시지를 읽습니다. 누구나 믿음 엔진을 가지고 있는데요, 초자연적인 현상이나 미신을 쉽게 믿는 분들은 강력한 믿음 엔진을 뇌에 장착하신 분들이죠. 무작위적인 패턴에서 의미를 찾고 파악하는 건 인간의 가장 고등한 능력 중 하나입니다. 그런데 이런 능력을 나뭇가지 사이에서 뱀을 찾아내는 데 사용하지 않고 자연의 패턴에서 신의 메시지를 찾는 데 사용하면 미신을 믿게 되죠. 그들은 영험한 절대자가 우리한테 메시지를 주기 위해 자연에 그걸 숨겨 놓았다고 믿습니다. '오늘따라 새들이 날아가는 패턴을 자세히 보니 하느님이 나를 보고 방긋 웃고 계시네. 오늘 내가 한 일이 맘에 드셨나 봐.'라고 해석하는 식입니다. 구름 모양이 개를 닮았다면, '작년에 죽은 우리 집 개가 하늘에서도 내가 보고 싶은 마음을 저렇게 표현한 거 아닐까'라고 생각하는 식인 거죠.

자연은 날마다 너무나도 복잡한 패턴을 많이 만들어내고 있어서, 우리가 '눈 두 개, 입 하나를 가진 사람 얼굴' 같은 유사 패턴을 발견할 확률은 매우 높습니다. 하늘의 구름을 살펴보세요. 내 마음이 어떠냐에 따라서 평온한 양 떼처럼 보이기도 하고, 남편 얼굴로 보이기도 하며, 솜사탕이나 강아지, 기차 등 굉장히 다양한 모습들이 나오잖아요. 미신이나 초자연적인 현상을 쉽게 믿는 사람들은 모든 존재에는 이유가 있으며, 그 이유를 절대자가 우리에게 들려주려는 메시지로, 즉 자기중심적으로 파악하려는 특징이 있습니다. 파프리카를 딱 잘랐는데 그 단면에서 우울한 모습을 발견하면 '어, 나 오늘 무슨 안 좋은 일이 있으려나. 신이 계시를 내린 것 같아. 나 오늘 밖에 안 나갈 거야.' 이런 유의 생각을 하게 되는 거죠. '아, 하늘에 구름이…… 다음 대통령은 링컨을 닮으려나. 왜 이런 구름이 뜨는 거지? 어, 지금 저거, 신이 하늘로 올라가는 모습 같지 않나? 나만 본 건 아닌가?' 이러고요.

그런 분들은 음모론도 쉽게 믿지요. 음모론은 발견된 사실들 가운데 비어 있는 영역, 즉 설명이 되지 않는 영역을 메우고 싶어 하는 우리 본능과 관련 있습니다. 음모론은 사건과 사건 사이에 끊어져 있는 고리를 연결해 세상을 잘 짜인 스토리로 이해하려는 노력, 이를 위해 인과관계를 만들려는 노력의 산물입니다. 우리 뇌는 이야기를 만들어내는 놀라운 능력을 가지고 있습니다. 우리는 그 안에 굉장히 그럴듯한 이야기를 집어넣을 수 있어요. 그래서 세상의 모든 음모론들이 굉장히 그럴싸하게 들리는 겁니다. 음모론을 쉽게 믿는 분들은 '내 주변에서 벌어지는 현상들이 인과관계가 파악되어 원인을 알 수 있고 심지어 미래를 예측할 수 있기를 바라는 마음'이 간절한 분들입니다.

우리 뇌에는 도파민(dopamine)이라는 신경전달물질이 있습니다. 뇌 전역에 다양한 영향을 미치는 이 화학물질은 전대상피질(anterior cingulate cortex)이라 불리는 뇌 영역에서 아주 흥미로운 역할을 합니다. 바로 무작위적인 패턴 사이에서 어떤 의미 있는 패턴을 찾아내는 역할이지요. 나뭇가지들 사이에서 뱀을 발견하는 능력, 사막의 모래언덕 사이에서 도마뱀을 찾아내는 능력, 숲속에서 군복 입은 군인을 찾아내는 능력은 이곳에서 비롯됩니다.

만약 전대상피질에 도파민이 부족하면 패턴을 잘 발견하지 못합니다. 다시 말해 제2종 오류를 범할 확률, 패턴이 있는데 보지 못할 확률이 높아집니다. 뱀이 바로 앞 풀숲 사이에 있어도 알아채지 못할 가능성이 높아지는 거죠. 도파민 분비가 적절하면 패턴을 잘 찾을 뿐 아니라 창의적으로 패턴을 해석하기도 합니다. 복잡한 패턴 사이에서 생산적인 무언가를 발견하는 창의적인 예술가 혹은 과학자는 전대상피질의 도파민이 제구실을 잘하는 분들인 겁니다. 그런데 만약 이곳의 도파민 분비가 지나치면, 무작위적인 패턴에서도 쉽게 특정 패턴을 '만들어' 발견하게 돼요. 예를 들어 코카인이라는 마약은 도파민 상승제(dopamine agonist) 역할을 하는데, 코카인을 섭취하면 없던 패턴도 보이기 시작합니다. 조현증 환자처럼 도파민 분비가 과도한 경우에는 환청, 환상, 강박 등 존재하지 않는 것을 듣거나 볼 가능성이 높아집니다. 그런 분들에게 도파민 억제제(dopamine antagonist)를 투여하면 증세가 완화됩니다. 아직 진실은 잘 모르지만, 미신을 쉽게 믿는 분들의 뇌에선 전대상피질의 도파민 분비가 지나칠 수 있습니다.

미래를 미리 알면 행복할까

영국의 신경과학자 볼프람 슐츠(Wolfram Schultz)와 그의 동료들은 원숭이를 대상으로 흥미로운 실험을 한 적이 있습니다. 이 연구는 1997년 〈사이언스〉에 소개되기도 했는데요. 원숭이를 컴퓨터 스크린 앞에 앉혀놓고 스크린을 통해 다양한 도형을 제시합니다. 원숭이가 마우스를 직접 움직여 도형들을 클릭할 수 있도록 해주고, 그중 특정 도형(예를 들어 노란색 삼각형)을 클릭하면 오렌지주스 다섯 방울을 입 속으로 떨어뜨려주는 실험입니다. 그러면 원숭이는 다양한 도형들을 마우스로 클릭해보다가, 우연히 노란색 삼각형을 클릭하면 오렌지주스를 먹을 수 있다는 사실을 발견하고 기뻐하지요. 이때 흔히 '쾌락의 중추'라 알려진 측좌핵의 신경세포 활동이 활발히 증가하는 걸 관찰할 수 있습니다. 이런 경험을 몇 번 하고 나면, 이내 학습이 된 원숭이는 실험이 시작되자마자 노란색 삼각형을 클릭하고는 오렌지주스가 제공되길 기다려요. 원숭이에게 기다림과 기대감은 쾌락으로 작동합니다. 기다리는 동안 측좌핵의 신경세포는 난리가 나지요. 그런데 정작 오렌지주스가 나와서 먹는 동안에는 그다지 즐겁지 않습니다. 쾌락이란 그런 거죠. 기대했던 것이 나올 땐 기쁘지 않습니다. 기대하지 않았던 것이 나올 때, 기대 이상의 무언가가 나올 때 기쁨이 됩니다.

더 극적인 상황은 원숭이가 노란색 삼각형을 눌렀는데 오렌지주스를 두 방울만 제공해줄 때입니다. 원숭이가 오렌지주스 두 방울만큼만 기쁠까요? 그렇지 않습니다. 원숭이는 기대한 것보다 적게 나오는 상황에서 실망감이라는 고통을 경험합니다. 기쁨과 쾌락, 행복은 어디에서 오는 걸까요? 기대감에서 비롯되고요, 기대한 것보다 더 나은 상황일 때 우리는 기쁨과 행복을 느낍니다.

그런데 만약 오렌지주스가 아니라 전기충격이라는 부정적인 보상을 제공하면 결과는 완전히 반대가 됩니다. 전기충격이 올 거라는 사실을 모를 때에는 오히려 전기충격을 견딜 만합니다. 놀랍고 고통스럽지만 결국은 지나가니까요. 그런데 30초 후에 전기충격을 받는다는 사실을 알게 된다면, 그 30초는 그야말로 '지옥의 시간'이 됩니다. 고통이 올 거라는 사실을 알고 기다리는 시간만큼 끔찍한 시간도 없지요. 그래서 지금 10볼트짜리 전기충격을 받을래, 30초 후에 5볼트짜리 전기충격을 받을래 하고 제안하면 다들 더 강력하더라도 지금 전기충격을 받겠다

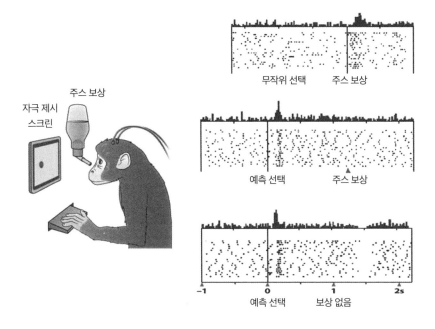

볼프람 슐츠의 보상심리 실험. 원숭이에게 오렌지주스를 보상으로 제시하고, 예측과 기대 여부에 따른 두뇌 반응을 측정했다. 예측하지 않은 보상을 받았을 때, '쾌락의 중추'로 알려진 측좌핵 신경세포의 활동이 가장 활발히 증가했다. (자료: Wolfram Schultz et al., 1997)

고 대답합니다.

이 실험이 우리에게 들려주는 메시지는 뭘까요? '행복은 예측할수 없을 때 더 크게 다가오고, 불행은 예측할 수 없을 때 감당할 만하다'라는 겁니다. 행복은 예측할 수 없는 뜻밖의 상황에서 기대 이상의 무언가를 얻었을 때 우리에게 찾아오고요, 이미 미래를 예측할 수 있다면 기대감이 사라진 상황에선 어떤 것도 행복하지 않습니다. 월급날월급이 들어올 때보다 지금 강연장을 나가다 복도에서 5만 원짜리 지폐를 주웠을 때 더 기쁜 것처럼, 행복은 보상의 크기에 비례하지 않고 기대와의 차이에서 비롯됩니다. 따라서 미래를 알 수 있다면 행복도 사라질 겁니다.

반면 불행은 미리 안다면 그 크기가 엄청날 겁니다. 우리가 불행이 닥친다는 사실을 몰랐을 때에는 결국 견디고 감내하지만, 예고된 불행은 그 순간 더 큰 불행의 시작이 됩니다. 당신이 5년 후에 치매에 걸린다는 사실을 알았다고 상상해보세요. 지금부터 5년 동안 어떤 삶을 살게 될까요? 아마 치매보다 더 큰 고통에 시달리게 될 겁니다. 다시 말하면, 우리는 미래를 예측할 수 없기에 행복은 더 크게 누리고 불행은 감당할 수 있는 존재가 되는 겁니다.

미신과 징크스는 미래를 통제하고 싶은 욕망에서 시작되지만, 미래를 통제하는 것이 결코 행복을 가져다주지 않는다는 사실을 깨달아야 합니다. 인생은 알 수 없기에, 미래는 예측할 수 없기에 흥미진진한 그리고 견딜 만한 탐험인 것입니다.

회의주의자로 살아가기

결국 중요한 건 '삶의 태도'라고 생각합니다. 저는 과학적인 사고, 이성적인 판단, 논리적인 추론이 우리의 일상으로 좀 더 들어왔으면 좋겠습니다. 여기서 말하는 합리적인 삶의 태도란 논리적인 관점에서 상황을 들여다보고 원인과 결과를 명확히 찾고자 노력하는 태도를 말합니다. 그런 의미에서 저는 여러분에게 '회의주의자'로서의 삶의 태도를 권해드립니다. 저는 회의주의자로 살기를 희망하며 그러려고 애쓰고 있습니다. 회의주의적인 삶의 태도란 어떤 것도 쉽게 믿지 않고, 원인과 결과의 관계를 생각해보려 애쓰는 태도를 말합니다. 근거를 중심으로 판단하고, 항상 내가 틀릴 수 있다는 열린 태도를 가지는 것을 말합니다. 알베르트 아인슈타인, 리처드 파인먼, 리처드 도킨스, 마틴 가드너 등 굉장히 많은 과학자들이 회의주의자였습니다.

무릇 과학적인 사고란 내가 경험한 것, 내 옆 사람이 경험한 것과 같은 일화(episode)와 그 사회에서 반복적으로 실제로 일어나는 통계를 구별하는 능력에서 출발합니다. 개별적으로는 어떠한 일도 벌어질 수 있지만 개인은 그것을 냉정하게 판단할 능력이 없습니다. 어떤 일이 실제로 반복적으로 벌어지고 그 일이 발생할 만한 개연성을 이해하게 됐을 때 비로소 존재하는 것이라고 믿는 태도, 내가 우연히 나 혼자만 아주 특별한 체험을 했다고 해서 그것을 존재하는 것으로 쉽게 믿지 않는 태도, 이것이 과학적인 태도의 출발이라고 봅니다. 그러기 위해서는 일화를 경험했다고 해서 그것을 쉽게 법칙으로 받아들이지 않는 태도가 필요합니다. "내 친구 아버지가 어제 돼지꿈을 꿨는데, 로또를 샀더니 2등에 당첨됐대" 같은 사건에 휘둘리지 않는 걸 말합니다. 돼지꿈을 꾸고 로또에 당첨된 사건이 발생했다고 해서 그 둘 사이에 인과관계가 성립되는 것은 아닙니다. 우리는 돼지꿈을 꾸었으나 아무 일도 벌어지지 않은 수많은 날들을 기억해야 합니다. 하나의 사건, 경험, 일화를 곧바로 증거라 받아들여서는 안 됩니다. 우연의 일치에 지나치게 의미를 부여해서는 안 됩니다. 원인과 결과의 관계를 명확히 확인해야 합니다. 사회현상에는 굉장히 많은 요인들이 영향을 미치며, 세상은 그렇게 단순하게 운행되지 않으니까요.

대표적인 회의주의자 중 한 사람이던 천문학자 칼 세이건(Carl Sa-gan)이 미국 캘리포니아 사우스 패서디나에 위치한 캘리포니아공과대학교(Caltech)에서 했던 강연의 한 대목을 소개하려고 합니다. 제가 굉장히 좋아하는 글입니다.

상충하는 두 가지 욕구 사이에 절묘한 균형이 필요하다고 생각합니다. 다시 말해, 우리 앞에 놓인 모든 가설들을 지극히 회의적으로 면밀히 검토하는 것과 동시에 새로운 생각에도 크게 마음을 열어야 한다고 생각합니다.

여러분이 뭐든지 의심하기만 한다면, 어떤 새로운 생각도 보듬지 못할 것입니다. 새로운 것은 아무것도 배우지 못한 채, 비상식이 이 세상을 지배하고 있다고 확신하는 괴팍한 노인네가 될 것입니다.

다른 한편으로, 귀가 가볍다 싶을 정도로 지나치게 마음을 열면, 그래서 회의적인 감각을 터럭만큼도 갖추지 못한다면 여러분은 가치 있는 생각과 가치 없는 생각을 구분하지 못하게 됩니다. 모든 생각들이 똑같이 타당하다면 여러분은 길을 잃고 말 것입니다. 결국 어떤 생각도 타당성을 갖지 못할 것이겠기에 말입니다.

– 칼 세이건, '회의주의가 짊어진 부담', 패서디나 강연, 1987

젊은 과학도들에게 제가 자주 들려주는 말이기도 한데요, 과학자는 일견 모순적으로 보이는 두 가지 태도를 모두 필요로 합니다. 하나는 어떤 가설이든 쉽게 믿지 않고 철저하게 의심하는 태도입니다. 이게 과연 맞을까, 이걸 내가 믿어야 할 근거는 충분한가, 혹시 잘못된 것은 아닐까 의심하고 회의하는 태도이지요. 그럼에도 불구하고, 그런 회의주의적인 태도가 진실을 외면하는 어리석음이 되어서는 안 됩니다. 세상에선 어떤 일도 벌어질 수 있고 실제로 가능하다는 열린 태도도 필요합니다. 무언가를 처음부터 '이건 절대 말이 안 되는 것', '비과학적인 것'이라고 단정짓고 어떤 것도 받아들이지 않는 태도는 진실을 외면하는 도그마에 빠질 위험이 있습니다. 그래서 과학자는 이 두 가지 태도를 모두 지녀야 합니다. 이 두 태도를 모두 가지고 있는 사람은 멋있습니다. 이런 태도는 훌륭한 과학자의 길로 인도할 뿐 아니라 누구나 성숙한 삶으로 이끌어줍니다. 새로운 생각을 받아들일 수 있게 해주며, 고정관념에 사로잡히지 않고 편견에 빠지지 않고 세상을 냉정하게 바라보도록 도와줍니다. 그런 면에서 꼭 과학도가 아니더라도 늘 꼼꼼히 따져보고 의심하는 동시에 어떤 것도 가능하다는 열린 태도를 함께 견지하는 것은 우리 모두가 가져야 할 태도가 아닌가 생각합니다.

'오늘의 운세'가 사라지는 날

회의주의를 제안하면서, 우리 사회에 만연한 '반지성주의'를 경계하고자 합니다. 반지성주의란 지성의 산물, 지적 노력과 성취를 그다지 존중하지 않거나 심지어 폄하하고 지적 유산을 소중하게 생각하지 않는 태도를 말합니다. 우리는 뭔가 과학적으로 접근한다고 하면 부정적으로 받아들이고, 합리적인 이성을 사용하는 것에 대해 반감을 품고 있습니다. 삶의 진실은 그렇게 만들어지는 것이 아니라고 믿죠. 사회는 그렇게 돌아가는 게 아니라고 말하면서요.

언제부터인가 우리 사회는 엘리트주의에 대한 거부감에 기반해서 전문가를 불신하는 사회가 되었습니다. 깨어 있는 시민이 등장한 현상은 고무적이며, 누구나 전문가가 될 수 있는 사회로 나아가야 하는 것은 맞지만, 전문가의 지식과 경험을 존중하지 않고 소중히 여기지 않는 사회가 지적 성취를 누적하고 문명을 발전시켜 나갈 수는 없습니다.

지성주의란 하나의 사상이나 생각에 몰입하지 않고, 우리 모두가 계속 생각하는 주체가 되는 것입니다. 인간의 지성으로 우주와 자연, 생명과 의식, 이 거대한 사회를 완벽히 이해할 수는 없겠지만, 인간의 지성을 폄하하는 태도로 그 본질에 접근하는 건 더욱 불가능합니다. 우리 사회가 지성주의에 의지한다면 미신이나 초과학적인 현상에 쉽게 열광하지 않게 될 것입니다.

여러분이 오늘 제 강연에 공감하신다면, 집으로 돌아가서 미신과 싸워보는 노력을 해보면 어떨까요? 제가 하얀 종이에 빨간펜으로 제 이름을 썼듯이, 여러분도 실천해보는 겁니다. 우선 밤에 휘파람을 불면서 다리를 떨고 손톱을 깎아보는 겁니다. (웃음) 그리고 베개를 세워서 기댄 다음에 테이블 모서리에 앉아서 밥을 먹고요. 여러 사람이 테이블에 둘러앉을 때 다들 모서리에 앉지 않으려고 하면 '제가 앉겠습니다'라고 자청하는 겁니다. (웃음) 그렇게 해도 아무 일이 벌어지지 않는다면, 그걸 인스타그램과 페이스북에 올려주세요. 책상에 앉아 다리를 떨지 말아야 하는 건 상대방에 대한 예의가 아니고 책상이 흔들려서 남에게 불편을 주기 때문이지, 복이 나갈까 봐는 아니라는 사실을 주변에 전파하는 게 중요합니다. 연인에게 신발을 선물하세요. 여자 친구에게 구두를 선물하세요. 신발을 선물한다고 떠나지 않습니다. 원래 연인들은 대개 떠납니다. 다양한 이유로요. (웃음) 미신 때문에 사랑하는 사람에게 근사한 구두와 운동화를 선물할 기회를 놓치지 마세요. 사랑하는 사람에겐 어떤 것도 아끼지 마세요.

술을 자작하는 문화도 한번 만들어봅시다. (웃음) 혈액형별 성격 이런 거 믿지 마시고, 분신사바 이런 거 하지 마세요. 행운의 편지 받으면 많은 사람이 보는 앞에서 박박 찢는 퍼포먼스를 해보자고요. 억지로 하지는 마시고, 마음이 감당할 수 있는 범위 안에서만 실천해보세요. 잘못된 미신과 헛된 금기를 깨는 통쾌함을 맛보시고, 불행이 찾아오면 어쩌나 하는 두려움을 줄여나가는 삶을 살아보세요. 비이성적인 것들에 우리 삶이 휘둘리지 않도록 합시다.

제가 꿈꾸는 사회는 주요 일간지에서 '오늘의 운세'가 사라지는 사회입니다. 오늘의 운세 믿나요? 다들 안 믿으시죠. 그런데 오늘의 운세가 나오면 안 봅니까? 있는데도 안 보시나요? 안 믿지만 있으면 보죠. 그것이 비합리의 시작입니다. 주요 일간지에서 오늘의 운세가 사라지는 날을 꿈꿔봅니다. 궁합이나 사주에 휘둘리지 않고, 오로지 의지와 노력으로 우리의 행복을 스스로 결정하겠다는 믿음이 널리 퍼졌으면 합니다. 합리적인 사회를 우리 함께 만들어갑시다.

2부 ● 아직 오지 않은 세상을 상상하는 일

:: 뇌과학에서 미래의 기회를 발견하다

일곱 번째 발자국

창의적인
사람들의 뇌에서는
무슨 일이
벌어지는가

인간의 지적 능력은 얼마나 많은 방법을 알고 있느냐로 측정되는 것이 아니라,
뭘 해야 할지 모르는 상황에서 어떤 행동을 하느냐로 알 수 있다.

존 홀트(John Holt)

이번 강연은 미학자이자 논객이신 동양대학교 진중권 교수님과 함께 썼던《정재승+진중권의 크로스》라는 책의 구상을 처음 떠올렸을 때의 일화를 소개하는 것으로 시작하려 합니다. 이 책 다들 읽어보셨죠? (웃음) 현대 지식인의 필독서! (웃음) 진중권 선생님과 제가 21세기를 관통하는 문화 키워드를 가지고 에세이 형식으로 쓴 책입니다. 진 선생님은 인문학자의 관점에서, 저는 과학자의 관점에서 각각의 키워드를 해석하고 두 사람의 관점 차이를 비교할 수 있도록 구성한 책이죠. 제가 이 책의 아이디어를 떠올리게 된 2005년 1월 어느 날의 일화를 소개하려고 합니다.

감정을 읽는다는 것

2005년 1월 6일 자 〈네이처〉가 저한테 배달되었습니다. 뜯어보니까 아주 인상적인 표지가 저를 노려보고 있더군요. 표지에 실린 한 사람의 얼굴, 그중에서도 눈이 도드라져 보였습니다. 우리는 사람의 눈만 보고도 그 사람의 감정을 얼추 짐작할 수 있습니다. 인간에게는 아주

어릴 때부터 사람의 이목구비 형상을 통해 이 사람이 어떤 감정 상태인지를 읽어낼 수 있는 능력이 있습니다. 남의 감정을 빨리 읽는 능력은 자신의 생존이나 짝짓기에 매우 중요했을 테니까요.

그런데 그 기능을 잃어버린 환자가 있습니다. S.M.이라는 환자인데요, 참고로 과학자는 환자를 연구할 때 사생활 보호를 위해 그의 실명 대신 이렇게 이니셜을 사용합니다. 이 환자는 10대 시절 편도체(amygdala)가 심하게 줄어드는 증세를 겪게 되었습니다. 신경과학자들은 이 환자가 어떤 기능을 제대로 수행하지 못하는지 관찰해 편도체의 기능을 탐구할 수 있었습니다. 그 결과, 편도체가 제 기능을 못하면 감정을 제대로 못 만들어내고 자기가 어떤 감정 상태인지 잘 해석하지 못한다는 사실을 알게 됐습니다. 특히 공포 반응에 대해 그렇습니다.

그런데 이번 논문에서는 더욱 놀랍게도, '그는 자신의 감정을 제대로 해석하지 못할 뿐 아니라, 다른 사람의 얼굴을 보고도 그 사람이 어떤 감정인지를 읽어내지 못한다'는 연구결과를 담고 있었습니다. 통상 우리는 사람 얼굴을 보면 제일 먼저 눈에 시선이 갑니다. 그리고 입으로 옮겨가죠. 그래서 눈과 입을 번갈아 보면서 그 모양과 움직임을 통해 상대가 어떤 감정 상태인지 알아챕니다. 기쁨, 슬픔, 놀람, 역겨움, 공포, 분노 같은 기본적인 감정은 물론, 섬세하고 복합적인 감정까지도 읽어냅니다.

그런데 왜 S.M.은 타인의 얼굴에서 감정을 제대로 읽어내지 못하는 걸까요? 아이오와대학교 의과 대학에서 신경과 교수를 지낸 안토니오 다마지오(Antonio Damasio) 교수와 그의 동료들은 시선추적장치(eye

타인의 얼굴에서 감정을 읽지 못하는 편도체 손상 환자의 연구 사례를 담은 <네이처> 2005년 1월호 표지.

tracker)를 통해 이 환자가 타인의 얼굴을 볼 때 어디를 어떤 순서로 보는지 알아보았습니다. 이 환자의 동공이 어느 곳을 향하는지, 즉 어디를 보는지 추적해본 겁니다. 그랬더니, 놀랍게도 이 환자의 시선이 머무는 곳은 '코'와 '귀'였습니다. 코와 귀의 형상으로 타인의 감정을 읽을 수 있을까요? 여러분 제게 '우울한 코'를 보여주세요. (웃음) '유쾌한 귀' 보여주세요! (웃음) 쉽지 않죠. 우리는 귀나 코에 감정을 실을 수 없습니다. 타인의 감정을 읽기 위해 눈이랑 입을 봐야 하는데, S.M.은 그 영역을 제대로 보지 않아 감정을 읽지 못하는 겁니다. 자신의 감정을 느끼거나 해석하거나 표현하는 데 서툴다 보니 자신도 눈과 입에 감정을 싣지 못하고, 그러다 보니 타인의 얼굴을 보고도 어디를 봐야 감정을 읽을 수 있는지 잘 몰라 엉뚱한 곳을 보게 된다는 거죠.

그날 저는 이 논문을 읽고 제 연구주제도 아닌 이 주제가 너무 재미있어서 완전히 매료된 나머지 하루 종일 관련 논문들을 뒤져보게 됐습니다. 그중 흥미로운 연구결과를 발견했는데, '타인의 얼굴을 보며 감정을 읽는 방식에 있어 동양인과 서양인이 서로 다르다'는 겁니다. 서양 사람들은 주로 타인의 입을 보면서 그 사람의 감정을 읽는 반면, 동양 사람들은 입을 오래 보지 않습니다. 주로 눈을 보면서 그 사람의 감정을 읽는다는 거지요. 다시 말해, 눈과 입이 자신의 감정을 싣거나 남의 감정을 읽는 데 굉장히 중요한 부위인 건 맞는데, 중요한 정도가 동서양 사람들에게 서로 다르다는 겁니다. 동양 사람들에겐 눈의 형상이 중요하고, 서양 사람들에겐 입이 중요하다는 거죠.

헬로키티에서 동서양을 읽다

제가 이 논문을 읽고 나서 문득 떠오른 것이 사람들이 문자에서 사용하는 '이모티콘'이었습니다. 여러분, 동양인과 서양인이 사용하는 이모티콘이 서로 다르게 생긴 거 아세요? 서양 사람들의 이모티콘에는 눈이 자세히 그려져 있지 않습니다. 대부분 눈은 콜론[:]으로 표시하고, 주로 입으로 여러 가지 감정을 표시합니다. 제일 유명한 것은 스마일이고요[:)], 찡그리거나 우울하거나 웃는 감정들을 주로 입으로 표시하죠. 그런데 우리나라 사람들이 사용하는 이모티콘을 떠올려보세요. 감정 표현을 대부분 눈으로[^^] 합니다. 입은 아예 그리지도 않는 경우가 많습니다. 하트가 뿅뿅 날아다니고요, 골뱅이 튀어나오고, 눈물 찔끔, 땀 삐질. 주로 눈 주변에서 굉장히 많은 일이 벌어집니다. (웃음) 그러니까 동양인은 주로 다른 사람의 눈을 보고 감정을 읽기 때문에 글자로 감정을 표현할 때에도 눈의 변화가 많은 이모티콘을 사용하는 것이 아닐까요? 서양인들은 반대고요. 너무 재미있었습니다. 과학적인 논문으로 생활현상을 설명할 수 있다는 사실이 무척 흥미로웠습니다.

그러다가 이내 생각이 미친 곳이 '헬로키티'였습니다. 제가 예전에 헬로키티를 만드는 회사에서 강연을 한 적이 있었는데요, 거기서 한 임원이 제게 질문을 했습니다. "헬로키티가 아시아에서는 굉장히 인기를 끄는데, 미국이나 유럽에서는 기대하는 것만큼 큰 인기를 못 끌고 있다. 왜 동양 아이들은 헬로키티를 좋아하고, 서양 아이들은 덜 좋아하느냐? 동서양 아이들의 뇌가 서로 근본적으로 다른 거냐?"

저는 그때 동서양 아이들의 뇌가 근본적으로 차이를 보인다는 연구결과는 꾸준히 발표되고 있으며, 특히 만화 캐릭터를 볼 때 서양 아이들은 캐릭터 자체의 특징에 집중하는 반면, 동양 아이들은 배경과 함께 만화 캐릭터를 해석한다는 연구결과를 소개했습니다. 따라서 캐릭터를 해석하는 방식도 동서양 아이들이 달라서 그것이 선호에도 영향을 미쳤을 거라고 답을 드렸습니다. 그러나 동서양에서 헬로키티의 인기도가 차이 나는 이유에 대해 좋은 답변을 드리지는 못했습니다.

청중의 질문에 좋은 답을 하지 못하면, 강연자는 오랫동안 그 질문을 화두처럼 마음속에 새깁니다. 제가 그런 강연자입니다. (웃음) 이 질문이 마음속에 오래도록 새겨져 있었습니다. 그런데 〈네이처〉에 실린 논문으로 시작된 그날의 논문 읽기가 이모티콘에 이르자, 불현듯 헬로키티가 다시금 떠오른 겁니다.

헬로키티는 사실 이상한 녀석입니다. 눈은 있는데 입은 없는 고양이죠. 제가 방금 소개해드린 논문을 바탕으로 해석해보자면, 동양 아이들은 눈에서 감정을 읽기 때문에 눈이 있는 헬로키티에게 공감이나 동일시가 가능합니다. 다만 헬로키티 눈은 항상 중성적이어서 특별히 슬퍼 보이지도, 그렇다고 기뻐 보이지도 않습니다. 그렇기 때문에 내가 기분이 좋으면 헬로키티가 나를 방긋 웃으며 보는 것 같고, 내가 기분이 우울하면 얘도 나를 뚱하게 보는 것처럼 여겨집니다. 감정 이입이 쉽고 동일시가 잘돼서 '곁에 두고 싶은 캐릭터'일 수 있는 거죠. 반면 서양 아이들이 보기에 헬로키티는 기괴한 캐릭터입니다. 그들에겐 감정을 읽을 만한 실마리인 입이 없다는 것이 매우 이상하게 느껴졌을 겁니다. 헬로키티의 얼굴이 매우 불완전하다고 여겼을 거예요. 우리로 따지면 '눈이 없는 고양이'라고나 할까요? 섬뜩하겠죠? 그래서 곁에 두고 싶거나 동일시가 쉬운 캐릭터가 아닐 수 있겠다는 생각이 들었습니다.

2005년 1월 어느 날, 저는 〈네이처〉에 실린 한 편의 논문을 읽고 하루 종일 논문 여행을 하면서, 생각이 꼬리에 꼬리를 물고 이모티콘을 거쳐 헬로키티까지 세상의 온갖 것들을 섭렵하는 흥미로운 경험을 했습니다. 아주 유쾌하고 놀라운 지적 경험이었습니다. 저는 이 경험을 다른 사람들도 함께 즐기면 좋겠다고 생각했습니다. 아마 헬로키티를 인문학자나 사회학자, 혹은 예술가가 살펴본다면 전혀 다른 방식으로 그 의미를 읽어내겠지요? 그래서 진중권 선생님에게 연락해, 하나의 물건 혹은 사회현상에 대해 인문학자와 자연과학자가 서로 다른 관점에서 바라보는 글을 연재해보자는 제안을 드렸습니다. 그리고 그렇게 쓴 글을 묶어 펴낸 책이 《정재승+진중권의 크로스》였습니다.

이렇게 생각과 관점의 크로스는 우리에게 유쾌하면서도 생산적이고, 흥미로우면서도 경이로운 지적 체험을 제공합니다. 흔히 창의적인 사람들의 특징 가운데 하나가 '자신이 알고 있는 지식을 세상과 연결하는 경험을 즐긴다'라고 들었는데, 저는 그날 그런 경험을 제대로 해본 셈이 됐지요. 제가 알고 있는 지식이라는 게 대개 학교 다닐 때 전공했던 것이거나 지금도 관심을 갖고 오랫동안 논문과 책을 읽으며 깊이 들어갔던 지식들일 텐데, 그것을 세상을 바라보는 데 적용해본 적은 별로 없었습니다. 논문 속 지식이 세상과 연결되어 제게 통찰을 주는 경험은 저 혼자만 알기에는 아까운 '경이로운 경험'이었습니다. 그리고 저는 훗날 깨닫게 됐습니다. 그것이 바로 '혁신적인 리더들이 창의적인 아이디어를 떠올릴 때 종종 그들의 뇌에서 벌어지는 현상'이라는 사실을요.

창의적인 사람들의 생각법

다들 창의적인 사람은 어떻게 만들어지는지 궁금하시죠. 아직 인류는 '창의적인 발상으로 가는 지름길'을 발견하진 못했습니다. 창의성에 관한 연구는 이제 걸음마 단계입니다. 다만 우리는 창의성의 본질에 접근할 수 있는 작은 단초들을 찾아내기 시작하고 있습니다. 창의성과 관련해서 몇 가지 흥미로운 질문을 던져볼까요?

우선 창의성과 지능은 상관이 있을까요, 없을까요? 이 둘은 사실 완전히 다른 기능입니다. 지능은 기존 지식과 절차를 빠르게 습득하는 능력이고, 창의성은 지식과 절차를 모를 때 문제를 해결하는 능력입니다. 이 둘은 연관이 있을까요? 있기도 하고 없기도 합니다. (웃음) 무슨 얘기냐면, IQ 110 이하의 피험자군에서는 IQ가 높을수록 창의성('토렌스 창의성지수'로 측정될 수 있습니다)도 높아집니다. 그런데 110~120이 넘어가면, 150이라고 해서 더 창의적이진 않습니다. 다시 말해서 창의적이려면 어느 정도 지적인 능력은 있어야 하지만, 일정 수준을 넘으면 지능이 높다고 창의성이 높아지는 것은 아닙니다. IQ 100이 무슨 뜻인지 아시죠? 정신연령을 신체연령으로 나눈 후 100을 곱한 것이 지능입니다. 열 살 때 열 살 수준의 지적 능력이 있으면 IQ 100인 겁니다.

두 번째 질문입니다. 바둑을 둘 때 7급인 사람이 머리를 많이 쓸까요, 7단인 사람이 머리를 많이 쓸까요? 잘 모르시겠다는 표정이네요. (웃음) 질문을 바꿔보겠습니다. 운전면허를 딴 지 일주일 된 사람이 운전할 때 머리를 더 많이 쓸까요, 운전경력 7년 된 사람이 머리를 더 많이 쓸까요? (웃음) 이제 아시겠죠? 일주일 된 사람이 훨씬 더 많이 씁니다. 바둑이 7급인 사람은 아무것도 없는 바둑판에 바둑돌을 올릴 때마다 머리에서 난리가 납니다. (웃음) 아주 중요한 상황에서 전세를 역전시킬 만한 수를 찾는 순간이라고 해서 특별히 더 지적인 능력을 발휘할 수는 없는 거죠. 바둑 7단인 사람은 중요하지 않은 순간에는 별로 머리를 쓰지 않고도 바둑을 둘 수 있을 만큼 숙련돼 있습니다. 그래야 진짜 중요한 상황일 때 자신의 인지적 에너지를 확 모아서 사용할 수 있습니다. 창의적인 사람은 암기를 안 할 것이라는 편견이 있습니다만, 전혀 그렇지 않습니다. 많은 지식을 머리에 저장하고 중요한 기술은 몸에 체화하면서 기본적인 것을 훈련을 통해 학습해야, 매우 중요한 순간에 인지적인 에너지를 발휘할 수 있습니다. 수학 올림피아드에 나가는 수학 영재들은 중간고사나 기말고사 수준의 문제를 풀 때 뇌 활동이 크게 늘어나지 않습니다. 수학 올림피아드 출제 문제 정도가 나오면 그제야 뇌의 여러 영역이 서로 활발히 신호를 주고받지요. 반면 평범한 중학생들은 중간고사 수준의 수학 문제만 줘도 뇌에서 불이 납니다. (웃음) 훈련이 충분하지 않아 그 정도 수준의 문제를 푸는데도 많은 인지적 노력이 필요한 거죠. 반면 그들에게 수학 올림피아드 수준 문제를 주면, 뇌에서 아무 일도 벌어지지 않습니다. (웃음)

그런 의미에서 '1만 시간의 법칙' 같은 가설은 의미가 있습니다. 스웨덴 출신 심리학자 안데르스 에릭슨 교수(플로리다주립대학교)에 따르면, 청춘의 시기에 무언가에 1만 시간 정도 집중해서 훈련하면 뛰어난 성취를 할 수 있다고 하죠. 전문적인 악기 연주자와 아마추어 연주자, 중학교 음악 선생님 간의 차이가 무엇인지 추적하던 그는, 그들의 어린 시절 재능에는 큰 차이가 없었으나 10대 시절 연습량이 1만 시간, 8000시간, 4000시간으로 서로 달랐다는 사실을 발견하면서 1만 시간의 법칙을 세상에 내놓았죠. 저널리스트 말콤 글래드웰이 자신의 저서 《아웃라이어(Outliers)》에 이 법칙을 소개하면서 더욱 화제가 됐습니다. 그만큼 창의적인 성취를 위해서도 훈련이 중요하다는 뜻입니다.

물론 노력한다고 해서 우리 모두가 천재적인 업적을 낼 수 있는 건 아닙니다. '천재는 1퍼센트의 영감과 99퍼센트의 노력으로 이루어진다.' 우리 모두 잘 알고 있는 말이죠. 실제로 토머스 에디슨이 이 말을 언제, 어떻게 했느냐 하면, 상황은 이렇습니다. 에디슨이 제너럴 일렉

트릭(General Electric)이라는 회사를 차리고 엄청난 돈을 벌었어요. 이 회사에서 미국에 전기를 다 깔고 수많은 가전제품을 만들었지요. 그래서 〈라이프〉라는 잡지가 그와 인터뷰를 했습니다. 기자가 "하나의 아이디어를 내기도 어려운데 당신은 수많은 아이디어를 냈고, 그걸 상업적으로 상용화하는 건 쉽지 않은 일인데 당신은 그 아이디어들을 상용화하는 데 대부분 성공했습니다. 어떻게 그런 일이 가능했나요?"라고 물었더니, 에디슨이 이렇게 말했다고 합니다. "그야 99퍼센트가 노력이죠. 그런데 사람들은 모두 저처럼 노력을 합니다. 저는 그들이 갖고 있지 않은 1퍼센트의 영감이 있습니다." 그러니까 사실 에디슨은 잘난 척을 한 거예요. (웃음) '우리 모두 다 열심히 일하잖아. 나도 열심히 하는데, 그런다고 다들 나처럼 되는 건 아니야. 나는 너희에게 없는 1퍼센트의 영감이 있어.' 이런 속마음이 있었던 걸지도 모릅니다. 도대체 창의적인 영감은 어디서 만들어지는 걸까요? 우리의 뇌는 어떻게 독창적인 발상을 하는 걸까요?

은유란 최고의 창의적 발상

고대 그리스의 철학자 아리스토텔레스에게 "예술이 가진 창조성의 근원은 무엇입니까?"라고 물었을 때, 그는 그것을 '은유(metaphor, 메타포)'라고 대답했다고 합니다. '그녀의 눈동자는 맑은 호수다'처럼, 전혀 상관없는 것인 눈동자와 호수를 연결하여 새로운 등식을 만들어내는 은유 말입니다. 'A는 B다'에서, 훌륭한 은유일수록 A와 B가 멀리 떨어저 있다고 아리스토텔레스는 말했지요. 굉장히 멀리 떨어져 있는 것을 서로 연결하는 능력, 이것이 실제로 창의적인 사람의 뇌에서 공통적으로 보이는 현상이라는 사실을 21세기 신경과학자들은 실험을 통해 알아내게 됩니다. 아리스토텔레스가 2000년 전에 얻은 통찰을 말이지요.

신경과학자들은 창의적인 발상의 실마리를 신경과학적인 접근으로 찾을 수 있다고 믿습니다. 그래서 연구자들은 실제로 창의적인 사람들이 기발한 발상을 했을 때 뇌에서 어떤 일이 벌어지는지 살펴보기 위해, 창의적인 실험참가자들을 fMRI 안에 눕혀놓고 그들의 뇌를 찍었습니다. 그 시도는 대부분 실패했지만 흥미로운 결과를 만들어내기도 했습니다. 예를 들어, 바둑 7단 기사에게 fMRI 안에서 바둑을 두게 하고 40분 동안 뇌를 찍었습니다. 그러고 나서 나중에 복기를 하면서, 불리한 전세를 뒤엎는 창의적인 수를 두기 전에 그의 뇌에서 무슨 일이 벌어졌는지 살펴보았습니다. 또 수학 영재들이 어려운 수학 문제를 풀다가 창의적인 해법이 떠오르는 순간 그들의 뇌에선 무슨 일이 벌어졌는지 살펴보았습니다. 런던의 택시운전사가 일방통행로가 많은 런던 시내에서 목적지에 가기 위해서는 어떤 식으로 상황을 판단하는지도 살펴보았습니다. 물론 간단하면서도 어려운 문제를 제시하고 풀어보게 하면서, 창의적인 아이디어가 떠오르는 순간, 이른바 '아하! 모멘트'를 측정하기도 했지요.

그 결과, 창의적인 아이디어가 만들어지는 순간 평소 신경 신호를 주고받지 않던, 굉장히 멀리 떨어져 있는 뇌의 영역들이 서로 신호를 주고받는 현상이 벌어지더라는 겁니다. 전두엽과 후두엽이, 측두엽과 두정엽이 서로 신호를 주고받으면서 함께 정보를 처리할 때 창의적인 아이디어들이 나온다는 거죠. 창의성은 전전두엽 같은 가장 고등한 영역에서 만들어지는 기능이 아니라, 뇌 전체를 두루 사용해야 만들어지는 능력이라는 겁니다. 평소 연결되지 않는, 멀리 떨어져 있는 영역끼리 신호를 주고받고 연결된다는 것은 어떻게 해석할 수 있을까요? 이건 연구자들의 해석입니다만, 어떤 문제를 다른 각도로 바라보거나, 상관없는 개념들을 서로 연결하고, 추상적인 두 개념을 잇는 일이 그들의 뇌에서 벌어지는 것처럼 보입니다. 뮤즈가 우리의 뇌에 영감을 제공할 때, 이렇게 뇌에서는 온 영역들의 파티가 벌어지는 모양입니다.

저는 이런 해석에 동의합니다. 제가 KAIST에서 학생들을 대상으로 했던 창의성 워크숍에서 사용한 훈련 방법 하나를 소개할까요? 학생들에게 '이야기 만들기' 과제를 줍니다. 설정은 다음과 같습니다. 40대 여성이 비싼 가방을 들고 거리를 걸어가고 있습니다. 그런데 열다섯 살 남루한 소년이 그 가방을 잽싸게 낚아채 달아납니다. 과연 이들에게 3시간 전, 무슨 일이 있었을까요? 그들에게 있었던 사건을 기술하는 과제입니다.

그런데 워크숍에 참석하는 학생 중에서 한 그룹의 학생들에게는 강의실에 그대로 앉아 과제를 수행하게 하고요, 다른 그룹의 학생들은 제 연구실로 데리고 옵니다. 제 연구실에는 책이 굉장히 많거든요. 제 책장에서 아무 책이나 꺼내게 합니다. 그리고 아무 페이지나 펼쳐서, 거기 있는 문장 하나를 고르게 합니다. 이번에는 다른 책을 뽑아 다시 임의의 페이지에서 한 문장 고르게 합니다. 이렇게 두 문장을 고르게 한 다음, 위의 과제를 수행하는 겁니다. 위의 설정으로 이야기를 만들되, 이 두 문장이 반드시 들어가도록 만들어보라고 하는 거죠.

그러면 어떤 결과가 나오는지 아세요? 첫 번째 그룹에서는 무난하지만 다소 뻔한 이야기가 만들어집니다. 가만히 앉아 이야기를 만들라고 하면, 우리는 예전에 본 영화, 소설, 드라마, 만화 등을 바탕으로 이것저것 떠올리며 이야기를 구성하죠. 반면 두 번째 그룹의 학생들은 엉뚱한 두 문장을 사용해야 하는데, 이 두 문장 사이를 메우기 위해서 우리는 평소 이야기를 만들 때 사용하지 않던 엉뚱한 뇌 영역을 사용하게 됩니다. 이야기를 만들어내는 영역이 아니라, 인과관계를 만들어내는 영역 말입니다. 우리는 주변에서 벌어지는 일들이 인과관계로 잘 설명이 되어야 안심합니다. 그래서 이 영역을 이용해 주변에서 벌어지는 사건을 인과관계로 해석하려고 노력합니다. 이 영역은 평소 음모론을 만들어내는 영역으로 추정됩니다. (웃음) 그런데 이 영역을 사용해 이야기를 만들어내게 하면, 흥미로운 결과가 나옵니다. 그들이 고른 문장에 따라 영 이상한 이야기가 나오기도 하지만, 아주 기발한 이야기가 나오기도 합니다. 실패의 확률이 더 높긴 하지만, 걸작도 만들어집니다.

저도 글을 쓸 때 비슷한 원리를 사용합니다. 만약 DNA에 관한 글을 써야 한다면 DNA에 관한 책들은 별로 뒤적이지 않습니다. 오히려 문학 서적을 뒤적거리죠. 그런데 그곳에서 DNA를 설명할 수 있는 절묘한 예제나 비유를 찾게 되면, 그때부터 글이 저절로 술술 풀립니다. DNA에 관한 책들을 뒤적거린다면, 기존의 글들과 유사한 글이 나오겠지요.

도둑의 눈으로 바라본 십자가

KAIST에서 5년 동안 학생들에게 진행했던 창의성 워크숍은 제게도 흥미로운 경험이었습니다. 창의적인 사고를 북돋는 방법을 가르치고 그들에게 무슨 변화가 일어나는지 알아보는 워크숍이었는데요, 학생들에게 창의적인 사람들의 뇌에서 벌어진다는 현상을 소개하고, 그들이 자신의 뇌를 그렇게 사용할 수 있도록 가르쳐주었습니다. 그 과정이 제게도 많은 창의적인 발상 연습이 되기도 했습니다.

그중에 이런 훈련법도 있었습니다. 여러분 앞에 크고 하얀 종이 한 장이 있습니다. 거기에 펜으로 예수 그리스도가 십자가에 매달려 있는 형상을 한번 그려보시죠. 예수가 십자가에 매달린 형상을 그려보시되, 십자가에 매달린 예수의 심정을 잘 표현하면 더 좋습니다. 저는 기독교 신자가 아닙니다. 불경스러울까 걱정 마시고 자유롭게 그리십시오. 예술적으로 그리실 필요도 없습니다. 제가 3분을 드리겠습니다. 각자 그려보시지요.

자, 3분이 지났습니다. 제게 어떻게 그렸는지 보여주지 않아도 됩니다. 안 보여주셔도 여러분이 어떻게 그렸을지 얼추 짐작이 되니까요. (웃음) 보통 그림을 그리는 과정에 따라 사람들을 크게 세 부류로 나눌 수 있습니다. 첫 번째 부류의 사람은 종이를 딱 편 다음에 십자가를 크게 그립니다. 그 위에 한 사람을 얹어 놓습니다. 예수 그리스도의 심경을 잘 표현해 달라고 했기 때문에 얼굴에 약간의 정밀묘사가 들어갑니다. (웃음) 표정을 조금 강하게 그리는 분도 있고요, 손에 박힌 '못' 부분에 피가 흐르는 것을 표현하기 위해 핏방울을 그리는 분도 있고요, 가슴의 칼자국이나 흐르는 피를 강조한 분도 있습니다. 두 번째 부류는 예수를 먼저 그리고 뒤에다 십자가를 둘러치듯 그립니다. 순서가 바뀐 거죠. 세 번째 부류는 어떤 분들일까요? "나는 원래 이런 거 안 해요. 이런 걸로 제 심리를 파악하려 하지 마세요." 하면서 안 그리는 분들입니다. (웃음) 그러면서 옆 사람이 어떻게 그리는지는 궁금해하면서 훈수 두는 분들도 있습니다. (웃음) 본인의 종이는 하얀데.

여러분이 십자가를 그렇게 그리는 것은 굉장히 자연스럽습니다. 왜냐하면 여러분은 지금까지 살면서 거의 '정면에서 바라본 십자가'밖에 본 적이 없기 때문에, 보통 십자가를 그리라고 하면 이런 식으로 머릿속에 떠올립니다. 우리는 우리가 경험하고 알고 있는 지식 범위 안에서 인식합니다.

그런 의미에서 다음 작품을 보여드리겠습니다. 살바도르 달리가 그린 〈십자가의 성 요한의 그리스도〉라는 작품입니다(212쪽을 보세요). 감동적이죠? 이 작품이 얼마나 훌륭한지는 직접 손으로 십자가를 그리며 '내가 예수 그리스도의 마음을 잘 이해할 수 있는 십자가를 어떻게 그릴까?' 고민한 분들만이 느낄 수 있습니다. 그래서 제가 이 그림을 보기 전에 그림을 그려보는 기회를 드린 겁니다.

스코틀랜드 글래스고에 있는 켈빈그로브 미술관에서 저는 처음 이 십자가 작품을 봤습니다. 이 작품을 보고 너무 감동적이어서 10분간 자리를 뜨지 못했어요. 제가 한 번도 생각해본 적이 없는 각도의 십자가였거든요. 만약 신이 있다면, 그 신이 아버지의 마음으로 내려다본 십

살바도르 달리, 〈십자가의 성 요한의 그리스도〉.
(Christ of Saint John of the Cross, 1951)

자가였습니다. 우리는 이 작품에서 예수 그리스도의 얼굴을 보지 못하지만, 그가 얼마나 절망적이고 고통스러웠을지 짐작할 수 있습니다. 그를 여기에 이렇게 못 박은 세상이 예수의 발아래에 표현돼 있습니다.

창의성이란 무엇일까요? '사람들이 십자가를 그리라고 하면 어떻게 그릴 것이다'라는 걸 먼저 생각한 다음에 '어? 그런데 왜 꼭 그렇게 그려야 하지? 나는 다르게 그려보자.' 거기서부터 출발하는 겁니다. 쉬운 생각이 아니죠. 남과 다른 각도에서 문제를 바라본다는 것은 매우 중요하고 쉽지 않지만, 그렇게 하려고 애쓰고 노력하는 것으로부터 창의적인 발상은 시작됩니다.

그러면 제게 다시 물어보고 싶으실 겁니다. "다른 각도에서 문제를 바라보는 게 중요한 건 저도 안다고요! 그런데 그걸 하려면 어떻게 해야 하는지 모르겠어요." 저도 압니다. 여러분이 그게 궁금하시다는 것을. (웃음) 그런데 만약 제가 여러분에게 "어떤 문제든 창의적인 답을 얻기 위해서는 다른 각도로 문제를 바라봐야 하는데, 그러기 위해서는 다음 여섯 가지 법칙을 따라해보세요. 그러면 우리는 창의적인 결과물을 얻게 됩니다."라고 답할 수 있다면, 이제 그 방법은 더 이상 창의적인 사고가 아닐 겁니다. 누구나 그 방법을 써서 똑같은 답을 만들어내는 건 '창의적이다'의 정의에 위배됩니다. '창의적'이라 함은 많은 사람이 일반적으로 사용하는 방식과는 매우 다른 방식을 사용해서 일반적으로 얻게 되는 결과보다 더 나은 결과를 얻는 것을 말합니다. 그러니 어떤 절차가 일반화되는 순간, 더 이상 그건 창의적인 접근이 아닙니다. 그렇기 때문에 제가 그걸 답해드릴 수는 없습니다.

그렇다면 창의적이려면, 다시 말해 내가 남과 다른 각도로 문제를 바라보려면 어떻게 해야 할까요? 제가 이런 비유를 들어볼게요. 여러분 중에 교회 다니는 분들, 이번 주 일요일에 교회에 갔다고 가정해봅시다. 그런데 목사님이 갑자기 여러분에게 저와 똑같은 질문을 하는 거예요. "자, 종이에다 예수 그리스도가 십자가에 매달려 있는 형상을 한 번 그려보세요. 십자가에 매달린 예수 그리스도의 심정을 잘 나타내도록 근사하게 그려보세요."라고 요청했다고 가정해봅니다. 그러면 여러분은 어떤 십자가를 그리시겠습니까? 정면에서 바라본 평범한 십자가를 그리시겠습니까? 당연히 아니겠죠. 이렇게 뻔한, 여러분 책상 위에 있는 십자가를 다시 그려 낼 리가 없잖아요. 그렇다고 달리의 작품처럼 위에서 내려다본 십자가를 그려서 내자니 좀 민망하죠. 오늘 이 자리에 같이 있었던 사람이 옆에 있다면 더욱 그렇겠지요. (웃음) 그래서 여러분은 아마도 밑에서 올려다본 십자가라든지, 옆에 같이 있었던 도둑의 관점에서 바라본 십자가, 이런 걸 그리려고 노력하지 않을까요? 그게 바로 창의적인 발상의 첫걸음입니다. 오늘처럼 여러분과 다르게 생각하는 사람을 만나거나 그런 발상의 기회를 가지세요. 그리고 그것들을 다른 곳에 가서 흉내 내세요. 결과물이 아니라 사고방식을 흉내 내세요. 똑같이 따라 하진 마시고 꾸준히 변형하세요. 그것이 창의적인 발상의 출발입니다.

창의성은 상대적이고 문화적인 것

창의적인 존재가 되려면 우리는 어떻게 사고하고 행동해야 할까요? 남과는 다른 생각을 갖고 있거나 다른 관점에서 문제를 바라보는 사람들과 자주 지적인 대화를 나누어야 합니다. 혹은 이런 강연의 공간에서 전혀 내가 몰랐던 분야의 정보를 받아들여야 합니다. 새로운 생각들을 얻어야 합니다. 그리고 여러분이 그 정보를 직장에서 보여주거나 발휘하잖아요? 그러면 사람들이 "와, 어떻게 그런 생각을 하세요?"라고 말할 겁니다. 예를 들어, 아까 말씀드린 것처럼 교회에서 혼자 '십자가를 밑에서 바라본' 작품을 그리면, 그 교회 분들이 다들 놀랄 겁니다. 따라서 내가 좀 더 창의적이려면, 문제를 굉장히 다양하고 이질적인 각도에서 바라보는 사람들이 모여서 서로 지적인 대화를 하고 영감을 주고받고 지식도 섭취하고 흡수하는 과정이 필요합니다. 혁신의 실마리는 늘 엉뚱한 곳에 있습니다.

여러분이 한국에서는 너무나 평범하게 주입받던 생각이 인도네시아에 가면, 혹은 스웨덴에 가면 "와, 저 사람은 어떻게 저렇게 생각하지? 매우 창의적이네."라는 소리를 들을 수도 있습니다. 어릴 때부터 남들과 다른 경험을 하는 사람이 창의적인 사람이 되는데, 우리나라는 불행하게도 정반대죠. '어떻게 하면 남과 똑같은 경험을 먼저 하느냐'를 중요하게 여기죠. 남들이 다 한 걸 우리 애가 안 하면 불안해하죠. 똑같은 방식으로 교육받기를 원합니다. 우리 아이들이 창의적인 어른으로 성장하려면, 부모는 '어떻게 해야 우리 애가 남과는 다른 경험을 쌓고, 완전히 다른 각도에서 현상을 들여다보는 사람으로 성장할까?'를 고민해야 합니다.

불행하게도 나이가 들면 들수록, 우리는 자신과 생각이 유사한 사람과 만나는 것을 선호합니다. 정치적 관점, 경제 계층, 미적 취향이 비슷한 사람들과 만나는 걸 좀 더 선호합니다. 그래야 마음이 편하거든요. 서로 힐링하면서 위로를 얻거든요. 그러면서 이런 대화를 나누지요.

"어, 너도 그렇게 생각했니? 나도 그렇게 생각했어. 내 말이 그 말이야!" 좋은 말이지만, 창의성의 관점에서는 너도 그렇게 생각했고 나도 그렇게 생각했다면 굳이 만나서 그걸 확인할 필요는 없는 겁니다. 각자 자기 방에서 그렇게 생각하면 되는 겁니다. (웃음) 창의성에 별로 도움이 안 되죠. 비슷한 생각을 하는 사람들끼리 모여서 아무리 논의해봤자 창의적인 아이디어가 잘 안 나오는 겁니다. 나와 다른 경험을 한 사람, 나와 다른 분야에서 전문지식이 있는 사람, 나와 다른 관점에서 문제를 보는 사람들과의 지적인 대화를 즐기세요. 여러분의 인지적인 사고가 확장되는 경험을 하게 될 것입니다.

진화심리학에서 마케팅의 힌트를 얻다

혁신의 실마리는 엉뚱한 곳에 있으며, 어떤 문제를 완전히 다른 각도에서 바라보고 내가 아는 지식을 연결해보려는 노력이 얼마나 중요한지 하나만 더 예를 들어 설명해보겠습니다. 허머(Hummer)라는 자동차가 있습니다. 미국 중년남성의 로망이 이 자동차 한 대 갖는 겁니다. 찾아보시면 알겠지만 이 차는 굉장히 비효율적입니다. 무게가 엄청나고 그래서 기름을 엄청 많이 먹는 녀석이고요, 연비가 보통 자동차의 반 토막도 안 됩니다. 시속 100킬로미터에서 필요한 제동 시간이 일반 차들의 두 배, 그만큼 위험합니다. 그럼에도 불구하고 지구에서 가장 머리가 좋다는 호모 사피엔스들이 허머를 사는 데 14만 달러(약 1억 6000만 원)를 기꺼이 들이고 싶어 하며 도시인들 중에서도 상당수가 이 차를 사고 싶어 한다는 겁니다. 도대체 왜 그런 걸까요? 아직 현대 과학이 해결하지 못한 난제 중 하나입니다. (웃음)

여기 브랜드 생수가 하나 있습니다. '글라소 스마트 워터'인데요, 아주 비싼 생수입니다. 수돗물 가격의 무려 880배입니다. 이 생수가 아리수보다 880배 더 좋을까요? 전혀 그렇지 않습니다. 미네랄이 조금 더 많이 들어 있을 수 있지만, 그렇게 특별하진 않습니다. 그런데도 왜 소비자들 사이에서 인기를 끌까요? 이 생수를 산 사람들은 아무리 목이 말라도 한 번에 다 마시지 않고 계속 병을 들고 다닙니다. (웃음) 도대체 왜 그러는 걸까요? 역시 아직 과학이 해결하지 못한 난제 중 하나입니다. (웃음)

이런 현상을 어떻게 설명할 수 있을까요? 인문·사회학자들이라면, 미국의 사회학자 소스타인 베블런(Thorstein B. Veblen)이 1899년 출간한 저서 《유한계급론(The Theory of the Leisure Class)》에서 제안했던 '과시적 소비'라는 개념으로 이 현상을 설명할 겁니다. "상류 계급의 두드러진 소비는 사회적 지위를 과시하기 위하여 자각 없이 행해진다"고 말했다지요? 베블런은 물질만능주의를 비판하고 상류층 사람들이 자신의 성공을 과시하고 허영심을 만족시키기 위해 사치를 일삼는 태도를 과시적 소비라고 불렀습니다. 우리가 수돗물 가격의 880배인 물을 사 마시고, 도시에서 별로 유용하지 않은 차를 사는 데 무려 1억 6000만 원이나 쓰는 행위를 그렇게 설명할 수도 있을 겁니다. 필요해서가 아니라 내가 어떤 사람인지, 어떤 계급에 속한 사람인지를 남에게 전달하기 위해 소비한다는 겁니다.

그렇다면 인간은 왜 자신의 계급을 드러내려 애쓰는 걸까요? 사실은 그게 더 궁금합니다. 과학자 중에서 진화론을 연구하는 학자들은 인간이 왜 그토록 자신의 계급을 드러내려 하는지 알고 싶어 합니다. 그들이 생각한 답은 이렇습니다. '나는 이렇게 비싼 물을 마시고 비싼 자동차를 가지고 있음에도 경제적으로 윤택하고, 이런 경제적 풍요로움을 누릴 만큼 우수한 유전자를 가지고 있으며 생물학적으로 형질이 우수해서, 이런 나와 짝짓기를 하면 우리 자식들도 우수한 유전자를 물려받고 더 풍족한 환경에서 양육될 거라는 신호를 소비라는 형태로 남들에게 전파한다.'는 겁니다.

진화심리학자 제프리 밀러(Geoffrey Miller)는 자신의 책《스펜트(Spent)》에서 허머를 소유한 인간을 '화려한 날개를 가졌지만 제대로 날지 못하는 공작새'에 비유하고 있습니다. 수컷 공작은 날 줄도 모르는데 그처럼 크고 화려한 날개가 왜 필요할까요? 화려한 날개가 있어 이동할 때 불편한데도 불구하고 잡아먹히지 않고 살아남았다면, 다리가 굉장히 튼튼하다거나 머리가 굉장히 좋다는 의미겠죠. 이처럼 핸디캡을 가졌지만 포식자에게 잡아먹히지 않고 건강하게 살아 있는 녀석은 나름의 다른 능력이 있다는 걸 드러낸다는 겁니다.

마케팅이란 무엇일까요? 마케터는 제품과 서비스 그리고 그것의 브랜드 이미지를 통해서 소비자와 소통하는 기호학의 전사들입니다. 물건을 하나라도 더 팔아서 기업의 이득을 챙기려는 자본주의의 첨병이 아니라 말이죠. 기호와 상징을 통해 어떤 방식으로 제품과 기업과 소비자를 서로 연결할 수 있을까 고민하는 것이 마케터가 해야 할 일입니다. 그렇다면 인간은 다른 사람들과 무엇을 소통하려 하는지 이해해야 하며, 신경과학과 진화심리학을 통해 영감과 통찰을 얻을 수 있을 겁니다.

진화심리학과 마케팅, 서로 상관이 없어 보이죠? 이 둘 사이를 한번 연결해봅시다. 이번에 BMW에서 새 스포츠카 모델이 나왔다고 가정해봅시다. 가격은 10억 원. 이 차를 우리나라에서 홍보하고 판매하는 데 마케팅 비용으로 50억 원을 쓸 수 있다면, 여러분은 이 돈을 어디에 어떻게 쓰시겠습니까? 한 200명 정도에게 이 차를 팔 수만 있으면 충분히 이익이 남는 상황입니다.

그럼 통상 마케터들이 어떤 전략을 짤까요? 우리나라 럭셔리 제품의 마케터들은 대개 비슷한 접근을 합니다. 이 제품을 구입할 수 있는 상위 0.1퍼센트의 부자들, 최상위 계층에게만 아주 특별한 엽서를 보내 그들만을 위한 파티에 초대하죠. 이 파티에서 그들에게 은밀히 알려줍니다. 이번에 우리나라에 굉장히 귀한 제품이 들어왔는데, 이거 아무한테도 얘기 안 했다, 여러분에게 처음 말씀드리는 거다, 이거 살 수 있는 사람 많지 않다, 그래서 사장님만 저희가 특별히 초대해서 이렇게 소개해드린다. 다시 말해, 이 제품을 구매할 수 있는 최상위 계층의 잠재적 고객들만 초대해 특별한 이벤트와 함께 그들에게 홍보하는 거죠. 이런 자리에서는 누구나 "사장님!"으로 불립니다. (웃음) 이 이벤트에 초대받는 것만으로도 굉장히 선택받았다고 생각하도록 말입니다. 자동차가 아니라 에르메스나 샤넬 가방이라도, 티파니나 불가리 보석이라도, 접근방식은 매우 유사합니다.

실제로 몇 해 전 아우디가 A8을 우리나라에 출시했을 때, 올림픽 공원에 8억 원 가까운 돈을 들여 돔을 지었습니다. 건축물을 하나 지은 거예요. 그 돔에서 최상위 계층 400명만 초대해 최고의 음식을 제공하고 무대에서 모터쇼를 했습니다. 그리고 다음 날 8억 원짜리 건물을 부쉈습니다. 이런 종류의 마케팅을 하는 거예요. "이 A8이 G20 때 각국 정상들을 의전했던 바로 그 차"라고 소개하면서 말입니다. 이런 전략을 '럭셔리 마케팅'이라고 부릅니다.

과연 이런 전략은 유효할까요? 진화심리학자들은 이런 식의 럭셔리 마케팅이 최선의 전략이라고 생각하지 않습니다. 왜일까요? 이 차를 타고 다닐 때 이 차가 10억 원짜리인지를 우리나라에서 400명만 알고 있다면, 이 차를 살 이유가 없다는 겁니다. 오히려 모든 사람이 이 차가 매우 훌륭하며 비싸다는 것을 알고, 그들이 "와, 저 차 진짜 비싼 차인데! 10억짜리 차인데! 저 사람이 탔네. 와, 저거 성공한 사람들이 탄다는 바로 그 차, 나의 드림 카. 내가 평생 돈 모아서 저거 사는 게 꿈인데."라고 떠들어야 한다는 겁니다. 한마디로, 99퍼센트가 꿈꾸는 차가 되어야 1퍼센트가 "어, 그래? 그럼 내가 한번 사볼까?"라고 마음을 먹는다는 겁니다. 럭셔리 마케팅이란 잠재적 구매자뿐만 아니라 나머지 99퍼센트의 구경꾼들도 꿈꾸게 만드는 일이라는 거죠. 그래야 1퍼센트가 비싼 대가를 지불할 이유가 생기니까요. 이 차를 구매했다는 사실이 구매자의 능력을 보여주고 생존(자연선택)과 짝짓기(성선택)에 유리하도록 해주어야 더 많이 팔리겠죠.

실제로 이런 전략을 사용해서 성공한 자동차회사가 바로 BMW코리아입니다. BMW코리아는 아무도 외제차 광고를 안 할 때 처음으로 매스미디어 광고를 하고, 차의 구매를 성공과 등식이 되도록 설정함으로써 많은 사람이 BMW 자동차를 '성공의 지표'로 삼도록 만들었습니다. 그렇게 되면, 충분히 성공하지 않은 사람들마저 차를 구매함으로써 마치 성공한 것처럼 보이게 하는 전략도 사용할 수 있게 되어 소비가 더욱 늘어납니다. 이처럼 마케팅과 진화심리학은 전혀 상관이 없어 보이지만, 새로운 영감과 통찰은 이렇게 관계 없어 보이는 곳을 연결하며 찾을 수 있습니다. 동종업계 경쟁자들이 모두 달려들어 뒤지는 곳에서 혁신의 실마리를 찾기란 쉽지 않습니다.

천장이 높아야 창의적인 아이디어가 나온다?

러시아 출신 유대인인 미국의 바이러스학자 조너스 소크(Jonas Edward Salk)는 폴리오(polio), 즉 소아마비 백신을 만든 연구자입니다. 피츠버그대학교 교수였던 그는 미국에서 매년 수십만 명의 아이들이 소아마비로 고생하자 '소아마비 백신 프로젝트'에 참여하게 됩니다. 그가 이끄는 프로젝트 팀은 주말에도 쉬지 않고 백신을 개발하기 위해 애썼지만 도무지 좋은 해답이 나오지 않았습니다. 그는 어느 날 답답한 마음에 배낭 하나만 메고 이탈리아 아시시라는 마을에 있는 수도원으로 들어갑니다. 휴가를 온 듯 머리를 비우고 평화롭게 지내던 어느 날, 13세기에 지어진 수도원 성당 안에서 불현듯 백신에 관한 기발한 아이디어가 떠올랐고, 그것을 종이에 미친 듯이 메모했습니다. 그 길로 미국으로 돌아와서 쥐 실험, 원숭이 실험, 인체 실험까지 연속으로 진행하면서 백신 개발에 성공합니다(사실은 이 과정에서 수백 명의 아이들이 사망한 불행한 역사가 숨어 있기도 합니다).

대개 과학자들은 이렇게 신약 개발에 성공하면 자신의 특허를 제약회사에 팔아 엄청난 돈을 버는데, 그는 백신 제작 과정을 전 세계에 무료로 공개했어요. 그러니까 모든 제약회사가 소아마비 백신을 만들 수 있게 된 거예요. 그 바람에 가격이 아주 싸졌죠. 지금도 아프리카 어린이들은 1달러 이하의 가격으로 소아마비 백신을 맞을 수 있습니다. 결국 그는 지구상에서 소아마비 환자를 거의 사라지게 하는 데 결정적인 기여를 합니다.

이후 캘리포니아주 정부는 소크의 업적을 기리기 위해 그의 이름을 딴 소크생물학연구소(Salk Institute for Biological Sciences)를 짓게 됩니다. 그리고 그 건축 설계를 당대 최고의 건축가인 루이스 칸(Louis Kahn)에게 맡깁니다. 그래서 칸이라는 최고의 건축가와 소크라는 최고의 생물학자가 만나는 사건이 벌어집니다. 그때 소크는 이런 부탁을 합니다.

"내가 연구실에서 쉬지 않고 일만 할 때는 도무지 떠오르지 않던 아이디어가 13세기에 지어진 성당에서 떠올랐다. 수도원 성당 천장의 높이가 무척 높아 그 안에서 내 사고 공간이 무척 넓어진 느낌이었다. 그래서 내 이름을 딴 연구소의 모든 공간은 천장이 매우 높았으면 좋겠다."

칸이 그의 부탁을 기꺼이 들어주죠. 1959년에 설립된 소크생물학연구소는 약 700명의 연구원이 일하는 작은 연구소이지만, 여기서 지난 50년간 노벨상 수상자가 12명이나 배출됐습니다. 단숨에 최고의 연구소로 자리 잡은 이곳을 두고 '소크연구소는 천장이 높아서 창의적인 연구를 할 수 있다'라는 일종의 도시전설이 만들어지기도 합니다.

신화를 신화로 남겨두지 않는 연구자들은 정말로 천장이 높아서 이곳에서 창의적인 연구가 많이 이루어지는지 확인해보기로 마음먹습니다. 실험 공간을 만들고 천장 높이를 조절할 수 있게 한 다음에, 실험참가자들을 데려다 창의적인 발상이 필요한 문제와 단순히 집중력만 필요한 문제들을 풀게 해봤습니다. 천장의 높이를 달리함에 따라 그 결과가 어떻게 달라지는지를 살펴본 거예요. 놀랍게도 집중력을 필요로 하는 단순 문제를 풀 때는 천장의 높이가 가장 낮은 2.4미터였을 때 성과가 가장 높았습니다. 우리가 살고 있는 아파트 천장의 높이가 대개 2.4미터 됩니다. 반면, 추상적인 두 개념을 이어야 하거나 어떤 문제를 다른 각도에서 바라봐야 하거나 창의적인 아이디어가 필요할 때는 천장의 높이가 가장 높았던 3.3미터에서 가장 좋은 성과가 나왔습니다. 보통 회사의 사무 공간의 천장이 높아도 2.7~3미터 사이인데, 소크연구소는 천장의 높이가 3.3미터가 약간 넘습니다. 천장의 높이가 높을 때 정말로 창의적인 아이디어가 많이 나온다는 걸 신경건축학 실험으로 알 수 있었던 거죠.

이 연구결과가 우리에게 들려주는 메시지는 뭘까요? 첫째, 여러분이 창의적인 아이디어가 필요할 때는 층고가 높은 방으로 이동하세요. 천장의 높이가 3.3미터일 때 창의적인 아이디어가 나올 가능성이 높아집니다. 반드시 나오는 건 아닙니다. (웃음) 이런 공간에서도 안 나오면

남을 탓하시면 안 됩니다. (웃음)

두 번째는 역시나 전혀 상관없어 보이는 두 분야의 만남입니다. 신경과학과 건축학이 만났습니다. 우리나라 교실 다 똑같이 생겼잖아요? 교실을 어떻게 만들어야 아이들이 그 안에서 창의적인 생각을 하고 공부에 더 집중하고 학습량이 늘어날까요? 알츠하이머 환자들이 지내는 요양원은 어떻게 지어야 그들의 불편함이 훨씬 줄고 아주 편안하게 그 안에서 기억력이 회복될 수 있을까요? 기업의 업무 공간을 어떻게 디자인해야 그 안에서 창의적인 혁신이 일어날까요? 이제 과학자들은 공간을 사용하는 사람들의 뇌를 연구하기 시작했습니다. 공간이 뇌에 미치는 영향을 탐구하고 그걸 바탕으로 건축물을 설계하기 시작한 겁니다. 어떤 문제를 완전히 다른 각도에서 바라보는 거죠. 혁신의 실마리는 간혹 이렇게 우리로부터 굉장히 멀리 떨어져 있습니다. 그래서 우리는 내 분야의 동종업계 사람들이 다 뒤져보는 그 영역 너머의 영역에서 혁신의 실마리를 찾아야만 하는 겁니다.

세상과의 의미 있는 충돌을 경험하라

우리는 지금까지 창의적인 사람들의 특징을 살펴보고 그들의 뇌에선 무슨 일이 벌어지는지 알아보았습니다. 창의성으로 가는 지름길은 없다고 말씀드리면서 엉뚱한 곳에서 혁신의 실마리를 찾으며 다양한 시도를 해보시라고 강조했는데요. 마지막으로, 창의적인 아이디어를 많이 주워 담기 위해 어떤 노력을 해야 할지 몇 가지 연구결과를 소개하겠습니다.

　우리가 바로 실천할 수 있는 것 중에 운동이 있습니다. 의외로 운동을 하면 신경세포가 많이 만들어집니다. 흔히 신경세포는 두 살까지만 만들어지고 그 이후로는 만들어지지 않는다고 알고 계시잖아요? 사실은 그렇지 않습니다. 지난 20년간 많은 연구들이 어른이 되어서도 신경세포는 계속 만들어지며, 운동을 할수록 더욱 많이 만들어진다는 결과를 쏟아내고 있습니다. 세계적인 물리학자 알베르트 아인슈타인은 창의적인 발상을 주로 자전거 위에서 했다고 하지요? 격렬하지 않은 운동, 예를 들어 자전거 타기나 산책은 창의적인 발상에 매우 도움이 됩니다. 꾸준한 운동이 여러분의 뇌를 오랫동안 건강하게 만들어 나이가 들어서도 창의적인 발상을 하는 데 도움을 줍니다.

　둘째, 수면도 매우 중요합니다. 특히 젊을 때 많이 주무세요. 잠자는 시간을 줄여가면서 무리하게 뭔가를 하려고 하지 마세요. 우리의 뇌는 자는 동안 낮에 얻었던 정보 중에서 쓸데없는 것들은 버리고 의미 있는 것들은 장기 기억으로 넘기는 일을 합니다. 잠이 부족하면 많은 경험을 해도 머릿속에 오래 남지 않아요. 잠을 잔다는 건 아주 생산적인 활동입니다. (웃음) 부모님이 잠을 못 자게 하면, 이렇게 말하세요. "엄마 아빠, 저 지금 어제 학교에서 배운 지식을 장기 기억으로 넘기고 있어요!" (웃음)

　끝으로, 아무리 강조해도 지나치지 않는 것이 독서, 여행, 사람 만나기입니다. 안 하면 나중에 후회하는, 특히 평생에 거쳐 반드시 해야 하는 것들이 바로 독서, 여행, 사람들과의 지적 대화입니다. 다시 말해 끊임없이 세상으로부터 자극을 받으시라는 겁니다. 의미 있는 세상과의 충돌, 이것이 우리의 인생을 바꿉니다. 이 세 가지는 자기가 직접 물리적 환경에서 경험할 수 없는 것들을 간접적으로 경험할 수 있게 해줍니다.

지적 능력이란 오랜 학습을 통해 다양한 방법을 익히고 이해하는 것만이 아닙니다. 세상에 나가 해결 방법을 알 수 없는 수많은 문제와 맞닥뜨리게 되었을 때 새로운 해법을 떠올리는 능력이 바로 그 사람의 지적 능력입니다. 아무도 답을 가르쳐주지 않는 상황에서 어떻게 나만의 방식으로 더 나은 답에 도달할까요? 아주 멀리 떨어져 있는 혁신의 실마리를 통해, 그리고 내가 평소 잘 알고 있는 분야의 지식을 십분 활용해서 그 답을 찾아보세요. 창의적인 사람이 따로 있는 것이 아니라 창의적인 순간이 있을 뿐입니다. 우리 삶 속에서도 그 순간을 종종 만들어내 봅시다.

인공지능 시대,
인간 지성의
미래는?

만일 인간을 좀 더 창의적이고 더 나은 미래를 위해 기여하는 존재로 만들고 싶다면, 젊은이에게 틀에 박힌 지식과 태도를 가르치기 보다는 현장에서 적극적인 발견의 기회를 제공하고 교육해야 한다는 것은 명확하다.

장 피아제(Jean Piaget)

최근 2년간 여러분이 일상에서 가장 많이 들어본 기술용어가 제4차 산업혁명, 인공지능, 블록체인이 아닐까 싶은데요. 인간 삶이 거대한 빅데이터로 환원되고 그것을 인공지능이 분석해서 맞춤형 예측 서비스를 제공하는 새로운 정보화 시대로 접어들고 있습니다. 특히나 2016년 3월 딥마인드의 알파고가 최고의 바둑 고수인 이세돌과의 대국에서 4승 1패를 기록하면서, 인공지능은 단번에 공포와 위협의 기술이 되었습니다. 체스는 경우의 수가 제한돼 있어 계산을 잘하는 컴퓨터가 인간을 이길지 몰라도, 바둑은 그 경우의 수가 10의 150승이나 되어(1 뒤에 0이 150개나 있는 어마어마하게 큰 수입니다!), 계산으로 접근하는 건 불가능하기 때문에 컴퓨터가 인간의 직관과 추론을 따라올 수 없다고 믿어왔는데 말입니다. 이런 추세라면 조만간 인공지능이 우리의 일자리를 위협하게 될 거라는 다양한 예측이 나오고 있습니다. 여러분, 인공지능 시대 우리 인간은 어떻게 살아가야 할지, 어떤 준비를 해야 할지 걱정이 많으시지요. 오늘은 성숙기로 접어든 디지털 혁명의 시대, 우리의 뇌는 어떻게 바뀌어 왔으며 앞으로 어떻게 변모할지, 그리고 우리는 인공지능 시대를 어떻게 대비할지를 주제로 이야기해보려 합니다.

컴퓨터와 인간의 뇌

세계적인 수학자 앨런 튜링(Alan Turing)과 존 폰 노이만은 1936년 무렵 처음으로 '컴퓨터'라는 개념을 제시했습니다. 최초의 컴퓨터는 제2차 세계대전 때 독일의 에니그마(ENIGMA) 암호를 해독하는 데 사용되었습니다. 그래서 기밀에 부쳐지다가 1950년대가 되어서야 처음으로 일반인에게 소개되었습니다. 두 사람이 내놓은 '컴퓨터'는 혁신적 개념이었습니다. 그 이전까지 인간이 만든 대부분의 기계장치는 구체적인 기능이 있었습니다. 우리가 '무엇에 쓰는 물건인고?' 하고 물어보면, 그 답을 명확하게 할 수 있었다는 얘기입니다. 그러나 튜링과 노이만이 생각한 컴퓨터는 특정 기능을 위해 만들어진 것이 아닌, 최초의 범용 기계입니다. 마치 인간의 뇌처럼 시키는 모든 일을 수행하는 장치가 처음으로 세상에 등장한 것이지요.

여기서 말하는 '시키는 모든 일'에는 몇 가지 조건이 있습니다. 튜링과 노이만이 수학자다 보니, 수학적으로 완결된 논리 구조를 가져야 하며, 숫자와 문자로 표현 가능해야 합니다. 우리는 컴퓨터가 수행할 일이 가져야 할 '수학적으로 완결된 논리 구조'를 '알고리즘'이라 부르고, 그것을 숫자와 문자로 표현한 것을 '프로그램'이라고 부릅니다. 한마디로 컴퓨터는 수학적으로 완벽한 논리 구조를 가진 프로그램 형태의 업무를 수행하는 기계장치라고 보시면 됩니다.

이것은 컴퓨터의 발전 가능성과 그 한계를 동시에 보여줍니다. 수학적으로 잘 짜인, 완결성을 가진 업무만 수행하다 보니 지금의 컴퓨터가 하는 대부분의 일은 '계산(computation)'과 같은 일이 되었습니다. 반면 인간의 뇌가 하는 기능은 그다지 수학적으로 완결된 논리 구조를 가지고 있지 않습니다. 그것을 문자나 숫자로 표현하는 게 가능한지도 우리는 잘 모릅니다. 이를테면 개와 고양이를 구별한다거나 남녀를 구별하는 기능은 우리가 아직 수학적으로 표현하는 방법을 모릅니다. 머리카락 길이나 입술의 색깔, 얼굴의 크기로 남녀를 구별할 수는 없겠지요. 그래서 인간에겐 너무나도 쉬운 일인 남녀 구별이 컴퓨터에겐 매우 어려운 과제가 되었습니다.

컴퓨터와 인간의 뇌는 그 구조도 다릅니다. 컴퓨터는 하드웨어와 소프트웨어로 나뉘어 구성돼 있지요. 하드웨어 안에 소프트웨어를 설치하는 방식으로 내용과 기능이 더해집니다. 그래서 제가 여러분의 노트북을 뜯어서 하드웨어를 살펴봐도 여러분이 어떻게 컴퓨터를 사용하는지 알 수가 없습니다. 야구동영상이 얼마나 많은지, (웃음) 어떤 프로그램을 사용하고 있는지 알 수 없습니다. 반면, 인간의 뇌는 구조를 바꾸면서 기능이 더해지는 방식으로 발달합니다. 그래서 제가 여러분의 뇌를 보면 여러분이 어떤 사람인지 짐작할 수 있습니다. 음악가의 뇌와 과학자의 뇌는 다르게 생겼으며, 같은 음악인이라도 드럼을 치는 사람과 바이올린을 켜는 사람의 뇌는 크게 다릅니다. 성별, 나이, 직업 등에 따라 뇌는 다른 구조를 가집니다. 컴퓨터처럼 구조와 기능이 나누어져 있지 않죠.

또, 컴퓨터는 중앙처리장치(Central Processing Unit)와 처리된 정보를 저장하는 곳인 메모리(memory)가 분리돼 있습니다. 흔히 '하드'라고 말하는 저장장치에 정보가 저장되고, 정보를 분석하거나 처리할 때는 중앙처리장치가 작동합니다. '버스(bus)'라는 통로가 있는데, 컴퓨터 내부의 구성요소 간에 신호를 전달해주는 물리적인 도선입니다. 버스가 도선 혹은 보드 형태로 메모리와 프로세서 사이 혹은 프로세서와 다른 장치 간의 정보 전송을 도와줍니다. 그러다 보니 당연히 속도는 느리겠죠.

반면 인간의 뇌에서는 각 영역의 신경세포들이 정보를 처리하기도 하고 그 정보를 저장하기도 합니다. 중앙처리장치와 하드가 함께 기능하는 형태라고나 할까요? 기억이 흩어져 저장되기 때문에 어느 한 영역을 망가뜨린다고 해도 치명적인 피해를 입지는 않습니다. 정보를 처리하는 영역과 저장하는 영역이 같다 보니 정보 처리가 병렬적이며 매우 효율적입니다. 다만 신경세포들이 계속 죽고 사라지니까, 그에 따라 처리 속도도 느려지면서 기억 자체가 사라지기도 합니다. 이처럼 컴퓨터와 사람의 뇌는 작동하는 방식이 크게 다릅니다.

게다가 우리 뇌는 이른바 '작은세상효과(small world effect)'가 적용되어서, 여섯 단계만 거치면 1000억 개 신경세포 대부분에 도달할 수 있습니다. 굉장히 많은 신경세포가 복잡하게 얽혀 있지만 서로 효율적으로 연결돼 있어 정보 처리에 용이합니다. 그래서 흩어진 기억과 처리되는 정보들 사이의 상호작용이 효율적으로 일어나고, 덕분에 인간의 뇌는 정신이라는 놀라운 기능을 만들어낸 것입니다. 세상이 복잡해지면 복잡해질수록 그것을 감당하기 위해 정보를 처리하는 기관도 이에 맞춰 복잡해져야 합니다. 하지만 인간의 뇌는 지금 이 정도의 크기, 구조, 에너지 소비만으로도 변화를 감당할 수 있습니다. 우리가 뇌의 구조와 기능을 이해하면 인간의 뇌 구조를 닮은 컴퓨터를 만들 수도 있겠죠. 그런 컴퓨터를 '뉴로모픽(neuromorphic, 뇌 신경 모방) 컴퓨터'라고 부릅니다.

한편, 컴퓨터주의자들은 굳이 컴퓨터가 인간의 뇌만큼 효율적일 필요가 있는지 반문합니다. 우리의 뇌는 1500cc도 안 되는 작은 두개골 안에 있어야 하고, 머리는 무한정 커질 수 없습니다. 머리가 커질수록 출산에 어려움이 있고, 그 전에 먼저 이성에게 매력적으로 보이는 데 어려움이 있거든요. (웃음) 인간은 머리가 너무 커질 수 없기 때문에 제한된 크기 안에서 기능을 수행해야 하는 제약이 있습니다. 반면 컴퓨터는 이성 컴퓨터에게 매력적으로 보일 이유가 없습니다. 컴퓨터가 아무리 커도 기능 면에서 인간의 뇌를 앞서기만 하면 됩니다. 컴퓨터주의자들은 규모로 컴퓨터가 인간의 뇌에 대항할 수 있다는 전략을 취하고 있습니다. 빌딩 두 채만 한 컴퓨터가 인간 지성을 앞지를 수만 있다면 그것을 추구할 겁니다.

인공지능, 새로운 부흥기를 맞다

1956년에 존 매카시(John McCarthy)와 마빈 민스키(Marvin Lee Minsky) 등 10명의 인지과학자들은 인공지능 연구 계획서를 미국 정부에 제출합니다. 목표를 설정해 논리적으로 접근하는, 그래서 서로 접근 방법을 비교할 수 있고 더 나은 방법을 찾을 수 있는 지능 시스템을 연구해야 하며, 국가가 이를 적극 지원해야 한다고 제안합니다. 이때 처음 '인공지능'이란 용어가 사용되었습니다.

그로부터 60년 정도가 지난 지금, 인공지능이라는 학문은 다양한 영역에서 발전해왔습니다. 컴퓨터 비전, 패턴 인식, 음성 인식, 자연어 처리, 의사결정 등 다양한 학문 영역이 만들어졌습니다. 그런데 냉정하게 평가하자면 이 중에서 상용화되어 비즈니스 현장에서 쓸 만한 기술은 20세기에는 별로 없었습니다. 그동안 인공지능의 업무 수행 능력은 인간의 85퍼센트 정도 수준이었습니다. 인공지능이라는 분야 자체를 버리기는 아깝지만, 그렇다고 당장 산업현장에서는 쓸 수 없는 애매한 상황이었던 거죠.

21세기에 들어서고 2010년이 지나면서 '딥 러닝(deep learning, 심층학습)'이라는 알고리즘이 빅데이터와 만나게 되자 인간의 95~98퍼센트 수준까지 인공지능의 정확도가 향상되었습니다. 이제 비즈니스 현장에서 쓸 만한 수준이 된 겁니다. 특히 알파고와 이세돌의 '세기의 대결'은 인공지능에 대한 폭발적인 관심을 촉발했습니다.

인공지능이 쓸 만한 수준이 된 데에는 세 가지 이유가 있습니다. 우선 컴퓨터의 성능이 현저히 향상되었습니다. 메모리 용량이 급격히 커졌고, 정보를 처리하는 속도가 매우 빨라졌습니다. 예전에는 그래픽이나 이미지를 처리하던 처리장치를 데이터를 처리하는 데 사용하게 되면서 병렬로 많은 양을 한꺼번에 처리할 수 있게 되었습니다.

또 하나의 이유는 인공지능이 점점 인간의 뇌를 닮아간다는 데 있습니다. 인간의 뇌가 정보를 처리하거나 자극에 반응하는 방식과 유사한 알고리즘을 차용하면서 업무 수행 능력이 좋아졌습니다. 많이 들어보신 '딥 러닝'도 인간의 시각시스템이 정보를 어떻게 처리하는가를 바탕으로 신경망을 만들고 알고리즘을 모사해서 구현한 것입니다. 강화학습이론(reinforcement learning)을 이용하기도 하지요. '칭찬은 고래도 춤추게 한다'라는 책 제목 기억나시죠? 어떤 행동에 대해 보상을 주면 그 행동은 강화되고, 벌을 가하면 그 행동은 억제되지요. 아이가 시험을 잘 치르게 하려면 문제를 풀게 하고 답을 가르쳐주는 선생님을 통해 학습시킬 수도 있지만, '시험 잘 보면 태블릿 PC 사줄게' 같은 방식으로 성적을 올릴 수도 있습니다. 그러면 아이는 태블릿 PC를 얻기 위해 다양한 방법으로 최선을 다합니다. 이세돌을 이긴 알파고가 작동하는 방법도 같은 방식이었습니다.

마지막으로, 빅데이터의 시대가 되었다는 것이 또 하나의 큰 이유입니다. 냉정하게 말하자면 지난 20~30년 동안 인공지능 분야에서 알고리즘은 그다지 많이 발전하지 않았습니다. 다만 예전 알고리즘의 경우 훈련을 시킬 때 많아 봐야 3000~4000개 데이터를 사용했고, 이때 정확도는 80퍼센트 내외였습니다. 같은 알고리즘으로 정확도를 99퍼센트까지 올리려면 훈련을 얼마나 많은 데이터로 해야 할까요? 3000만~4000만 개의 데이터가 필요합니다. 무려 1만 배나 많은 데이터가 필요한 겁니다. 예전 같았으면 포기해야 했죠. 그런데 인터넷과 모바일, 소셜미디어에 들어가면 데이터가 쌓여 있다 보니 이제 그만큼의 데이터를 구하는 일이 가능해졌고, 처리 속도도 빨라진 겁니다. 다시 말해, 빅데이터의 시대가 되어 인공지능이 발전하게 됐다는 것은 역설적이게도 아직 인공지능이 갈 길이 멀다는 뜻입니다. 우리가 적은 양의 데이터로 하는 일을 인공지능은 빅데이터를 필요로 하니까요.

예를 들어볼까요? 어린아이들은 부모님이 30~40명 정도만 남자인지 여자인지 얘기해주면, 그다음부터는 곧잘 구분해냅니다. 하지만 컴퓨터는 3000만 장의 사진을 봐야 겨우 인간과 비슷한 정확도로 남녀를 구분할 수 있습니다. 그런데 옛날에는 3000만 장을 컴퓨터에 입력할 방법이 없었지만, 지금은 페이스북에만 들어가도 10억 장이 넘는 남녀 사진이 있습니다. 그 데이터를 넣어주었더니 인공지능도 인간과 비슷한 정확도로 남녀를 구별할 수 있게 된 겁니다.

그럼에도 불구하고, 우리는 너무 손쉽게 해내지만 컴퓨터가 못하는 대표적인 과제가 '건포도 세 개 박힌 머핀과 치와와를 구분하는 일'입니다. (웃음) 페이스북이 전 세계에서 인공지능 연구를 가장 잘하는 회사 중 하나인데, 페이스북조차도 인공지능으로 이미지를 구분할 때 이런 실수를 하기도 합니다. 아이스크림과 고양이, 식빵과 개, 개와 사람을 잘 구별해내지 못합니다. 우리가 살면서 치와와를 한 300마리 봤을까요? 그렇지만 치와와와 머핀을 굉장히 잘 구별해낼 수 있습니다. 하지만 페이스북에 담긴 치와와 사진은 수백만 장일 텐데, 아직도 인공지능에게는 구분이 어렵습니다. 이처럼 인공지능은 인간의 뇌와는 좀 다릅니다. '이해(understanding)'를 제대로 못하니, 아무리 쓸 만한 녀석이 되어도 종종 이런 어이없는 실수를 하는 거죠.

빅데이터가 인공지능을 살리다

인간의 뇌는 쉽게 일반화의 오류를 범하는 장치입니다. 우리는 내

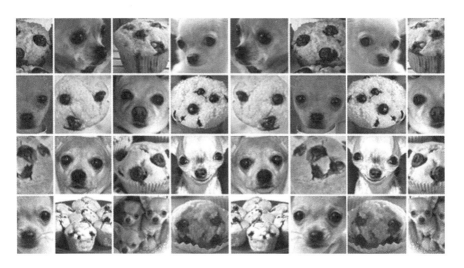

'머핀과 치와와' 구별하기. 인간은 쉽게 구별해낼 수 있지만 아직 인공지능에게는 어려운 과제다.

경험이 세상의 전부인 양 착각합니다. 어제 그제 해가 동쪽에서 떴다면 내일도 어김없이 그곳에서 뜨리라 믿습니다. 쉽게 누군가의 행동을 짐작하고, 타인에 대한 편견과 선입견에도 민감하며, 인지적 오류투성이입니다. 하지만 그래야 상황을 예측할 수 있고, 대개 틀리더라도 가끔 맞추는 것이 생존 확률을 높여줄 수 있으니까요. 인간의 뇌는 컴퓨터와 달리 오류가 있더라도 일반화된 프레임으로 다음 상황을 예측하는 알고리즘을 씁니다. 그러다 보니 오류가 잦지만, 시간이 지나고 오류가 보정될수록 정확도는 현저히 높아집니다. 우리 뇌는 오류를 줄여나가는 방식으로 성장합니다.

　인공지능 알고리즘의 부족한 부분을 지금은 빅데이터가 잘 보완해주고 있기 때문에, 산업의 실질적인 변화를 가져올 수 있을 것 같습니다. 그러니까 인공지능이 그 분야에서 얼마나 좋은 성과를 낼 수 있느냐의 핵심은 그 분야가 얼마나 많은 데이터를 이용할 수 있는가와 매우 밀접한 관련이 있습니다. 그래서 우리나라에는 제4차 산업혁명이 늦게 올 거라는 예측도 하는 거죠. 우리나라는 페이스북이나 트위터 같은 플랫폼 사업도 없고, 개인정보에 관한 규제가 엄격합니다. 개인이 누군지 식별할 수 있는 태그를 떼어도 데이터를 분석할 수 없습니다. 개인을 식별할 수 없는 데이터라도 여러 개를 합치면 식별이 가능하기 때문에 문제를 일으킬 수 있으니 원천적으로 막겠다는 겁니다. 미국은 개인을 식별할 수 있는 내용을 빼면 마음껏 분석할 수 있습니다. 하지만 그것을 이용해서 누군가를 식별하려고 시도하는 순간 엄벌에 처합니다. 덕분에 한국에 비해 데이터 분석은 활성화되어 있는 반면 범죄는 상대적으로 적습니다. 우리는 범죄가 일어날까 봐 데이터 분석 자체를 원천적으로 차단하고 있으니 빅데이터 분석, 인공지능, 보안 기술 모두 발전이 더디죠.

저희 연구실에서 하는 연구는 '인간 뇌를 닮은 인공지능(brain-inspired artificial intelligence)'입니다. 사람처럼 상황을 판단하고 의사결정을 내리는, 뇌를 닮은 인공지능을 만들려고 하는 겁니다. 인공지능이 결국 인간에게 더 나은 서비스를 제공하고 인간과 상호작용하려면 인간을 이해할 수 있어야 하고, 그들도 인간처럼 사고해야 우리가 불편이 없을 테니까요. 물론 아직은 갈 길이 멉니다. 이 녀석에게 일을 시키느니 그냥 제가 하는 게 더 편합니다. (웃음)

데스크톱, 생산도구의 개인화

제1, 2차 산업혁명 덕분에 유통업과 제조업에서 혁명적인 변화가 생겼지요. 하지만 그로 인해 엔지니어나 발명가가 기발한 아이디어를 내도 결국은 자본을 가진 비즈니스맨들이 돈을 버는 세상이 되어버렸습니다. 자본으로 땅을 사고 공장을 짓고 사람들을 고용해 대량생산 체제를 갖춘 사람들이 결국 돈을 벌고, 대부분의 사람은 그런 기업에 취직하는 작은 꿈을 꾸는 사람들로 전락했죠. 영화 〈모던 타임스〉의 찰리 채플린처럼 렌치로 나사를 조이는 단순 작업을 끝없이 반복하는, 그래서 세상 모든 것을 나사로 보게 되는 비인간적인 시대가 도래한 것입니다.

그 후 1940년대 후반 AT&T 벨 연구소(Bell Lab)에서 트랜지스터가 발명되면서 제3차 산업혁명이라 할 디지털 혁명, 컴퓨터 혁명이 시작됐습니다. 컴퓨터 엔지니어들은 다른 꿈을 꾸기 시작했습니다. 컴퓨터는 뭐든지 시키면 수행하는 장치이니 이걸 사람들이 자유롭게 사용할 수 있게 해주면, 즉 집채만 한 컴퓨터를 작게 만들어 책상 위에 올려놓아주면 마음껏 그들의 꿈을 펼칠 수 있으리라 생각했습니다. 누구나 좋은 아이디어만 있으면 컴퓨터를 통해 자신의 생각을 실현시키고 기업과 자본가와 동등하게 경쟁할 수 있는 세상을 꿈꾸었지요. 그런 엔지니어 중 일단의 그룹이 바로 '홈브루 컴퓨터 클럽(Homebrew Computer Club)' 멤버들이었습니다.

홈브루 컴퓨터 클럽 멤버 중 스티브 워즈니악(Steve Wozniak)과 스티브 잡스(Steve Jobs)가 뭉쳐서 1970년대 후반 최초의 데스크톱인 애플 I, 애플 II를 세상에 내놓게 됩니다. IBM은 5150이라는 역사적 데스크톱을 같은 시기에 세상에 내놓았지요. 데스크톱이 세상에 나오면서 개인에게 유용한 생산도구가 되었고, 그로 인해 우리의 일상을 넘어 정보를 처리하고 삶을 대하는 방식, 뇌 구조까지 달라지게 됐습니다.

왜 컴퓨터가 데스크톱의 형태로 세상에 나오게 됐을까요? 우리가 일상을 주로 어디서 보내느냐와 관련이 있습니다. 일이나 공부를 하는 동안에는 보통 책상과 의자를 사용하니까, 특히 화이트칼라 노동자가 일하는 방식에 도움을 주는 컴퓨터를 만들겠다는 게 처음의 생각이었습니다. 컴퓨터가 인간의 인지적 기능과 결합하면서 이제는 인간의 능력을 정의할 때 스마트기기를 잘 다루는 능력까지도 포함이 됩니다. 옛날에는 컴퓨터와 인간이 별개의 존재였는데 컴퓨터가 점점 책상 위, 무릎 위, 주머니 속, 손 안으로 들어오면서 컴퓨터를 잘 다루는 능력이 그 사람의 지적 능력에 포함되는 시대가 온 것입니다.

디지털 기기가 뇌를 바꾸다

그 덕분에 뇌를 덜 쓴다는 분들이 많으십니다. 흔히들 '디지털 치매' 많이 얘기하시죠? 디지털 기기 때문에 우리의 뇌가 예전과 달리 기능이 저하되고 치매에 걸리는 것 아닌지 걱정하는 분들이 많습니다. 다음 체크리스트를 한번 살펴보시죠.

1. 외우는 전화번호가 회사 번호와 집 번호뿐이다.

2. 전날 먹은 메뉴가 생각나지 않는다.

3. 주변 사람과의 대화 중 80퍼센트는 이메일로 한다.

4. 계산서에 서명할 때 빼고는 거의 손으로 글씨를 쓰지 않는다.

5. 처음 만났다고 생각한 사람이 전에 만났던 사람인 적이 있다.

6. 자꾸 같은 얘기를 한다는 지적을 받은 적이 있다.

7. 자동차 내비게이션 장치를 장착한 뒤 지도를 보지 않는다.

8. 몇 년째 사용하고 있는 집 전화번호가 갑자기 떠오르지 않은 적이 있다.

9. 아는 한자나 영어 단어가 기억나지 않은 적이 있다.

10. 애창곡의 가사를 보지 않으면 노래를 부를 수 없다.

이 체크리스트를 자세히 보시면 디지털 치매를 진단하는 항목 대부분이 기억력 중심입니다. 노래방 화면에 가사가 다 나오니까 가사를 외울 필요도 없고, 스마트폰 안에 주소록이 있으니까 전화번호를 외울 필요도 없는 게 현실입니다. 하지만 우리가 흔히 간과하는 사실이 있습니다. 옛날에는 책을 읽으면 중요한 부분에 밑줄을 쳐두었지만 그걸 다시 꺼내서 보는 일은 많지 않았습니다. 집에 가서 책을 꺼내 페이지를 펴는 번거로운 일을 해야 하니까요. 지금은 웬만한 정보는 바로 검색해 찾아보기 때문에 외울 필요도 없고, 다음에 필요하면 그때 다시 검색하면 됩니다. 컴퓨터가 내 손에 있기 때문에 접근할 수 있는 대부분의 정보를 이젠 외울 필요가 없는 상황이 되었습니다. 중요한 변화입니다.

인터넷 때문에 기억력이 예전 같지 않다는 말은 맞지만, 인터넷 혹은 스마트기기 때문에 우리가 전보다 뇌를 더 적게 쓴다는 것은 과학적으로 증명된 바가 없습니다. 대부분 우리는 이전과 다른 방식으로 뇌를 쓰고 있을 뿐, 예전보다 뇌를 적게 써서 바보가 되거나 인지기능이 떨어진 것은 아닙니다. 지금 젊은 세대만 보더라도 책을 꼼꼼히 한 줄씩 읽는 방식의 정보습득 태도가 거의 사라진 지 오래입니다. 책을 순서대로 읽지 않고 필요하면 되돌아가서 봅니다. 검색과 편집 중심의 사고를 하고 빠르게 정보 모드를 전환합니다. 글을 읽다가 갑자기 영상을 보고 다시 글을 읽고, 하이퍼링크를 통해 파편화된 정보를 빠르게 섭렵합니다. 좋다 싫다 혹은 옳다 그르다의 문제를 떠나서, 미디어 때문에 그런 방식이 강화되고 있습니다.

예전에는 단기 기억을 장기 기억으로 저장하는 대뇌 안쪽 측두엽 근처 해마(hippocampus)라는 영역을 많이 사용했을 겁니다. 이 영역이 발달하면 머리가 좋은 사람 취급을 받았겠지요. 그런데 현대사회에 와서는 전두엽, 즉 정보를 빠르게 스캐닝하고 필요한 정보가 뭔지 찾아서 결합하고 신속하게 맥락을 이해하는 영역을 더 많이 쓰는 방식으로 바뀌었습니다. 뇌를 쓰는 방식이 바뀌면 뇌 구조도 달라집니다. 이것을 뇌 가소성(neural plasticity)이라고 부릅니다. 뇌 구조가 바뀌어야 새로운 기능이 더해질 수 있으니까요. 새로운 사고방식, 검색과 편집, 정보의 결합, 빠른 스캔을 위해서는 그에 적절하게 뇌 구조가 바뀌어야 하고 실제로 그렇게 바뀌고 있습니다.

이런 변화의 부정적인 면은 수전 그린필드의 책《마인드 체인지(Mind change)》에도 잘 기술돼 있습니다. 주의력결핍 과잉행동장애

(ADHD) 아동이 늘어나는 등 집중력 저하 현상이 사회적으로 뚜렷하게 나타나고 있습니다. 하나에 집중하기엔 너무나 매력적인 자극들이 넘쳐나는 세상에 우리가 살고 있는 거지요. 다만 여기서 '집중'의 개념에 대해서는 논란이 있을 수 있습니다. 집중력 측정이 글을 읽고 문제에 답하는 전통적인 방식으로 이뤄지기 때문입니다. 옛날식 공부를 한 사람은 이런 시험방식에 익숙하기 때문에 오래 집중할 수 있는 반면, 요즘 아이들은 검색과 편집 중심의 사고를 하니까 이런 시험에 적합하지 않습니다. 생각해보시면 여러분이 페이스북을 읽는 동안 1시간을 집중하는 건 쉽지 않나요? 페이스북을 쭉 보고 나면 "벌써 1시간이 지났네!" 하지 않나요? 같은 이치로 일의 성격에 따라 집중하는 시간도 달라질 것이라고 생각해볼 수 있습니다.

여러 학술논문에서 '아이들이 게임을 많이 하면 충동을 억제하지 못하고 폭력성이 강해진다'는 결과를 반복적으로 보고하고 있습니다. 이런 주장에도 논란이 있습니다. 어릴 때 게임을 했던 아이들이 20대가 넘으면 대부분 폭력성이 보통 사람과 비슷한 수준으로 낮아집니다. 게임을 하는 동안에는 폭력적인 성향이 높게 나타날 수 있지만, 장기적으로 효과를 미치는 것 같지는 않다는 주장도 가능합니다. 게임에 빠진 아이들은 다른 부분에서도 일반 아이들과 다른 점이 있을 수 있는데 그런 것도 대부분 간과되지요. 다시 말해, 스마트기기 사용이 무조건 나쁘다고 하기에는 아직은 근거가 부족합니다. 제가 보기엔 좀 더 사려 깊게 실험을 해야 할 것 같습니다. 그리고 게임은 손쉽고 빠르게 작은 즐거움을 제공할 수 있는 기제라서, 보다 폭넓고 풍성한 그리고 다양한 즐거움을 주기 위한 노력을 우리 어른들이 해야겠지요.

인터넷을 많이 사용하는 사람들이 '우울하다'는 연구결과도 지속적으로 나오고 있습니다. 왜일까요? 첫째, 일상에서 우울감이 증가한 사람들은 대면 접촉이 적다는 특징이 있습니다. 주로 인터넷을 통해 소통하고 다른 사람과 직접 만나서 활력, 공감, 위로를 얻는 시간은 적다 보니 우울해지는 경향이 나타납니다. 둘째, 우리가 인터넷에서 주로 접하는 정보는 굉장히 잘사는 사람들이거나 반대로 사회를 나쁘게 만드는 사람들에 관한 내용이 많습니다. '나 너무 행복해!'라는 메시지를 인스타그램에서 받고, '이 사람 정말 나쁜 놈!'이라는 정보를 뉴스와 댓글창에서 읽지요. 그러다 보니 인터넷을 한참 보다가 내 삶을 되돌아보면 더 우울해지고 세상이 살 만한 곳으로 보이지 않게 됩니다.

인공지능과 공생을 준비하다

이렇게 인간의 뇌는 스마트기기에 점점 더 의존하고 있고, 인공지능은 그 어느 때보다 빠르게 산업 현장에서 쓸 만한 수준으로 발전하고 있는 오늘날, 과연 우리는 어떻게 살아야 할까요? 제4차 산업혁명이 오면 인공지능이 우리의 일자리를 위협한다는데, 인공지능 시대를 어떻게 준비해야 할까요?

전문가들이 호모 사피엔스에게 제안하는 전략은 크게 두 가지입니다. (웃음) 하나는 인공지능을 제대로 이해해서 필요한 곳에 잘 사용할 수 있는 인간이 되자는 것이고, 다른 하나는 인공지능이 못하는 것이 무엇인지, 그리고 우리가 더 잘하는 게 무엇인지를 파악해서 인간의 존재 가치를 높이자는 것입니다. 지피지기(知彼知己)하자는 것이겠지요.

인공지능을 '제대로' 배우는 것은 권할 만한 조언입니다. 사실 머신러닝을 포함한 지금의 인공지능은 학문적으로 깊지 않아서 1~2년만 열심히 공부하면 원하는 프로그램을 짤 수 있습니다. 그래서 아이들에게 코딩 교육을 시키겠다고 하는 것이겠지요. 어린 시절에 코딩 교육을 받는 건 나름대로 의미가 있습니다. 코딩 교육이란 자신의 아이디어를 온라인에서, 컴퓨터상에서 구현하는 작업입니다. 내가 상상한 것을 구현할 수 있는 도구를 갖는다는 것은 각별한 의미가 있습니다. 따라서 코딩 교육의 핵심은 창의적인 아이디어여야 합니다.

다만, 코딩 교육을 위해 학원이 등장하고, 학교에서는 프로그램 언어를 가르치면서 '괄호 안에 들어갈 명령어를 고르시오' 같은 암기식 시험을 볼까 봐 걱정입니다. 코딩 교육은 논리 교육이면서 창의성 교육이라야 합니다. 암기식으로 접근하지 않기를 간절히 기대합니다.

데이터 사이언스나 통계학, 인공지능, 블록체인 등의 학문적 미래는 밝을 겁니다. 우리는 아직 데이터를 얻고 처리하는 법이나 인공지능으로 제대로 분석하고 해석하는 법은 잘 모릅니다. 그래서 유망합니다. 많은 인재가 필요합니다.

인공지능은 잘 못하는데 우리가 잘하는 건 너무도 많습니다. 앞으로 그런 영역은 오랫동안 살아남아 있을 겁니다. 근본적으로 인공지능의 한계는 제대로 '이해'를 못하고 문제를 푼다는 데 있습니다. 그래서 어이없는 실수를 합니다. 이해는 인간의 매우 고등한 사고영역입니다.

우리는 이해하지 못하면 문제를 풀지 못하지만, 요즘 머신 러닝은 이해의 과정을 생략한 채 바로 문제를 풀 수 있는 방법을 터득한 겁니다. 그러니 한계가 분명합니다.

인공지능은 데이터에 기반하기 때문에 데이터를 바탕으로 확장하는 사고를 주로 하지요. 인공지능은 민주적으로 데이터에 의존합니다. 많은 데이터가 하는 얘기가 옳다고 믿습니다. 데이터 자체가 잘못됐다고 생각하거나, 데이터에 반대하는 의견을 내거나, 데이터가 없는 영역을 찾아 데이터를 스스로 만드는 능력은 아직 부족합니다. 역으로 그것이 인간 창의성의 핵심이고요. 우리는 데이터가 성차별적이거나 인종차별적이면 바로 알아채고 문제를 제기할 수 있지만, 인공지능은 그런 판단의 주체가 되지 못합니다. 스스로 생각하는 의식이, 감정이나 욕구를 통해 판단 기준을 만드는 능력이 없습니다. 그러니 우리는 인공지능을 도구로서만 사용할 수 있습니다.

우리는 사람이나 물건, 환경과 상호작용을 매우 잘합니다. 그러나 아직 인공지능은 그럴 능력이 없습니다. 상호작용은 매우 고등한 능력이거든요. 특히 사람과 상호작용하기 위해서는 감정 읽기 능력, 공감 능력 같은 매우 고등한 사회성을 필요로 합니다. 인공지능이 그런 걸 가지려면 아직 멀었습니다. 앞으로 인간의 직업은 사회성을 강화하는 방향으로 진화할 겁니다. 데이터를 처리하고 분석하는 역할은 인공지능에 넘겨주고, 우리는 데이터 자체를 검토하거나 결과를 해석하는 고등한 능력을 발휘해야 합니다.

나만의 답을 찾는 사람

제가 인공지능이 인간의 뇌를 닮아가면서 점점 발전하고 있다고 말씀드렸죠? 그런데 역설적이게도, 대한민국은 지난 70년 동안 인간으로 하여금 인공지능을 흉내 내도록 교육해왔고 평가해왔습니다. 선진국이 만들어낸 지식을 머릿속에 집어넣는 데 급급했고, 학습한 지식을 정확하게 실수 없이 뱉어내게 하는 방식으로 청소년들을 평가했습니다. 같은 교과서로 모두의 머릿속에 같은 내용을 채우는 데 대한민국 전체가 몰두했고, 심지어 '선행'이라는 이름으로 남들보다 먼저 입력하는 데 집집마다 많은 사교육비를 썼습니다.

좋은 질문을 하고 자신만의 답을 만들어내게 하기보다 정답 찾기에 급급했습니다. 이미 선진국들은 좋은 질문을 던지게 하고 자신만의 답을 찾도록 교육하고 있는데, 우리는 시도조차 못하고 있습니다. 교실은 토론이 없는 곳으로 바뀌어가고 있고, 글을 쓰지 않고 숫자를 맞추는데 몰두해왔습니다.

대한민국의 학교는 기계적인 공정함을 가장 중시하고 효율을 중시하는 경쟁 일변도 교육을 제공해왔습니다. 획일화된 정량 평가로 청소년들을 줄 세우고, 대학 입시도 학교와 학생을 한 줄로 세운 후 둘 사이에 짝짓기를 하는 방식으로 치러왔습니다. 학생들에게는 공식 암기와 문제 풀이 중심의 '낮은 수준의 수학 교육', 정해진 틀로 문학을 해석하고 단순하게 문법이나 단어 암기, 독해를 확인하는 '낮은 수준의 언어 교육'을 해온 것이 사실입니다.

그런 학교를 졸업한 학생들이 어른이 되어 회사에 들어가니 회사도 마찬가지인 곳이 됐습니다. 실패를 두려워하다 보니 새로운 시도보다는 해외 성공 사례를 찾아다녔습니다. 핵심성과지표를 만들어 모든 직원을 정량평가하고, 혁신적인 시도를 한 직원보다는 사고를 안 친 직원을 더 선호했습니다.

이제 우리나라도 정답을 찾는 교육이 아니라, 좋은 문제를 정의하는 교육으로 옮겨가야 합니다. 정해진 답을 남들보다 먼저 찾는 교육이 아니라 나만의 관점에서 논리적으로 해답을 제시하는 능력이 더 존중받아야 합니다. 높은 수준의 수학적 추론을 가르치고, 틀에 박힌 언어교육을 하는 게 아니라 언어교육이 곧 사고와 철학 교육이라는 사실을 깨달아야 합니다.

수많은 시도와 실패가 더 큰 성취의 밑거름이 되어야 하며, 분야 중심이 아닌 문제 중심의 교육으로 옮겨가야 합니다. 경쟁하는 법만 가르칠 것이 아니라 협력을 통해 문제를 해결하는 법도 가르쳐야 합니다. 인간에 대한 다양성을 존중하고 학교에서부터 사회에 이르기까지 그것을 평가하는 세상이 될 때, 우리 사회는 인공지능과 공생하면서 더욱 인간적 가치를 높이는 사회로 거듭날 것입니다. 그것이 인공지능 시대에 인간 지성이 가야 할 미래입니다.

제4차 산업혁명 시대,
미래의 기회는
어디에 있는가

프랑스 계몽시대의 철학자이자 작가인 볼테르는 "의심하는 것은 유쾌한 일이 아니다. 하지만 확신하는 것은 어리석은 일이다."라고 말했다. 실제로 제4차 산업혁명이 어떤 결과를 낳을지 우리가 안다고 확신한다면 지나치게 순진한 생각일 것이다. 그러나 그것이 어떤 방향일지에 대한 공포와 불확실성으로 얼어붙는다면 이 역시 순진한 행동이다. 제4차 산업혁명의 최종 목적지는 결국 그 잠재력이 최대한 발휘될 수 있도록 만드는 우리의 능력에 달려 있다.

클라우스 슈밥, 《클라우스 슈밥의 제4차 산업혁명》

요즘 실리콘밸리의 최대 관심사는 '스마트폰 다음에 과연 어떤 테크놀로지가 세계를 지배할 것인가?'입니다. 1991년 캘리포니아주립대학교(로스앤젤레스 캠퍼스) 팀 버너스 리(Tim Berners-Lee) 교수에 의해 월드 와이드 웹(World Wide Web)이 등장하고 1994년 넷스케이프(Netscape)가 서비스를 시작하면서 바야흐로 '인터넷의 시대'가 열렸지요. 2000년대에 들어서면서 웹 2.0 시대, 즉 참여·공유·개방의 정신을 받아들이고 권위의 시대가 무너지면서 집단지성을 중시하는 시대가 오는가 싶더니, 2007년 말 스티브 잡스가 아이폰을 세상에 내놓으면서 이른바 '모바일 시대'가 열렸습니다. 우리가 스마트폰을 사용한 지 백만 년은 된 것처럼 느껴지지만, 이제 겨우 10년이 지난 겁니다. (웃음) 모바일의 시대정신은 나와 유사한 사람들 사이의 연결(network with similar others)입니다. 우리는 이제 언론사의 정갈한 뉴스보다, 집단지성이 만든 '네이버 지식인 서비스'보다, 페이스북이나 트위터에서 날아오는 소식들을 더 중요하게 생각합니다. 나와 관계를 맺고 있는 사람들이 주는 정보로 세상을 이해하지요.

　대략 10년 주기로 새로운 테크놀로지와 그에 걸맞은 시대정신이 세상을 지배하고 있는 상황에서, 스마트폰 다음으로 모든 사람들이 반드시 하나씩 지니게 될 미디어 플랫폼은 도대체 무엇이 될까요? 정보를 받아들이는 미디어 플랫폼이 바뀌면 우리의 생활양식도 그에 따라 근본적으로 바뀌지요. 그것을 지배하는 회사가 세상을 이끄는 기업이 될 것입니다. 따라서 최전선의 엔지니어들은 이 질문에 주목할 수밖에 없습니다.

그 기기는 어떤 모습이 될까요? 통상 우리가 손에 들고 다니는 기기는 무게가 500그램 이하여야 합니다. 보통 핸드폰이 100~200그램 내외이지요. 기기의 무게는 어느 정도 정해져 있는데, 동영상을 포함한 멀티미디어 활용은 예전보다 훨씬 더 많이 늘 것으로 전망되니, 화면은 더욱 커지고 두께는 점점 얇아지고 메모리는 빠르게 확장되겠지요. 종이처럼 접거나 둘둘 말 수 있는(foldable, bendable) 스크린이 등장할까요? 원래는 핸드폰 형태이지만 구부리면 손목시계가 되기도 하는 트랜스포머 같은 기기를 중국의 다국적 민영기업 레노보(Lenovo)가 내놓기도 했지요. 이런 녀석이 미래형 스마트 플랫폼이 될까요?

스마트폰 이후, 무엇이 세상을 지배할 것인가

이 질문에 답을 찾던 엔지니어들은 아주 흥미로운 관찰을 하게 됩니다. 다양한 스마트기기들이 등장한 상황에서 사람들은 그중 가장 필요한 하나만 구입하는 것이 아니라 평균 2.5개 정도를 구입하며, 경우와 때에 맞춰 골라가며 사용한다는 겁니다. 하루 일상 속에서 여러 기기를 끊임없이 바꿔가면서 비트 세계(bit world, 사이버 혹은 가상공간)에 접속하려고 애쓴다는 거죠. 아침에 일어나자마자 스마트폰으로 이메일과 소셜미디어를 확인하고, 기차나 비행기를 타면 태블릿 PC를 활용하고, 일할 때는 랩톱이나 데스크톱을 씁니다. 지하철로 이동할 때, 거실 소파에 누워 있을 때, 잠들기 전 침대에 있을 때 사람들은 각각 다른 스마트기기를 쓴다는 겁니다. 매시간 어떤 방식으로든 사이버 공간에 접속하려 애쓴다는 것이 그들의 관찰이었습니다.

이유는 자명합니다. 스마트기기를 사용하지 않는 시간보다 그것을 사용해 비트 세계에 접속하는 시간이 훨씬 더 즐겁고 정보가 넘쳐 나며, 그곳에 내가 봐야 할 것들과 해야 할 일들이 더 많기 때문입니다. 따라서 '아직까지 우리가 스마트기기를 사용하지 않는 시간'이 언제인지를 살펴본 다음에 그 시간에도 비트 세계로 접속하게 해줄 편리한 스마트기기를 만든다면, 그 기기는 모두가 하나씩 소유하는 '새로운 혁명의 기기'가 될 겁니다. '이런 접근이 본질적으로 우리에게 더 나은 삶을 가져다줄 것인가 아닌가' 하는 질문과는 별개로 말입니다.

우리는 언제 스마트기기를 사용하지 않을까요? 지금처럼 제 강연을 들을 때입니다. (웃음) 지인들과 모여 식사를 하고 이야기를 나눌 경우에도 마찬가지겠지요. 우리는 함께 모여 있을 때 스마트기기를 덜 사용합니다. 물론 친구들과 수다를 떨다가 비트 세계로 접속하기도 합니다. 누군가 "페이스북 사용자가 많을까, 트위터 사용자가 많을까?"라는 질문을 던졌다고 가정해봅시다. 그럼 우리는 이 질문에 답을 찾기 위해 서로 스마트폰을 꺼내들지요. 스마트폰에 접속하는 순간, 친구들과 함께하던 현실 세계의 시간은 잠시 멈춥니다. 각자 비트 세계로 들어가 네이버나 구글 검색을 한 후에 답을 가지고 현실 세계로 돌아옵니다.

그래서 지금 우리가 사용하는 스마트기기들을 엔지니어들은 '일상 단절 기기(just-a-moment devices)'라고 부릅니다. "나 잠깐만 비트 세계로 들어갔다 올게" 하는 거죠. 지금은 대부분의 스마트기기가 일상 단절 기기입니다만, 우리가 현실 세계에 살면서도 단절 없이 비트 세계와 상호작용할 수 있다면 사람들은 그 미디어를 훨씬 더 매력적이라고 느낄 겁니다. 이런 기술을 '일상몰입 기술(life-immersive technology 혹은 seamless technology)'이라고 부릅니다.

장기적인 관점에서, 테크놀로지는 일상몰입의 방향을 지향하고 있습니다. 예를 들어 운전 중에 내비게이션을 사용하면, 우리는 틈틈이 지도를 봐야 하고 옆사람과 대화를 나누다가도 내비게이션이 들려주는 정보에 귀 기울여야 합니다. 일상이 단절되는 것이지요. 하지만 앞으로는 내 차 앞에서 가상의 차가 나를 인도해서, 그 차를 따라가기만 하면 목적지에 도달하는 식의 내비게이션이 등장할 것입니다. 가상의 차 뒷 유리에는 도착 예정시간과 다음 진행 방향 같은 것들이 표시돼 있어서, 그저 전방을 주시하며 운전을 하면 목적지에 도착할 수 있게 됩니다. 자율주행이 나오면 그럴 필요도 없겠지만요.

가상현실(VR, Virtual Reality)을 넘어 증강현실(AR, Augmented Reality) 기술이 주목받고 있는 이유도 바로 그 때문입니다. 증강현실 기술이 장착된 고글을 쓰고 있으면 현실 세계 위에 비트 형태로 정보를 얹어서 보여줄 수 있고, 여러 사람이 함께 비트 세계를 체험할 수도 있습니다. 예를 들면 건축가나 디자이너가 증강현실 고글을 쓰고 함께 디자인도 해 보고 인테리어 소품도 마음껏 설치하고 제품을 만들었다가 부쉈다가를 반복할 수도 있지요. 창의적인 토론도 가능할 겁니다. 증강현실이야말 로, 현실 세계를 이루는 아톰(atom)과 가상 세계를 이루는 비트를 섞어 부드럽게(seamless) 상호작용하도록 도와주는 일상몰입 기술의 핵심이 지요.

증강현실이 강화된 스마트기기가 앞으로 스마트폰을 대체하고 새 로운 미디어 플랫폼으로 세상을 지배할 것이라고 믿는 회사 중 하나가 페이스북입니다. 페이스북은 그동안 비트 세계 안에서 소셜미디어 서 비스만 제공했는데, 더 큰 수익을 내려면 애플이나 샤오미, 삼성처럼 스마트기기 자체를 만들어야 한다는 판단을 한 것 같습니다. 그래서 몇 해 전부터 매년 5000억 원씩 10년간 총 5조 원 이상을 증강현실을 기 반으로 한 새 플랫폼에 투자해오고 있습니다(20조 원이라는 언론 발표가 나 오기도 했습니다만, 현실적으로 그 정도 규모는 쉽지 않습니다). 실제로 마이크로소 프트가 출시한 헤드셋 타입의 증강현실 기기 홀로렌즈(HoloLens)나 페 이스북이 인수한 오큘러스(Oculus)가 만든 오큘러스 리프트(Oculus rift) 가 국제전자제품박람회(CES, Consumer Electronic Show) 같은 곳에서 선보 인 수준을 보면, 조만간 근사한 녀석이 등장할 것 같은 기대감이 들기 도 합니다. 2조 원 가까운 투자를 받은 매직 립(Magic leap) 같은 증강현 실 스타트업이 제대로 좋은 결과만 만들어내 준다면, 증강현실이 새로 운 시대를 이끌 수 있습니다.

아톰 세계와 비트 세계의 일치가 가져오는 혁명

일상몰입 기술을 활용한 스마트기기는 어떻게 만들어질까요? 이런 기기가 실현 가능해지려면, 기기를 사용하는 동안 사용자 주변의 아톰 세계(atom world, 실제 시공간을 점유하는 현실 세상)에 대한 정보들을 모두 비트화해서 비트 세계로 보내줘야 합니다. 그래야 도로 위의 장애물 정보를 파악해서 내가 부딪히지 않도록 알려준다거나 다른 사람이 가상 공간에서 나를 인식하게 만들 수 있죠. 이를 위해서는 아톰 세계의 상황을 전부 비트화할 수 있는 사물인터넷(IoT, Internet of Things)이 필수적입니다.

사물인터넷을 통해 얻은 아톰 세계에 대한 정보는 아마도 그 양이 엄청나게 클 것이며, 데이터 형태도 다양하고 늘어나는 속도도 무척 빠를 테니 당연히 '빅데이터'라 부를 수 있겠지요. 그러면 인공지능이 이 빅데이터를 분석해서 사용자에게 맞춤형 예측 서비스를 제공하는 기술이 바로 일상몰입 기술이 될 겁니다. 다시 말해 일상몰입 기술을 실현하기 위해서는 사물인터넷, 빅데이터, 가상현실/증강현실, 인공지능 등이 필요한데, 지금 이런 기술들이 현실적으로 상용화할 수 있는 수준으로 발전했다는 것이 엔지니어들이 다음 세대 플랫폼으로 일상몰입 기기를 주목하고 있는 이유입니다.

사물인터넷을 위한 센서의 가격이 1달러 이하로 떨어지면서 어떤 물건에든 센서를 달아서 정보를 공유할 수 있게 되었습니다. 예를 들어, 우산에 사물인터넷 센서를 달면 여러분이 카페에 우산을 놓고 떠났을 때 우산이 여러분에게 문자를 보낼 겁니다. "저를 진정 버리실 건가요?"(웃음) 카펫에 달린 센서가 청소기에게 카펫 위 먼지 정보를 보내, 우리가 집에 없는 동안 자기들끼리 알아서 청소를 해둘 겁니다. 빅데이터를 잘 저장하고 구조화해 정리하고 처리할 수 있는 기술도 꽤 성숙했습니다. 하둡(Hadoop) 같은 도구를 사용하면 여러 대의 컴퓨터를 마치 하나인 것처럼 묶어 빅데이터를 효율적으로 관리할 수 있습니다. 게다가 머신러닝의 등장으로 인공지능도 상용화가 가능한 수준의 정확도를 보이게 됐습니다. 증강현실마저 상용화 수준이 된다면, 일상몰입 기기는 조만간 세상에 등장할 겁니다.

그런데 흥미로운 건, 제가 지금 말씀드린 기술의 철학이 바로 '제4차 산업혁명의 정신'이라는 사실입니다. 제4차 산업혁명을 한마디로 요약하자면, 사물인터넷을 통해 아톰 세계를 고스란히 비트화해서 비트 세계와 일치시키면 이 빅데이터를 클라우드 시스템 안에 저장해서 인공지능으로 분석해 아톰 세계에 맞춤형 예측 서비스를 제공해줄 수 있는 산업으로의 전환을 말합니다. 제4차 산업혁명을 제안한 세계경제포럼(WEF, World Economic Forum)의 클라우스 슈밥(Klaus Schwab) 회장은 아톰 세계와 비트 세계가 일치하는 것을 '가상 물리 시스템(CPS, Cyber-Physical System)'이라고 불렀습니다. 이것을 중국에서는 유사한 개념으로 'O2O(Online to Offline)'라고 부르는데, 다소 제한된 용도로만 사용합니다. 우리는 중국이 사용하는 이 개념을 몇 해 전부터 언론이 사용하고 있고요.

아톰 세계와 비트 세계의 일치가 도대체 어떻게 혁명을 만들어내는지 궁금하시지요? 우리가 평소 사용하는 '내비게이션 시스템'을 예를 들어보지요. 예전에는 낯선 곳을 찾아가기 위해 지도를 봐야 했고, 도로가 막히면 하염없이 운전석에 앉아 기다려야만 했지요. 밤늦게 택시를 잡을 땐 대책 없이 도로변에서 손을 흔드는 수밖에 없었습니다. '따블!'을 외치면서요. (웃음)

그런데 지금은 '구글 어스(Google Earth) 프로젝트' 라는 야심 찬 시도 덕분에 지구 표면의 모든 도로 정보가 비트화되어 데이터로 저장돼 있습니다. 자동차의 위치와 움직임 또한 글로벌 위치 파악 시스템(GPS, Global Positioning System)을 통해 추적합니다. 덕분에 우리는 목적지까지 도착하는 데 얼마나 걸릴지, 가장 빠르게 도착하기 위해서는 어떤 길로 가야 할지 맞춤형 예측 서비스를 제공받습니다. 더 나아가 택시를 잡기 위해 우버나 카카오택시를 이용하면 택시를 내가 있는 곳으로 부를 수 있고, 택시가 오는 과정을 스마트폰으로 확인할 수 있으며, 택시를 타고 목적지까지 가는 과정 또한 화면으로 볼 수 있습니다. 결제도 물론 가능하고요.

존 행크(John Hanke, 전 구글 지도팀 상품기획부문 부사장)가 처음 '구글 어스 프로젝트'를 제안했을 때 모두가 그건 미친 짓이라고 했습니다. 하지만 그는 8년 만에 자신의 프로젝트를 완수했고, 사람들이 직접 차를 타고 도로를 달리면서 찍은 사진(streetcar view)까지도 구글 어스를 통해 볼 수 있게 해주었습니다. 여담입니다만, 이후 행크는 구글에서 독립해 직접 스타트업(나이앤틱)을 차리고 닌텐도와 협업해 게임을 하나 만들어 세상에 내놓게 되는데, 그것이 바로 '포켓몬 고(Pocketmon GO)'입니다.

아톰과 비트가 혼재돼 있고 그것을 구분하는 것이 무의미하다는 걸 보여주는 게임인 포켓몬 고를 행크가 만들었다는 건 어쩌면 너무나 자연스러운 것일지도 모릅니다.

도로 정보와 GPS를 통해 얻는 자동차의 움직임 정보까지 모두 비트화해서 아톰 세계와 비트 세계를 일치하게 해준 결과, 내비게이션과 우버 서비스가 가능해졌습니다. 더 나아가 차선 안에서의 구체적인 정보, 도로의 노면 정보, 보행자에 대한 정보, 심지어 날씨와 계절에 따른 변화까지도 모두 고스란히 비트화해 놓으면, 자율주행 자동차가 가능해지는 겁니다. 이런 데이터를 바탕으로 인공지능이 운전을 하면 우리보다 더 안전하게 운전하게 될 겁니다. 아톰과 비트의 세계가 일치해, 교통 시스템을 넘어 제조업과 유통업 전반에 걸쳐 산업 혁신을 구현하겠다는 것이 바로 '제4차 산업혁명'입니다.

차세대 플랫폼은 어떤 모양일까

'아톰 세계와 비트 세계의 일치를 바탕으로 한 제조업과 유통업의 혁신'이 바로 제4차 산업혁명이라고 방금 말씀드렸는데요, 여기에는 웨어러블 기기(wearable devices)의 역할도 매우 중요합니다. '스마트폰 다음에 나올 미디어 플랫폼은 어떤 모습일까?'를 상상하는 데도 웨어러블 기기는 큰 도움이 됩니다. 사물인터넷을 이용해 아톰 세계의 정보를 모두 비트화하는 것뿐만 아니라, 우리 몸이 만들어내는 바이오 정보까지도 비트 세계로 옮기려면 웨어러블 기기는 필수적입니다.

애플 워치(Apple Watch), 삼성 갤럭시 기어(Samsung Galaxy Gear), 핏비트(Fitbit), 소니 엑스페리아(Sony Xperia) 등 한때 웨어러블 기기들이 줄지어 등장했을 때, 많은 회사들이 웨어러블 기기의 폼 팩터(form factor, 제품의 구조화된 형태)로 손목시계 타입과 안경 타입 중 어느 쪽으로 가야 할지 고민이 많았습니다. 결국 고민 끝에 대부분의 회사에서 손목시계 타입을 선택했지요. 하지만 냉정하게 판단했을 때 손목시계 타입으로는 할 수 있는 게 많지 않습니다. 기껏해야 헬스케어(healthcare) 정도이지요. 가속도센서나 자이로센서(gyrosensor, 회전운동 측정장치) 등을 사용하면 우리가 몸을 얼마나 움직였는지 수치화할 수 있습니다. 이걸 액토그램(actogram)이라고 하는데요, 이렇게 운동량을 측정하고 때론 이 데이터를 친구들끼리 공유해 경쟁적으로 운동을 하게 만드는 서비스를 제공할 수 있습니다. 재미있는 아이디어지만, 고작 그 정도입니다. 조만간 혈압을 측정하는 서비스가 등장할 예정인데, 그건 한동안 인기를 끌 겁니다. "자네, 사람 혈압 올라가게 만드네!" 같은 대화를 과학적인 근거를 가지고 나눌 수 있는 시대가 온다는 얘기니까요. (웃음) 심혈관질환이 사망 원인 1위인 상황에서 실시간으로 혈압을 측정할 수 있게 된다는 건 의미 있는 발전이긴 합니다.

그렇더라도 뇌공학적인 관점에서 예측해보자면, 사실 손목에서는 사용자로부터 중요한 정보를 얻거나 제공하기가 어려워서 손목시계 타입 웨어러블 기기는 헬스케어 외에는 딱히 쓰임새가 없습니다. 인간은 눈과 귀를 통해 중요한 정보를 받아들이고 뇌를 통해 그것을 처리합니다. 입을 통해 명령을 내리고요. 따라서 인간에게 유용한 고등한 서비스를 제공하려면 고등한 정보처리를 바탕으로 해야 합니다. 그러려면 두피에서 뇌파를 측정한다거나, 눈과 귀, 입 근처에서 인터페이스를 해야 합니다. 즉 머리에 가깝게 스마트기기가 붙어 있어야 해줄 수 있는 게 많다는 뜻입니다.

따라서 구글이 한때 시도했다가 지금은 잠시 중단한 안경 타입 웨어러블 기기(Google Glass)가 장기적인 관점에서는 더 우세할 것이라고 생각합니다. 혹은 손목시계와 안경을 같이 쓰는 방식으로 다음 세대 플랫폼이 변모할 가능성도 있습니다. 손목시계의 버튼을 누르면 이미지가 홀로그램처럼 위로 올라오고, 안경을 쓰면 그 이미지를 보거나 조작할 수 있는 형태 말입니다. 혹은 스마트폰을 그대로 사용하더라도 안경 타입 웨어러블 기기를 쓰면 새로운 서비스를 추가로 제공받는 상황도 가능할 겁니다.

물론 아직은 안경 타입 웨어러블 기기를 만드는 데 어려움이 많습니다. 웨어러블 기기에는 고등한 인지기능을 가진 인공지능이 들어가 있어야 하고, 디스플레이 화면이 그걸 실시간으로 처리해 보여줘야 하는데, 아직은 웨어러블 기기가 인간 눈의 움직임을 따라 피로감 없이 데이터를 제대로 제공하는 데 한계가 있습니다. 무엇보다도 배터리 사용량이 엄청날 텐데 안경 타입은 무게가 한정돼 있다 보니 주머니에 따로 배터리를 달지 않으면 자주 충전을 해야 해서 여간 불편한 게 아니지요. 훗날 철삿줄 같은 선형 배터리가 나와서 이 문제를 해결해줄 것으로 보입니다만, 그것도 상용화에는 상당한 시간이 필요합니다.

그리고 안경 타입은 사생활 침해가 매우 심각한 이슈 중 하나로 대

두될 겁니다. 상상해보세요. 앞에 앉아 있는 사람이 구글 안경을 쓰고 있으면 나를 촬영하는 것 같아 불편하지 않겠습니까? 몰래카메라로 악용될 수 있어서, 널리 사용되는 데 아직은 어려움이 있습니다. 그래도 저는 스마트 테크놀로지가 궁극적으로는 안경 타입으로 갈 것이라 판단하고 있습니다.

제4차 산업혁명은 허구인가

제4차 산업혁명을 처음 선언한 슈밥 회장에 대해 좀 더 자세히 얘기해볼까요? 하버드대학교 교수를 역임했고 그 후 스위스 제네바대학교 경영대학원 교수가 된 그는 1971년 '유럽경영포럼'을 처음 개최했습니다. 그는 매년 각 분야 전문가들을 스위스의 작은 마을 다보스에 불러 하루 종일 토론하게 하고 이를 정리해 공유하는 행사를 열었는데, 점점 인기가 높아지고 영향력이 커지면서 1987년 세계경제포럼으로 명칭을 변경했습니다.

세계경제포럼은 운영 방식이 독특합니다. 매년 각국의 '영 글로벌 리더(Young Global Leaders)'를 선정하는데 그 수가 이제는 수천 명에 이릅니다. 이들로 하여금 1년 내내 전 세계의 중요한 이슈들에 대해 토론하게 합니다. 영 글로벌 리더 서밋(Young Global Leader Summit)도 열고, '탑링크(Toplink)'라는 사이트도 개설해 논의하게 합니다. 여름에는 서머 다보스(Summer Davos)도 개최하고, 11월에는 미래위원회 연례행사(Annual Meeting of the Global Future Councils)도 주최합니다. 1년 내내 주요 행사들을 통해 토론의 시간을 마련합니다. 그리고 이듬해 1월 마지막 주에 스위스 다보스에서 세계 정상들을 초청해, 영 글로벌 리더들의 토론을 바탕으로 글로벌 이슈에 대해 구체적으로 실천할 수 있는 방안을 토론하게 합니다.

세계경제포럼이 2009년에 작은 실수를 하나 하게 되는데, 영 글로벌 리더 한국대표로 저를 뽑았습니다. (웃음) 그 전까지 글로벌 이슈에 대해 공부하고 고민해볼 기회가 전혀 없었는데 영 글로벌 리더에 선정된 덕분에 지구의 문제를 내 문제의 일부로 생각하게 되었고, 세계경제포럼 활동에 작게나마 참여하고 있습니다. 그렇다면 저에게 2015년도에는 무슨 일이 있었을까요? 짐작하신 대로, 세계경제포럼은 2015년에 각국의 영 글로벌 리더들에게 '2016년 1월 포럼에서는 제4차 산업혁명을 선언할 것이다'라고 하면서 제4차 산업혁명의 가능성과 의미를 토론하게 했습니다.

'이제는 말할 수 있다' 버전으로 솔직히 말씀드리자면, 당시 저는 제4차 산업혁명 선언에 다소 부정적이었습니다. 다른 나라의 많은 영 글로벌 리더들도 적극적으로 호응하는 분위기가 아니었다고 기억합니다. 제4차 산업혁명을 선언하기에는 아직 이르다는 의견이 많았습니다. 사물인터넷이 아직 보편화되지 않았고, 개인정보 규제도 강력해서 빅데이터를 모을 수 있는 형편이 안 되었으며, 무엇보다도 인공지능이 제품과 서비스에 들어갈 만큼 상용화되어 있지 않았습니다. 2015년까지만 해도 그랬습니다. 특히 대한민국은 물론이고 중국과 일본, 동남아시아, 아프리카, 남아메리카 등 대부분의 지역이 제4차 산업혁명과는 거리가 멀어 보였습니다.

'산업혁명'이란 사람들이 그 변화를 충분히 경험한 뒤 산업·사회·문화가 완전히 '혁명적으로' 바뀌었다고 평가한 후 나중에 붙여진 이름이었습니다. 증기기관 발명 후 영국의 제조업과 유통업이 완전히 바뀐 뒤 100년이 지난 후에야 산업혁명이라는 개념이 등장했듯이 말입니다. 그런데 제4차 산업혁명은 아직 오지 않은 상태에서 미리 선언된 혁명입니다.

반대로, 메르켈 총리의 '2020년을 위한 하이테크' 선언에서 '인더스트리 4.0(스마트 공장처럼 디지털 기술을 통한 제조업의 혁신)'을 경험한 독일과 스위스에서는 제4차 산업혁명을 선언하는 것이 자연스러워 보였던 것 같습니다. 실리콘밸리도 제4차 산업혁명이라는 명칭에는 '너무 거창하게 이름을 붙인 것 같다'는 투덜거림과 거부감을 보이긴 했지만, 다들 큰 철학에는 동의하는 듯 보였습니다. 그리고 슈밥 회장은 2016년 1월 다보스 포럼(세계경제포럼)에서 예정대로 제4차 산업혁명을 선언했습니다.

사실 제게 더욱 놀라운 것은 그 다음에 벌어진 상황이었습니다. 저는 다보스 포럼 이후 2016년 내내 우리 사회에서 '제4차 산업혁명 선언, 아직은 이르다'는 주장을 한 번도 들어본 적이 없습니다. 그보다는 제4차 산업혁명은 당연히 오는 거라고 생각해서인지 '제4차 산업혁명을 어떻게 대비할 것인가'라는 주제로 사람들의 관심사가 완전히 옮겨갔습니다. 게다가 2016년 3월, 이세돌과 알파고의 '세기의 대국'이 서울에서 벌어지고 그것이 알파고의 4승 1패 완승으로 끝나면서 이미 인공지능이 상용화 시대에 들어선 것처럼 착각하게 되었습니다. 이 사건을 통해 대한민국 사람들은 안전하게 인공지능이 발달할 미래사회를 미리 가상으로 경험한 것처럼 보였습니다. '인공지능이 발달하면, 알파고 같은 녀석과 내 일자리를 놓고 경쟁해야 하는 날이 오겠구나' 하고 말이죠. 저는 '사람들의 마음속에는 이미 제4차 산업혁명이 도래했구나' 하는 생각이 들었습니다. 역시 저는 글로벌 리더는 아닌가 봅니다. (웃음) 이제는 영(young)도 아닙니다만. (웃음)

거의 1년이 지났을 무렵인 2016년 말. 제4차 산업혁명을 어떻게 준비할지 온갖 말들이 무성하다 보니 실제로는 하나도 바뀐 것이 없는데도 우리 사회는 벌써 '제4차 산업혁명'이라는 단어에 피로감을 느끼기 시작했습니다. '제4차 산업혁명은 허구다. 사설 단체의 상업주의에 온 나라가 놀아났다' 같은 주장이 나오기 시작했습니다. 가끔 사람들은 실제로 뭐를 하지 않더라도 많이 듣는 것만으로도 이미 뭔가를 한 듯한 착각에 빠지기도 합니다. (웃음) 2017년이 되어 제4차 산업혁명을 얘기하면 '이미 한물간 개념인데, 아직도 그걸 얘기하나?' 하는 표정을 짓곤 합니다. (웃음) 제가 보기에는 우리나라엔 아직 혁명이 시작되지 않았는데 말입니다. 문재인 정부는 2017년 8월 '4차 산업혁명위원회'를 만들어 제4차 산업혁명에 대한 준비를 국가적인 과업으로 추진하고 있습니다.

혹여 '제4차 산업혁명'이라는 단어가 마음에 안 드신다면 이 단어를 쓰지 않으셔도 좋습니다. 제러미 리프킨처럼 '제3차 산업혁명의 후기 혹은 성숙기'라고 주장하셔도 좋습니다. 그는 《제3차 산업혁명》이라는 책의 저자이니, 책 판매에 악영향을 미칠 제4차 산업혁명이 당연히 탐탁지 않겠지요. (웃음) 혹은 '디지털 트랜스포메이션(digital transformation)'이라고 부르셔도 좋고, 독일이 추진하는 '인더스트리 4.0'이나 일본이 선언한 '소사이어티 5.0(Society 5.0)'과 다르지 않다고 말씀하셔도 이해합니다. 중요한 건 용어가 아니라 세계가 나아가려는 비전입니다. 스마트 테크놀로지의 발달이 비트 세계와 아톰 세계를 일치시켜 제조업과 유통업의 혁신을 이끌고 사용자와 공급자를 바로 이어주는 공유경제를 만들고 초연결 대융합 사회로 나아가려는 비전, 더 나아가 이것이 정치, 경제, 사회, 문화 등에 근본적인 변화를 일으킬 것이라는 거대한 전 지구적 흐름에 주목해주시길 바랍니다. 미래의 기회는 아마도 거기에 있을 것입니다.

1780년대 제임스 와트(James Watt)가 증기기관을 발명하고 조지 스티븐슨(George Stephenson)이 증기기관차를 만들면서 제1차 산업혁명, 제조와 유통의 혁명이 시작됐습니다. 가내수공업이 아니라 대량생산이 가능한 기계가 등장했고, 우리 동네에서 만든 물건을 다른 동네에서 소비할 수 있게 됐으니까요. 1900년대 들어 땅을 사서 공장을 짓고 사람을 고용하면서 전기를 기반으로 한 대량생산체제, 이른바 포드의 모델 T로 상징되는 '벨트컨베이어 시스템'이 등장하면서 제2차 산업혁명, 전기 혁명이 시작됐습니다. 제3차 산업혁명은 디지털 혁명이었습니다. 1950년대 컴퓨터가 등장한 이래 개인용 컴퓨터가 발명되고 거기에 인터넷, 모바일 기술이 더해졌습니다. 제4차 산업혁명은 제3차 산업혁명의 결과물인 디지털 기술이 아톰 세계와 비트 세계를 일치시키고 이를 1, 2차 산업혁명의 결과물인 유통·제조업에 접목해서 이전과는 완전히 다른 방식의 산업 구조를 만들겠다는 '1, 2, 3차 산업혁명의 융합 혁명'

인 셈입니다.

지금은 사람들이 '제4차 산업혁명'과 함께 사물인터넷이나 인공지능, 빅데이터, 블록체인을 열심히 언급하지만 이런 기술 자체가 중요한 것이 아닙니다. 빅데이터 전문가들은 '앞으로 미래에 사라질 직업들'을 선정하면서 우리에게 공포감을 주지만, 제 생각에 제일 빨리 사라질 직업 중 하나가 '빅데이터 전문가'입니다. (웃음) 그것은 마치 엑셀 전문가, C언어 전문가와 비슷합니다. 앞으로 많은 대학생들이 일상적으로 C언어나 자바(Java), 파이썬(Python) 같은 프로그래밍 언어를 사용하고 포토샵으로 그림을 그리듯 하둡 같은 프로그램을 사용해 빅데이터를 관리하고 분석할 겁니다. 인공지능도 마찬가지입니다. 인공지능 전문가라는 건 '워드프로세서 자격증'만큼이나 쓸데없고 우스꽝스러운 단어가 될지도 모릅니다. 앞으로 누구나 사용하기 편리하게 인공지능 API(Application Programming Interface, 응용 프로그램 프로그래밍 인터페이스)가 공유될 텐데, 정말 중요한 건 그걸 이용해서 실질적으로 사람들에게 어떤 가치를 만들어낼 것이냐 하는 겁니다. 이 질문에 해답을 제시하는 사람이 미래를 이끌 겁니다. 바로 여기에 미래의 기회가 있습니다.

제4차 산업혁명은 네트워크 혁명

제4차 산업혁명은 얼마나 더 새로운 디지털 기술이 등장할 것인가가 아니라, 디지털 기술이 어떻게 제조업과 유통업에 접목돼 혁신을 이끌어낼 것인가가 핵심입니다. 물론 슈밥 회장은 제조업 분야만이 아니라 생활양식과 사회문화 전반에 큰 변화가 있을 것이기 때문에 이 변화를 산업혁명이라고 불러야 한다고 주장했습니다만, 산업 구조 변화의 핵심은 제조업의 변화입니다.

제4차 산업혁명을 '혁명'이라고 부르는 이유 중 하나는 네트워크의 양적 변화를 통해 질적 변화도 가져올 거라고 예측되기 때문입니다. 지금까지 나온 모든 스마트기기는 사람과 사람을 이어주는 기능이 핵심이었습니다. 트위터나 페이스북 같은 소셜미디어가 대표적인 예이지요. 하지만 이제는 사물인터넷을 통해 사물들끼리 소통이 가능해지게 될 텐데, 우리를 둘러싼 물건들끼리 조합된 '경우의 수'는 약 1000만 배 이상 될 겁니다. 예를 들어 독거노인이 하루 종일 냉장고나 수돗물을 사용하지 않으면, 자식들에게 '오늘 부모님께 안부 전화 드려보세요'라고 문자를 통보하는 시스템도 가능합니다. 저희 집 체중계가 저희 집 냉장고에게 제 몸무게 정보를 보내서, 저에게만은 밤 10시 이후에 냉장고 문을 안 열어주는 서비스가 생길 수 있겠죠. (웃음) 주인이 기대할 법한 서비스를 물건들끼리 커뮤니케이션해서 제공하는 것이 가능해집니다. 나를 둘러싼 환경이 내가 만들어내는 데이터를 바탕으로 나를 더 많이 이해해서, 내게 유용한 서비스를 제공하는 사회로 나아가는 겁니다. 스마트 카, 스마트 홈, 더 나아가 스마트 도시로 말이죠.

제4차 산업혁명 시대에 제조업이 깨달아야 할 가장 중요한 개념은 '업데이트'입니다. 디지털 기기에서는 버튼 한 번만 누르면 시스템이 업데이트되지요. 고객이 제품을 구입한 후에도 업데이트를 통해 성능이 개선되고 디자인이 바뀌기도 합니다. 그러나 제조업에서는 아직 이런 개념이 없습니다. 제조업에서는 일단 제품을 팔고 나면 제품이 고장 나서 소비자가 고쳐달라고 찾아오지 않는 이상 이미 판매한 제품에 대해 신경 쓰지 않습니다.

그러나 모든 제품에 인터넷 센서를 달 수 있는 제4차 산업혁명 시대에는 소비자가 제품을 쓰는 과정이 모두 모니터링됩니다. 어떻게 사용하는지, 혹은 제대로 사용하고 있는지 모니터링할 수 있으며, 더 나은 사용법을 알려주기도 하고 업데이트 기능을 통해 제품의 품질을 개선할 수 있습니다. 제품을 구입한 뒤에도 이번 달에는 안 되던 기능이 다음 달에는 가능해져서 사용자가 늘고 기술이 성숙해지고 있다는 것을 소비자가 느낄 수 있어야 합니다. 완벽한 제품을 세상에 내놓는 게 아니라 제품을 시장에서 소비자와 함께 키우고 성장시키는 전략이 때로는 필요합니다.

2014년 아마존이 인공지능 플랫폼 알렉사(Alexa)를 탑재해 출시한 인공지능 스피커 에코의 경우, 처음에는 사용자의 명령을 제대로 알아듣지 못했지만 그동안 500만 명이 사용한 데이터를 바탕으로 꾸준히 업데이트되어, 이제는 사투리 섞인 영어 발음도 다 알아듣는 서비스를 제공할 수 있게 됐지요. 시장에 먼저 뛰어든 아마존은 고객들의 데이터로 성장시킨 제품을 통해 글로벌 시장을 평정해버렸습니다. 먼저 뛰어드는 게 얼마나 중요한지를 보여줍니다. '큰 물고기가 강한 것이 아니라, 세상의 변화에 기민하게 대처하는 빠른 물고기가 더 강하다'는 슈밥 회장의 메시지는 의미심장합니다. 제조업이 그 이전까지 한 번도 생각해본 적 없는 방식의 서비스를 제공하는 것, 그래서 우리는 그것을

'혁명'이라 부르는 겁니다.

아마도 이 변화는 굉장히 긴 시간에 걸쳐 나타날 것입니다. 단시간에 접목하기에는 디지털 산업과 제조업의 기업 문화가 너무나도 다릅니다. 완전히 문화가 다른 두 산업이 접목되려면 서로 적응하는 데 오랜 시간이 필요합니다. 서비스가 바뀌고 사람들이 비즈니스를 바라보는 근본적인 방식이 바뀌고 사회, 문화까지 영향을 미치려면 더욱 그렇겠지요. 혁명이라는 단어에 현혹되어 조급해하지 마세요. '올해 오는 건가, 아니면 내년 가을에 오는 건가'라고 생각하시면 안 됩니다. (웃음) 수십 년간 전 세계적으로 벌어질 거대한 변화입니다.

기술 혁신이 불러일으킨 일자리의 변화

흔히들 얘기합니다. 테크놀로지에 의한 혁신으로 오히려 일자리가 늘었다고요. 맞습니다. 20세기에는 그랬습니다. 테크놀로지에 의한 혁신으로 제조업에서의 일자리는 줄어들었지만 서비스업에서의 일자리는 늘어서, 전체 일자리 수는 크게 증가했습니다. 기술 혁신 덕분에 일자리만 늘어난 것이 아니라 업무도 덜 힘들고 좀 더 편해졌으며, 수입은 오히려 늘었습니다.

하지만 21세기에 시작된 제4차 산업혁명 시대에는 이 같은 논리가 통하지 않을지 모릅니다. 20세기에는 기술 혁신으로 노동생산성이 늘어나고 그 덕분에 고용도 늘고 가계소득도 늘고 결과적으로 경제성장이 이루어지는 특징을 보였습니다. 하지만 21세기 들어서면서 이런 추세가 서서히 사라지고 있습니다. 자동화 시스템, 최적제어기술(optimal control technology), 인공지능 덕분에 노동생산성은 더욱 가파르게 상승하고 있지만, 그에 따른 고용은 늘지 않고 있으며, 심지어 가계소득은 줄고 있습니다. 제품과 서비스는 늘어나는데 그걸 소비할 주체인 사람들이 가난해지고 있으니, 생산성이 늘어난 만큼 경제성장은 이루어지지 않는 현상이 벌어지고 있는 겁니다. MIT 슬론경영대학원 교수들인 앤드루 맥아피(Andrew McAfee)와 에릭 브린욜프슨(Erik Brynjolfsson)이 저서 《제2의 기계시대(The Second Machine Age)》를 통해 주장한 이른바 '거대 탈동조화 시기(great decoupling period)'로 접어들게 되었습니다. 노동생산성, 고용, 소득, 경제성장, 이 네 개의 추세선이 2000년대에 들어서면서 서로 독립적으로 진행하는 현상을 말합니다. 그러니 이제는 일자리의 미래를 낙관할 수만은 없을 겁니다. 세계경제포럼도 2016년에 제4차 산업혁명을 선언하면서 세상에 함께 내놓은 자료집 제목이 바로 '일자리의 미래(Future of Jobs)'였지요. 그만큼 제4차 산업혁명 시대에 '일자리의 지형도 변화'가 가장 심각한 사회적 이슈가 될 거라고 생각한 겁니다. 우선 향후 10년 안에 그동안 사람들이 해오던 단순한 업무 중에서 컴퓨터와 인공지능으로 대체 가능한 업무가 점점 늘면서 직업의 지형도가 바뀔 것으로 전망합니다. 예를 들어 톨게이트에서 요금을 받는 일은 기계로 대체하기 쉬울 겁니다. 자율주행 자동차가 등장하면, 트럭운전이나 대리운전은 더이상 사람에게 맡기지 않아도 되는 업무가 될 겁니다.

하지만 저는 흔히 예측하는 것처럼 그렇게 단순하게 '특정 일자리가 사라지고 특정 일자리는 생기는 방식의 변화'보다는 훨씬 더 복잡한 변화들이 일어날 것으로 보이며, 일자리의 미래는 아주 섬세하게 살펴보면서 예측해야 한다고 생각합니다.

구체적인 예를 들어볼까요? 지금은 약사가 안정적이고 수입도 좋은 직업이지만, 현재 약사가 하는 업무는 기계와 인공지능으로 대체 가능합니다. 처방전을 기계에 넣으면 자동으로 약을 조제해서 포장까지 해주는 서비스가 충분히 가능합니다. 증세를 말하면 적절한 약을 권해주는 역할도 인공지능으로 가능합니다. 이런 기술이 상용화된다면, 약사라는 직업은 사라질까요? 약사 20명을 고용한 대규모 약국은 그런 기계를 도입하고 2~3명의 약사만으로 운영할 겁니다. 약사 자격증을 가진 최종 승인자는 필요하니까요. 동네약국까지 이런 변화가 생기려면 시간이 더 필요하겠지요. 만약 이런 약 조제 장치가 저렴해져서 동네약국까지 영향을 미친다면, 약사들은 가만히 있을까요? 약사는 약국을 다른 관점에서 정의하고 고객에게 새로운 서비스를 제공하기 위해 애쓸 겁니다. 주치의처럼 동네 고객을 보살피는 일, 맞춤형 예측 서비스, 데이터에 기반한 고객관리를 하겠지요. 약국의 역할 자체가 변하게 될 겁니다. 그러면 약사는 줄어들까요, 늘어날까요? 이제 그것이 중요한 문제가 아니라 약국의 역할, 업의 본질이 어떻게 진화할 것인가가 더 중요한 질문이라는 걸 아셨을 겁니다.

'아마존 고'처럼 무인 슈퍼마켓이 등장해 계산대와 계산원이 사라진다면, 계산원을 모두 해고할까요? 앞으로 슈퍼마켓은 물건을 사고파는 것만이 아니라 사람들이 모여 교류하는 문화공간으로 확장될 것이며 계산원 역할을 했던 구성원들에게는 다른 역할이 부여될 수도 있습니다. 일자리가 줄어들기도 하겠지만, 업무의 역할이 바뀔 겁니다.

이번에는 좀 다른 예를 들어볼까요? 외국어 통번역 분야에서도 인공지능이 큰 변화를 일으킬 것으로 예측합니다. 기계 번역이 발달해 인간 번역을 앞지르면 번역가나 통역가라는 직업은 사라질 거라고 전망합니다. 기계 번역 프로그램이 언제 전문번역가의 수준에 도달할까요? 그때까지는 번역가와 통역가라는 직업은 안전할까요?

한동안 진척이 없었던 기계 번역 분야에서 2017년 말부터 괄목할 만한 변화가 벌어지고 있습니다. 기계 번역의 수준이 현저히 올라가고 있는 겁니다. 번역을 잘한다는 것의 핵심을 이전과는 다르게 해석하면서 벌어진 일입니다. 예전에는 컴퓨터에게 문법을 가르쳐주고 언어를 이해시키기 위해 애썼습니다. 하지만 이제 엔지니어들은 번역을 다른 관점에서 해석합니다. 양쪽의 문화를 정확하게 이해하고 한 문장(영어)이 다른 문화권에서 사용되는 어떤 문장(한국어)과 가장 잘 대응되는지를 찾는 게 곧 번역이라는 겁니다. 예를 들어, 한국의 줄임말 유행을 모르면 '버카충(버스 카드 충전)'을 번역할 수가 없습니다. 적절한 번역을 위해서는 두 언어권의 문화를 정확히 이해하는 것이 중요한데, 한 사람이 두 문화권을 완벽히 이해하기는 어렵습니다. 시대가 달라지면 적절한 번역이 더 힘들겠지요. 반면, 해당 언어를 사용하는 사람들이 인터넷에 엄청난 대화들을 쏟아내면서, 이 빅데이터를 이용해서 인공지능이 적절한 대응 문장을 찾아내 번역한다면 인공지능이 결국 번역 분야에서도 인간을 이길 수밖에 없을 겁니다.

현재 인공지능의 기계 번역 수준은 전문번역가의 번역 수준에 80퍼센트 정도로 보입니다. 구글이 만든 신경망 번역 시스템(GNMT, Google Nueral Machine Translation)의 성능 평가를 보면, 대체로 인간 번역의 평균 85퍼센트 수준의 정확도를 보입니다. 영어를 프랑스어나 스페인어로 번역하는 것은 90퍼센트에 육박하며, 영어와 한국어 혹은 중국어 번역은 아직 평균에 못 미치는 수준입니다. 조만간 역전할 거라 낙관하는 사람도 있고, 턱밑까지 쫓아오긴 했지만 인간의 번역을 넘어서기는 어렵다고 믿기도 합니다.

하지만 기계 번역이 전문번역가를 넘어설 수 있는가 없는가는 별로 중요하지 않습니다. 구글 번역기가 93퍼센트 수준의 정확도만 낼 수 있어도 통번역 일자리 지형도는 완전히 바뀝니다. 그런 세상이 오면, 이제 버튼 하나만 누르면 〈뉴욕 타임스〉 웹사이트에서 모든 기사를 한국어로 읽을 수 있다는 뜻이 됩니다. 프랑스 〈르 몽드〉, 일본 〈아사히〉, 영국의 〈가디언〉을 우리말로 읽을 수 있게 된다는 뜻입니다. 7퍼센트 정도의 어색한 문장이 있어도 전체 내용을 이해하는 데 큰 어려움이 없게 됩니다. 전 세계의 정보를 인터넷 번역기로 즉시 그것도 공짜로 읽어볼 수 있는 환경이 되면, 오랜 시간 공들여 번역해 출간한 책을 사서 읽는 문화는 과연 얼마나 유지될 수 있을까요? 그 시장의 크기는 어떻게 변할까요?

구글이 개발한 픽셀 버드(Pixel Buds)는 무선 블루투스 이어폰처럼 생겼는데, 이걸 끼면 다른 나라 사람들이 하는 말이 모국어로 들립니다. 16개 언어 사이에 실시간 통역이 가능해집니다. 이런 장치를 귀에 끼면 정확도가 설령 93퍼센트에 지나지 않는다 해도, 계약서를 주고받는 등의 아주 중요한 회의가 아니라면 통역사를 부르는 일은 현저히 줄어들 것입니다. 국제학술대회에서도 각자 자신들의 언어로 발표하고 대화하는 진풍경이 벌어지겠지요. 통번역 일자리의 미래를 예측하기 위해서는, 기계 번역이 인간 번역을 언제 역전할까가 아니라 기계 번역이 언제쯤 '쓸 만한 수준'이 될 것인가로 질문을 바꿔야 하는 겁니다.

자율주행 자동차 역시 인공지능이 인간보다 얼마나 운전을 더 잘하느냐가 핵심이 아닙니다. 운전은 교통법규대로만 하면 되니까 오히려 인공지능이 잘해낼 수 있는 영역입니다. 핵심은 언제쯤 도로 정보가 정확하고 충분하게 비트화될 것인가 하는 겁니다. 몇 차선인지, 날씨와 계절에 따른 노면 상태는 어떤지 등 도로 정보를 얼마나 정확하고 자세히 갖고 있느냐가 자율주행 자동차의 안전을 결정합니다. 구글이 조만간 샌프란시스코를 자율주행 시범도시로 지정해 시험 운행한다고 하는데, 사고율이 현저히 줄어들면 다른 도시에서 많이들 따라하게 될 것 같습니다. 실수투성이 사람 운전자들이 스마트한 자율주행 자동차와 사고를 내면 보험회사는 자율주행 자동차의 손을 들어줄 가능성이 더 높습니다. 그러면 사람들은 자율주행 자동차로 빠르게 옮겨갈 지도 모릅니다.

주식 관련 기사나 야구 기사를 인공지능이 더 잘 쓰게 된 오늘날, 로봇 저널리즘은 기자들의 일자리를 빼앗을까요? 결코 대답이 단순하지 않습니다. 인공지능처럼 일하는 기자들은 사라질 겁니다. 유명인의 트위터나 페이스북을 살펴보다가 가십거리를 기사화하는 기자들, 해외

언론에 실린 기사를 번역해 며칠 후 기사화하는 기자들은 사라질 겁니다. 하지만 기자의 본령을 '취재'라고 생각하는 기자들은 사라지지 않을 겁니다. 우리 사회에 필요한 중요 어젠다를 세팅하고, 현장에 가서 취재하고, 전문가를 만나 인터뷰하고, 그걸 정리해 '기사'라는 형태로 세상에 내놓는 것이 기자의 역할이라고 믿는 기자는 절대 사라지지 않을 겁니다. 기자의 본령은 기사를 쓰는 것이 아니라 취재를 하는 것이라고 믿는 기자들은 앞으로도 우리 사회에 필요한 존재이니까요. 이처럼 결국 우리가 고민해야 할 것은 일자리의 지형도가 아니라 업무의 지형도입니다. 직업이 아니라 작업이 중요합니다.

우리 사회가 가장 심각하게 고민해야 할 이슈는 과학기술을 잘 이해하고 능수능란하게 사용하는 사람들과 기술을 두려워하고 제대로 사용할 줄 모르는 사람들 사이의 불평등입니다. 이른바 '기술 계급 사회'가 저는 가장 두렵습니다. 데이터 과학자의 일자리는 늘어나고 연봉은 크게 오르겠지만, 단순노무자의 일자리는 줄어들고 연봉 또한 낮아지겠지요. 제4차 산업혁명 시대에 새로 만들어지는 일자리는 기술 관련 직종이지만 사라지는 일자리는 단순 업무라서, 사라진 일자리에 종사한 사람들이 새로 생긴 일자리로 옮겨갈 수 없습니다. 따라서 없어지는 일자리만큼 새로 만들어지는 일자리가 많다는 말은 공허합니다.

게다가 우리 인생에서 '기계보다 체력이 좋고 인공지능보다 지적인 시기'는 매우 짧습니다. 생물학적 수명은 길어지고 있는데 기계문명에 경쟁력을 갖춘 시기는 줄어들고 있다 보니 사회적 수명이 짧아질 것 같아 걱정입니다. 기술의 수명이 인간 수명보다 길었을 때에는 젊은 시절 배운 기술로 한평생 먹고살 수 있었는데, 지금은 기술의 수명이 점점 짧아지고 있습니다. 그래서 나이가 들어서도 새로 지식과 기술을 배워야 하는 '평생 학습의 시대'로 나아가고 있습니다. 아직 우리 사회는 그걸 도와줄 제도와 시스템이 없는데 말입니다.

우리 사회는 인공지능이 인간을 멸망시킬지도 모른다는 '터미네이터식 디스토피아'에 과도한 불안감을 가지고 있습니다. 저는 인공지능이 의식을 갖고, 인간에게 적대감을 품으며, 인간을 멸종시키기 위해 도발하는 미래는 별로 두렵지 않습니다. 그럴 미래가 조만간 올 가능성은 없으니까요. 인간이 어떻게 의식과 적대감을 갖게 되는지 모르기 때문에, 그걸 인공지능에게 넣어주는 건 요원하다고 뇌과학은 말해주고 있습니다.

제가 두려운 건, 그동안 의사결정의 주체였던 인간이 앞으로는 인공지능에게 의사결정을 맡기고 결재만 하는 존재로 추락할 것 같은 미래입니다. 지금까지 기계문명은 우리에게 편리함과 효율성, 그리고 놀라운 생산성을 가진 손발이 되어주었지만, 인공지능은 이제 우리의 뇌가 되려 합니다. 그들이 많은 데이터를 바탕으로 계산 값을 쏟아내면 우리는 잘 이해하지 못한 상태에서 그들의 의사결정을 따라야 할지 모릅니다. 마치 알파고가 의사결정을 하면 그저 바둑판 위에 바둑돌을 놓기만 했던, 이세돌 앞에 앉아 있었던 구글의 엔지니어 아자 황 같은 처지에 놓일까 봐 말입니다. 인공지능의 의사결정 계산 과정을 잘 이해하지 못한 채 우리 사회가 결과 값에만 의존하게 되면 될수록, 의사결정의 주체는 인공지능으로 시나브로 옮겨가게 될 겁니다.

실리콘밸리의 기업들은 무엇을 준비하고 있는가

실리콘밸리의 기업들은 제4차 산업혁명 시대를 어떻게 준비하고 있을까요? 미국 기업들은 시간이 곧 돈이라고 생각하다 보니, 새로 직원을 뽑아서 팀을 꾸리고 처음부터 가르치기보다는 즉시 업무에 두입할 수 있는 경쟁력 있는 연구자들을 거액에 스카우트합니다. 이렇게 하면 선점효과를 극대화할 수 있는 서비스를 시장에 빨리 내놓을 수 있으니까요. 예를 들면, 구글은 심층학습(deep learning) 알고리즘을 개발한 제프리 힌튼(Geoffrey Hinton) 토론토대학교 교수 같은 사람과 긴밀한 연구를 함께하고 있지요. 또 힌튼의 제자들은 현재 구글, 바이두, 페이스북, IBM 등으로 옮겨가 인공지능팀을 이끌고 있습니다. 교수와 그 연구실에 속한 학생 20~30명을 통째로 데려오는 방식으로 미국 기업들은 인공지능 분야에서 치열하게 경쟁하고 있습니다.

우리나라도 그렇게 하면 되지 않을까 생각하지만, 사실 그게 쉽지 않습니다. 미국 기업들의 투자금액은 한국 기업들이 투자하는 규모의 10배가 넘습니다. 우리나라 주요 기업들도 과감하게 투자하고 싶은 마음은 있습니다만, 마음껏 투자해보려는 금액의 범위가 글로벌 인재들이 원하는 수준보다는 한참 낮습니다. 왜 금액이 턱없이 적을까요? 당연합니다. 우리는 지금까지 제조업이 제4차 산업혁명 기술을 받아들여서 어떤 혁신을 이뤄냈는지 명확한 비즈니스 모델을 본 적이 없습니다. 그러니까 "그렇게 투자하면 얼마나 벌어다 줄 건데?"라는 질문에 명확하게 답을 할 수 없습니다. 그러면 우리는 투자하지 않습니다. 실패의 가능성이 있는 위험한 투자는 추격형으로 기업을 이끌어온 리더로서는 쉽게 내릴 수 있는 결정이 아니지요.

게다가 인재를 데려와서 빅데이터 분석을 맡기려고 해도 빅데이터가 없습니다. 앞서 지적했듯('여덟 번째 발자국' 참고) 우리나라는 데이터에 대한 규제가 심해서 고객 데이터를 분석해 서비스로 활용하기가 어렵습니다. 비식별 정보라 해도 공개 및 사용이 제한적입니다. 비식별 정보 몇 개를 이어붙이면 누구인지 식별해낼 수 있기 때문에, 비식별 데이터를 아예 사용할 수 없습니다. 사생활 침해에 악용되는 범죄를 막기 위해 비식별 데이터 분석 자체를 막고 있는 상황이지요. 반면, 미국은 일단 비식별 정보는 마음껏 분석하도록 허용하고 있습니다. 다만 비식별 정보를 조합해 식별하려고 시도하면 그때 엄벌하는 방식으로 문제를 해결하고 있습니다. 비유하자면, 우리나라는 고속도로에서 사고가 날까 봐 도로 진입을 막고 있다면, 미국은 고속도로를 마음껏 달리되 사고가 나면 큰 배상 책임을 지도록 하고 있는 셈입니다. 개인정보 보호는 무엇보다 중요하니 충분히 이해가 됩니다만, 그것이 기술 발전의 걸림돌이 되지 않도록 현명한 해법을 찾아야 합니다.

기업이 미래의 기회를 잡기 위해서는 무엇보다도 인공지능팀, 빅데이터팀, 서비스 기획팀을 따로 운영하지 않고 같이 일하게 해야 한다는 사실입니다. 세 팀이 따로 운영된다면 그들은 서로 협조할 리가 없습니다. 빅데이터팀이 인공지능팀에게 데이터를 제공하는 순간, 빅데이터팀은 존재 가치가 사라집니다. 성과는 인공지능팀이 모두 가져갈 테니까요. 인공지능팀은 빅데이터 없이 운영될 수 없습니다. 게다가 두

팀이 아무리 협업을 해도 서비스 기획을 할 수 있는 구성원이 없다면 고객 서비스로 이어지지 못합니다. 세 팀은 반드시 하나로 운영되어야 합니다.

문제는 세 팀이 서로 다른 언어를 사용하고 완전히 다른 문화, 생활 스타일, 가치관을 지니고 있기 때문에 협력이 쉽지 않다는 사실입니다. 리더는 그 사실을 잘 이해하면서 기다려주어야 합니다. 그들이 서로 싸우고 화해하는 과정을 반복하면서 서로 이해하는 과정을 말입니다.

제조업 회사가 디지털 부서를 만들려면 더 큰 어려움이 기다리고 있습니다. 디지털 기술 회사와 제조업 회사, 마케팅 회사는 기업문화가 전혀 다르기 때문입니다. 지금 실리콘밸리에서 일하는 인공지능 전공자는 초봉이 20만 달러에서 출발합니다. 이 정도 수준의 인공지능 전문가들은 돈보다 업무 환경을 더 중요하게 생각합니다. '얼마나 자유롭게 일할 수 있는 환경인가, 이 회사에 구루(guru)가 있어서 내가 일을 배울 수 있는 상황인가' 같은 것이 직업 선택의 기준이 됩니다. IT 업계 사람들은 끊임없이 학습할 수 있는 곳으로 옮겨 가려 합니다. 그런 사람들을 은행 같은 금융권에서 스카우트한 후에 다른 은행원처럼 대한다면 오래 버티지 못할 겁니다. 제조업의 위계질서를 감당하지도 못할 겁니다. 마케팅 부서와는 사용하는 언어가 달라서 대화조차 어려울 겁니다. 그럼에도 불구하고 그들이 함께 있을 때, 그리고 서로 이해하고 적응하고 수많은 시행착오를 한 후에는 엄청난 것이 세상에 만들어질 겁니다. 우리에게는 그런 인내심이 필요합니다. 미래의 기회는 시행착오를 두려워하지 않고 실패를 통해 학습하려는 자들에게 열려 있습니다.

아날로그의 반격

마지막으로 우리가 어떻게 제4차 산업혁명 시대에 행복할 수 있을까, 좀 더 인간적으로 살 수 있을까를 함께 생각해보았으면 합니다. 그러면서 흥미로운 책 한 권을 소개해드리려 하는데요. 바로 저널리스트 데이비드 색스가 쓴 《아날로그의 반격(The Revenge of Analog)》입니다.

최근 우리 사회에서는 색스가 말한 '아날로그의 반격' 현상이 곳곳에서 관찰되고 있습니다. LP 레코드로 음악을 들려주는 음악카페들이 성행하고, 작은 동네서점이 인기를 끌고 있습니다. 중심가로부터 떨어져 있거나 주택가에 있는데도 애써 찾아가는 마니아층도 상당합니다. 아마도 음악과 책 향기 속에서 나와 취향이 비슷한 동시대인들과 소통하고 싶어서이겠지요.

제 지인 중에는 나무로 가구를 만드는 '목공'을 소확행(小確幸, 작지만 확실한 행복) 취미로 즐기는 경우가 부쩍 늘었습니다. 만년필을 사용하는 학생들, 수제맥주를 만들어 마시는 젊은이들도 많이 늘었고요. 폴라로이드나 로모 카메라로 사진을 찍고, 인터넷 게임이 아니라 직접 만나서 즐기는 보드게임도 유행이 된 지 오래입니다.

아날로그의 반격 현상을 과연 어떻게 설명할 수 있을까요? 도대체 제4차 산업혁명 시대에 왜 사람들은 아날로그를 다시 찾는 걸까요? 아마도 그것을 '복고의 귀환'으로 설명하는 사람도 있을 겁니다. 유행은 돌고 돈다고 했던가요? 인간은 행복을 '상태'로 인식하지 않고 '기억'에서 찾는 경향이 있습니다. 당시엔 힘들었지만 지나고 나면 좋은 기억으로 뇌 속에 저장됩니다. 행복한 순간을 떠올려보라고 하면 과거의 한 순간에서 애써 찾지만, 당시엔 그 시간이 행복인지 인지하지 못한 경우가 허다합니다. 행복으로 덧칠된 복고의 기억은 향수를 불러일으키고, 시대가 바뀌어도 종종 소환되는 것일지 모릅니다. "그때가 참 좋았지" 하면서 말입니다. 실제로, 미국 작곡가 오스카 레번트는 이런 말을 했습니다. 행복은 경험하는 것이 아니라 기억하는 것이다!

하지만 색스는 아날로그의 반격 현상을 복고의 귀환이 아니라 디지털 문명의 반동으로 바라보고 있습니다. 결핍은 욕망을 낳는다고 했지요? 아침에 눈을 뜨자마자 스마트폰으로 메시지를 확인하고 잠자리의 마지막 순간까지 소셜미디어에서 눈을 떼지 못하는 현대인에게 아날로그의 결핍은 욕망과 동경을 만들어내기에 충분합니다.

그는 디지털은 우리에게 '진짜가 아니라는 느낌'을 주기 때문에, 우리는 디지털만으로 궁극의 행복에 도달할 수 없다고 단언합니다. 아날로그 경험을 통해 '진짜 세계의 즐거움'을 만끽하려는 노력이 아날로그의 반격을 만들어낸 동력이라고 설명하는 겁니다. 그의 말이 맞다면, 이제 우리는 일과 삶의 균형(워라밸)만이 아니라 디지털과 아날로그의 균형(디아밸)이 필요한 시대에 살고 있습니다.

하지만 저는 그의 주장이 아날로그 시대를 향수처럼 추억하는 중년 세대에게나 통하는 대답이라고 생각합니다. 제가 오늘 말씀드린 것처럼 오프라인과 온라인이 일치되고 두 세계가 빠르게 뒤섞인 제4차 산업혁명 시대에는 무엇이 진짜이고 무엇이 가짜인지 점점 불분명한 세계로 진화하고 있습니다. LP를 재생하는 소음이 아날로그적인가요,

음악회 현장의 관객 숨소리까지 재생하는 블루레이가 더 아날로그적인 가요? 문구매장에서 산 만년필을 쓰는 행위가 아날로그적인가요, 3D프린터로 만년필을 직접 만들어 사용하는 게 더 아날로그적인가요? 우리가 쉽게 대답할 수 없는 질문들이지요. 특히나 태어나서 처음 읽은 책이 애플리케이션 동화이고 이북(e-book) 교과서로 세상을 배운 세대들에게는 아날로그 결핍으로 인한 욕망 자체가 결핍돼 있을지 모릅니다.

아날로그 반격의 기원을 '아날로그가 대면접촉을 늘리고 사회성을 증진시키기 때문'이라는 점을 주목할 수도 있을 겁니다. 하버드대학교 연구팀이 1937년부터 75년간 800여 명을 대상으로 추적 조사해 '무엇이 우리를 행복하게 만드는가'를 분석한 바에 따르면, 행복과 건강의 핵심은 '사람들과의 좋은 관계'였다고 합니다. 배우자, 가족, 친구들과 좋은 관계를 맺고 있는 사람들이 오랫동안 건강하고 행복했다는 것입니다.

이 말이 맞다면, 아날로그 경험 자체가 중요한 것이 아니라 아날로그든 디지털이든 대면접촉과 사회적 관계 맺기를 증진시키는 경험이 중요한 거지요. 어릴 때부터 친구가 아니어도 재미있게 살 수 있다는 걸 충분히 경험한 세대는 관계 맺기에 서툴고 타인과의 대화, 논쟁, 화해, 설득의 경험이 부족합니다. 젊은 세대들이 이별 통보를 문자메시지로 하는 건 매너가 없어서가 아니라 얼굴을 마주하고 이별을 말할 사회성이 부족해서인 것처럼 말입니다.

하지만 이것도 아날로그의 반격을 충분히 설명하진 못한다고 생각합니다. 우선 디지털 문명이 대면접촉을 줄였다는 증거가 불명확하고요, 우리의 사회성은 소셜미디어를 통해 광범위하고 느슨한 구조로 바뀌었을 뿐 사회성 자체가 부족해진 건 아니라고 생각합니다. 가족관계는 붕괴하고 있지만 친구, 반려동물 등과 대안가족을 만들고 있으며, 미래에는 인공지능이 장착된 로봇으로 사회적 관계 맺기가 확장될 것입니다.

로봇은 그 자체로 아날로그이지만 그 안에 디지털이 장착되면서 우리의 사회성 또한 확장되고 있습니다. '사람과 함께 있을 때 우리는 행복하다'가 아니라, '반려동물, 로봇 등 누구와든 사회성을 충족시킬 수 있다면 우리는 행복해질 것이다'가 맞는 답일 겁니다. 그렇다면 사회성의 갈구만으로는 아날로그의 반격을 설명할 수 없게 됩니다.

제가 가장 신뢰하는 아날로그 반격에 대한 기원 가설은 '뇌와 몸의 균형'을 향한 갈구입니다. 디지털은 뇌만 자극하지만, 아날로그는 몸도 자극합니다. 디지털 문명 세례 속에서 허우적거리는 현대인의 뇌는 지나치게 많은 자극을 받는 반면 몸을 쓰고 반응하는 시간은 현저히 줄어들고 있습니다. 몸으로 세상을 받아들이고, 뇌가 그것을 해석하고 결정하면, 다시 몸이 세상에 적용하는 일상적 경험을 우리는 회복해야 합니다.

이제 우리는 워라밸만큼이나 몸(바디)과 뇌(브레인)의 균형, 즉 '바브밸'을 중시해야 합니다. 디지털 문명이 우리를 뇌와 손가락만 발달한 E.T.로 만들지 않도록, 아날로그 경험을 통해 몸의 자극과 반응에 균형을 잡아줘야 합니다. 그런 의미에서 저는 아날로그의 반격이 반갑습니다.

행복을 놓치지 않으려면

저는 오늘 강연에서 새로 나올 스마트기기는 일상몰입 기술을 활용한 것이며 이것이 우리의 생활 마디마디에 스며들어 멍 때리는 시간마저 앗아갈 것이라고 말한 바 있습니다. 그런데 과연 일상몰입 기술은 우리를 좀 더 나은 삶으로 인도할까요? 제4차 산업혁명은 우리를 좀 더 행복하게 만들까요?

일상몰입 기술은 창의적인 우리의 일상을 방해할 가능성이 높습니다. 지난 10년간 기발한 발상으로 문제를 해결하는 순간 그들의 뇌에선 무슨 일이 벌어졌는지 살펴본 연구에 따르면, 창의적인 발상의 순간, 이른바 '아하! 모멘트'일 때 오른쪽 귀 위쪽 부분에 해당하는 '전측 상측두회(anterior superior temporal gyrus)'가 활성화된다는 걸 발견했습니다. 솔직히 말하자면, 이 영역은 어떤 기능을 담당하는지 뇌과학자들도 아직 잘 모르는 영역입니다. 예전에는 유머 감각과 관련이 깊은 영역으로 알려져 있었습니다. 유머 감각이란 뻔한 전개의 마지막을 뒤트는 반전이 핵심이지요? 아마도 이 영역이 그런 걸 담당하는 모양입니다. 그런데 이 영역은 잠자리에 누웠는데 잠이 안 와서 이런저런 생각을 할 때나 산책을 할 때와 같은, 한마디로 '멍 때릴 때' 활성화되는 뇌 영역이라고 합니다. 매우 흥미로운 결과인 것 같습니다. 물론 오른쪽 귀 위쪽을 문지른다고 해서 창의적인 아이디어가 나오는 것은 아닙니다. (웃음)

예전에는 창의성의 기원을 주로 몰입으로 설명해왔습니다. 다시 말해 뇌 전체가 한 가지 목적적 사고에만 집중할 때 창의적인 아이디어가 나온다는 것이지요. 물론 그것도 맞겠지만, 완전히 반대로 뇌 전체가 비목적적인 사고를 하면서 이런저런 몽상을 할 때에도 불현듯 창의적인 아이디어가 떠오르기도 한다는 게 이번 연구의 의미입니다. 사실 우리에겐 목적적인 사고를 하는 몰입의 순간과 목적에서 완전히 벗어난 비목적적 사고의 시간이 모두 필요합니다. 이제는 일요일 오후에 누워서 뒹굴거릴 때 "놀지 말고 뭘 좀 해"하는 핀잔이 들리면, "나 지금 창의적인 아이디어를 얻기 위해서 anterior superior temporal gyrus를 활성화시키고 있어!"라고 당당하게 말하시기 바랍니다. (웃음)

인간에게 편집, 검색, 빠른 모드 전환 등 스마트폰적인 사고를 하는 시간과 책을 읽고 오래 생각하고 멍 때리면서 사색하는 시간 사이의 균형이 필요합니다. 이 균형이 내 삶을 다양하고 풍성하게 채우는 역할을 했는데, 일상몰입 기술은 이 균형을 깨뜨릴지도 모릅니다. 우리는 이제 매 순간 '인생 내비게이션'을 켜고 세상을 살아가야 할 테니까요. 내 삶을 다양한 모드로 전환하면서 원하는 정보는 빨리 얻고 실수할 확률은 좀 더 줄어들겠지만, 깊이 사색하고 오래 성찰하는 삶과는 그만큼 멀어지게 될 겁니다.

왜 아날로그의 반격이 시작됐을까요? 디지털이 넘쳐 나는 시대에 사람들은 무엇을 갈구하는 것일까요? 아날로그의 결핍은 왜 우리에게 불안을 주는 걸까요? 제4차 산업혁명은 우리에게 새로운 기회를 제공하겠지만, 동시에 우리가 그동안 누려오던 행복을 빼앗아버릴지도 모릅니다. 현명한 우리는 디지털과 아날로그 시간 사이의 균형, 즉 디아밸을 스스로 지키려고 노력해야 합니다. 더 나아가 뇌와 몸 사이의 균형을 의식하고 조절해나가야 합니다. 이것이 우리가 제4차 산업혁명 시대를 관통하면서 기회는 잡되 행복은 놓치지 않는 방법이 아닐까 싶습니다.

열 번째 발자국

혁명은
어떻게
시작되는가

현실은 진실의 적이다! 세상이 미쳐 돌아갈 때 누구를 미치광이라 부를 수 있겠소? 꿈을 포기하고 이성적으로 사는 것이 미친 짓이겠죠. 쓰레기 더미에서 보물을 찾는 것이 미쳐 보이나요? 아뇨! 너무 똑바른 정신을 가진 것이 미친 짓이오! 그중에서도 가장 미친 짓은 이상을 외면하고 현실을 있는 그대로 보는 것이오.

미겔 데 세르반테스, 《돈키호테》

지난 2018년 1월, JTBC 뉴스룸에서 손석희 앵커의 사회로 작가 유시민 선생님과 전문가 두 분과 함께 '암호화폐, 신세계인가 신기루인가'라는 주제로 토론을 하게 됐습니다. 그 덕분에 지난 몇 달간 대한민국에 불어닥친 암호화폐(cryptocurrency)와 블록체인(blockchain) 열풍에 저도 동참하는 경험을 하게 됐습니다. '이제는 말할 수 있다' 버전으로 잠시 뒷얘기를 드리자면, 저는 그 전주에 미국 라스베이거스에서 열린, 전 세계 테크놀로지의 최전선 전시장인 국제전자제품박람회(CES)에 참석하고 있었습니다. 그곳에서 전 세계 글로벌 기업들이 암호화폐와 블록체인 상용화를 위해 얼마나 진지하게 애쓰고 있는지 들었던 터라, 돌아오는 비행기에서 유시민 선생님의 인터뷰, 즉 암호화폐에 대한 비판을 보고 페이스북에 한 말씀 올린 것이 화제가 되면서 이 논란에 휘말리게 됐습니다.

예전에는 토론을 마치고 나면 사람들이 보통 제게 "토론 잘 봤어요. 재밌었어요", "잘했어요", "속 시원히 말씀 잘하셨어요"라고 말해주곤 했는데, 그때는 그런 얘기는 거의 없고 제게 인사를 건네는 분마다 "교수님, 힘내세요", "저는 교수님을 응원합니다!"라고 하더군요. (웃음) 그래서 '내가 그날 토론을 잘못했구나' 생각했었죠. 더욱 놀라운 건, 토론 후 일주일 만에 강연 요청이 무려 1200여 건이나 몰렸다는 사실입니다. 그런데 요청해주신 강연 주제가 다 똑같아요. '정재승 교수가 JTBC 뉴스룸에서 못다 한 암호화폐와 블록체인 이야기!' (웃음) 토론을 제대로 못하면, 강연 요청이 쇄도한다는 새로운 사실도 알려드립니다. (웃음)

혁명적 사고라는 화두

돌이켜보면, 토론에 참여하면서 머릿속에 생각이 많았습니다. 암호화폐 광풍이 불러일으킨 사회적 문제는 명확하고, 블록체인 기술이 갖는 한계와 문제점 또한 분명한 반면, 암호화폐와 블록체인이 만들어낼 세상은 기대와 가능성만 있는, 아직 오지 않은 미래이지요. 화폐, 주식, 자산, 상품, 그 어떤 것도 될 수 있으나 아직 아무것도 아닌 암호화폐와 블록체인 기술에 대해 저는 그저 '전망'만 이야기해야 하는데, 설득력이 부족하게 들릴 것이 뻔해 답답했습니다. 인공지능이나 빅데이터 등 많은 과학기술은 자본과 권력에 봉사하며 중앙집중화를 더욱 공고히 하는 데 기여해온 반면 블록체인은 불평등과 양극화를 완화해줄 탈중앙화 철학을 가진 기술이라는 걸 말하고 싶었습니다만, 이상주의자로 비칠 것 같아 속상했습니다. 무엇보다도, 누구도 속단할 수 없는 '기술의 미래'에 대해 단정적으로 내려진 발언들 앞에서, 가능성을 열어두어야 한다고 생각하는 제가 할 수 있는 얘기는 많지 않았습니다.

다만, 시청자들이 암호화폐와 블록체인이 만들어낼 다양한 가능성을 제대로 상상할 수 있도록 돕지 못한 제 자신을 뒤늦게 자책하게 되더군요. 무엇보다, '우리나라에 왜 암호화폐와 블록체인 광풍이 불었을까?'를 생각해보는 기회를 드리고 싶었는데 그러질 못했습니다. 일확천금을 노리는 투기꾼들이 우리나라에 유독 많기 때문일까요? 암호화폐에 대한 국민의 이해가 평균 이상으로 높아서일까요? 그렇지 않습니다. 소득의 불균형, 기회의 불평등, 자본의 양극화, 학벌의 대물림이 심각한 현실에서, 젊은이들이 헬조선을 빠져나갈 출구를 암호화폐에서 보았기 때문입니다. 패자부활전 없는 '기울어진 운동장' 사회에서 한 방의 역전 기회를 비트코인에서 발견했던 것이지요. '젊은이들이 맨날 거래소 코인 숫자만 쳐다보고 있다'고 기성세대는 혀를 차지만, 그들을 비난만 할 게 아니라 그들이 처한 오늘의 현실을 이해하고 이런 현실을 물려준 부채의식을 함께 가져야 한다고 말씀드리고 싶었습니다.

이날의 토론이 제게 남긴 후유증은, 머릿속에서 떠나지 않는 인생의 화두를 얻게 됐다는 겁니다. 그게 바로 오늘 제가 여러분에게 강연할 주제인 '혁명은 어떻게 시작되는가'입니다. 많은 기성세대가 처음에는 받아들이지 못하는 새로운 생각은 과연 어떻게 받아들여지고 결국 현실에 반영돼 세상을 바꿀 수 있을까요? 새로운 아이디어는 어떤 과정을 겪어야 세상을 움직이는 동력이 될까요? 매우 이상적일 수도 있는 세계로의 혁명은 어떻게 해야 이루어질 수 있는 걸까요? 이것이 오늘 제가 여러분과 함께 나누고 싶은 질문입니다.

"양자역학이 맞다면, 그것은 물리학의 종말이다"

저는 요즘 블록체인이라는 혁명적인 테크놀로지 열풍을 관통하면서 양자역학 혁명 시대의 물리학자들이 떠올랐습니다. 1900년대 초반에 유럽을 중심으로 '미시세계에서는 완전히 다른 세상이 열리고, 다른 물리학의 법칙이 통용된다'는 사실을 물리학자들이 깨닫게 됩니다. 물질도 퀀타(quanta)의 형태로 양자화되어 있어서 덩어리로 존재하고, 그래서 연속적이지 않으며, 파동과 입자의 성질을 모두 가지고 있게 된다는 겁니다. 심지어 빛과 에너지도 마찬가지라는 걸 알게 됩니다. 고전 물리학에 익숙한 많은 물리학자들은 평소 우리의 일상적 경험이나 직관과는 거리가 먼 이런 과격한 이론을 받아들이기 어려웠습니다. 입자가 두 개의 슬릿(구멍)을 동시에 지날 수도 있고, 물질이 확률로 공간에 흩뿌려 존재하며, 측정하기 전까지는 확답할 수 없다니요! 이런 설명은 수수께끼처럼 여겨졌습니다.

심지어 당대 최고의 물리학자였던 알베르트 아인슈타인마저도 양자역학을 받아들이는 데 어려움을 겪었습니다. 아인슈타인은 양자역학이 우리가 고려할 만한 충분히 흥미로운 가설이지만, 마음속에서는 그것을 도저히 받아들일 수 없다고 고백한 바 있습니다. 그래서 만약 신이 있다면 그가 주사위 놀이(즉 통계적인 방식)를 하는 방식으로 이 우주를 운행하지는 않을 것이라고 여겼습니다. 만약 정말 '양자역학이 맞다면, 그것은 물리학의 종말'이라는 과격한 말을 했을 정도입니다.

그래서 양자역학을 창시하는 데 크게 기여한 물리학자 막스 플랑

크(Max Planck)는 '하나의 혁명적인 아이디어가 세상에 퍼지고 결국 그것이 받아들여지는 것은 기성세대가 설득되어서가 아니라, 그들이 세상에서 사라지고 젊은 세대가 주요 세대로 등장하면서 바뀌는 것뿐이다.'라고 했습니다. 그만큼 새로운 아이디어는 받아들이기 어렵다는 걸 말하는 것이겠지요. 혁명적인 아이디어는 패러다임의 전환을 요구하며, 생각의 틀을 완전히 바꾸어야 받아들일 수 있으니 쉽지 않습니다.

게다가 사후 해석은 그나마 쉽지만, 우리는 지금 소용돌이 안에 있지요. 혁명적인 아이디어가 맞다고 판명된 후에 해석하는 것이 아니라 앞으로 20~30년 후 블록체인의 미래가 어떨지 모르는 상태에서, 즉 이것이 광풍에 가까운 지나친 열기인지 아니면 의미 있는 혁명의 여명기인지 알 수 없는 상황에서 판단을 내려야 하니 문제는 더욱 복잡합니다. 하지만 확실한 것은 '새로운 아이디어를 받아들이기 위해서는 우리의 뇌 안에서도 혁명이 일어나야 한다'는 것입니다.

산업혁명도 받아들이는 데 오랜 시간이 필요했다

250년 전, 영국 맨체스터에서 시작된 산업혁명도 마찬가지였습니다. 1780년대 제임스 와트(James Watt)가 증기기관을 발명해 새로운 동력을 제공하게 됐지요. 그 전까지는 여성들이 집에서 가내수공업으로 천을 짰으나, 훨씬 빠르고 효율적인 대량생산 시스템인 방적기계가 등장한 것입니다. 맨체스터를 중심으로 섬유공장이 등장하면서 영국의 산업지형도는 완전히 바뀌게 되는데, 그것이 산업혁명의 태동입니다.

그런데 '산업혁명'이라는 단어가 언제 세상에 나왔는지 아세요? 그로부터 무려 100년 후인 1889년 영국의 경제학자 아널드 토인비(Arnold Toynbee, 역사학자 아널드 토인비의 숙부)가 한 논문에서 '1780년대부터 지난 100년간 영국에서 벌어진 산업의 거대한 변화를 산업혁명(industrial revolution)이라고 부를 만하다'라고 쓰면서, 100년 동안의 영국 산업지형도 변화를 처음 기술한 데에서 출발합니다. '혁명'이라 이름 붙이긴 했지만 굉장히 오랜 시간을 필요로 하는 변화였으며, 그것을 제대로 인식하는 데도 오랜 시간이 필요했습니다.

이른바 제2차 산업혁명은 미국에서 진행됐습니다. 니콜라 테슬라(Nikola Tesla)와 조지 웨스팅하우스(George Westinghouse), 토머스 에디슨 등에 의해 미국 전역에 전기가 공급되었습니다. 그리고 헨리 포드(Henry Ford)에 의해 포드 시스템이라 불리는, 20세기를 대표하는 제조업의 공정이 완성되었습니다. 자동차(모델 T)가 벨트컨베이어 위로 지나가는 동안 공장직원들이 자기 자리에서 각자의 과업만 수행하면 최종 결과물인 자동차가 완성돼 나오는 프로세스가 만들어지게 됩니다. 그러면서 제조업과 유통업의 혁명이 산업 전반으로 확대됩니다. 이런 변화는 단지 산업 영역에서 대량생산을 이루어냈다는 수준을 넘어 정치, 경제, 사회, 문화 전반에 큰 변동을 동반했기 때문에 우리가 그것을 산업혁명이라 부르는 겁니다.

그러한 변화 중 하나가 자본가와 엔지니어의 분리이자 개인의 부속품화입니다. 예전에는 누가 근사한 무언가를 발명해서 세상에 내놓으면 그 보상을 고스란히 발명자가 가져갔습니다. 그런데 1800년대로 들어서면서 무슨 일이 벌어지냐 하면, 결국은 땅을 사서 공장을 짓고 대량생산 시스템을 갖추고 사람을 고용한 자본가와 기업가가 큰돈을 벌게 된 것입니다. 엔지니어 혹은 발명가, 다시 말해 창의적인 아이디어를 세상에 내놓고 만들어내는 사람들과 그것을 이용해 실제로 돈을 버는 사람들이 구별되는 세상이 만들어진 겁니다. 프랑스의 경제학자 토마 피케티가《21세기 자본(Capital in the Twenty-First Century)》에서 주장한 것처럼, 노동이 만들어내는 가치보다 자본이 만들어내는 가치가 훨씬 빠르게 성장하면서 부의 양극화와 불평등이 심화되었습니다.

그런 사회 속에서, 우리는 어떤 존재로 살아가고 있나요? 우리 모두는 정도의 차이는 있지만 영화 〈모던 타임스〉의 찰리 채플린 같은 신세가 되었습니다. 큰 기계장치 위에서 주어진 역할만 수행하는 존재, 거대한 톱니바퀴 안의 부속품에 지나지 않는 삶 말입니다. 인간이 만든 기계에 인간 스스로가 지배받는 상황, 마르크스가 말한 '소외'를 경험하고 있는 겁니다.

우리는 좀 더 큰 기계(대기업)에 좀 더 오랫동안 안정적인 부속품이 되기를 꿈꾸는 소시민이 되었습니다. 대학에도 큰 변화가 생겼습니다. 예전에는 대학이 '어떻게 살 것인가'를 고민하는 곳이었어요. 도시의 교양 시민을 양성하는 곳이었던 대학은 산업사회로 접어들면서 언제든지 기업에 투입할 수 있는 산업 인력을 양성하는 곳으로 바뀌었습니다. 수학·과학교육이 대폭 늘어나고, 공학교육이 확대되고, 무엇보다 취업률로 평가받는 곳이 돼버렸습니다. 유행에 따라 지식을 가르치고, 취업에 용이하게 학과 이름이 바뀌는 곳 말입니다. 이제 대학의 존재가치는 스스로 생각하는 지성인을 키우는 것이 아니라 졸업 후 취직을 할 수 있는 노동자를 키우는 것에 있습니다. 무엇보다도, '인간적 가치를 깨닫고, 내 꿈을 펼치고, 사람들과 좋은 관계를 맺으며, 내 아이디어로 더 나은 세상으로 바꾸고자 하는 야심 찬 바람'이 제1, 2차 산업혁명 이후 점점 더 불가능한 시대가 되었습니다.

히피 정신, 그리고 테크 이상주의자들

제가 오늘 강연에서 강조하고 싶은 것은 그것에 저항했던 새로운 혁명 세력입니다. '혁명은 어떻게 시작되는가?'에 대한 단초를 제공해 줄 수 있는 역사적 경험이었으니까요. 그중에는 마르크스주의자들을 주축으로 반자본주의적인 사회를 건설하려고 시도한 것도 있지만, 제가 주목하고 싶은 것은 미국을 중심으로 번성한 '히피 운동'입니다. 의아하시겠지만 히피 정신은 디지털 혁명, 이른바 제3차 산업혁명에 결정적으로 기여합니다.

히피 운동은 1960년대 미국 샌프란시스코와 로스앤젤레스 지역의 젊은이들이 중심이 되어 기성의 사회통념, 제도, 가치관을 부정하고 인간성 회복, 자연으로의 회귀 등을 주장한 운동이었습니다. 그들은 사람들 사이의 위계질서나 수직적 계층 구조를 부정하고, 동등하고 평등한 사회를 꿈꾸었으며, 돈과 권력의 집중화에 반기를 들고, 국가 권력의 이름으로 자행되는 폭력인 전쟁에 반대했습니다. 그들은 모든 인간이 수평적인 관계를 맺고 자발적으로 서로 돕고 의지하면서 인간성을 회복하며 사는 사회, 이 우주와 하나가 되어 일체감을 만끽하는 상태를 가장 중요한 목표로 삼았습니다. 그들이 꿈꾸었던 세상은 존 레논의 노래 〈이매진〉에 나오는 가사 그대로였습니다.

그런데 히피 하면 떠오르는 모습들이 어떤 것인가요? 청바지를 찢어 입고, 마리화나나 LSD 같은 마약을 하고, 우드스톡으로 대변되는 록 페스티벌을 문란하게 벌이고, 베트남 전쟁에 반대하는 반전시위를 하는 모습들이 떠오르시죠. 우주와의 일체감을 느낀답시고 마약에 탐닉하고, 베트남 전쟁에 참전은커녕 반전시위를 하며 애국심에 불타는 군인들을 비난했으니, 기성세대가 보기에 이런 히피들이 얼마나 불온한 세력으로 보였겠습니까! 여러분 중에도 히피에 대해 곱지 않은 시선을 가진 분들이 있으실 겁니다.

그런데 당시 캘리포니아에는 히피의 이상적인 정신을 LSD 같은 마약이 아니라 테크놀로지를 통해서 구현할 수 있다고 믿는 사람들이 있었습니다. 인간은 모두 평등하고, 국경이나 언어가 더 이상 서로에게 장벽이 되지 않아야 하며, 자발적 참여와 느슨한 규제만으로 공동체 안에서 우리 모두가 행복해지는 데에 테크놀로지가 기여할 수 있다고 믿었습니다. 테크놀로지로 무장한 그들은 자본주의 산업사회를 뒤엎으려는 혁명가들이었습니다.

이러한 '테크 이상주의자' 가운데 대표적인 사람이 스튜어트 브랜드(Stewart Brand)입니다. 캘리포니아대학교(버클리 캠퍼스)에서 생물학을 전공하고 환경운동을 했던 그는 〈홀 어스 카탈로그(Whole Earth Catalog)〉라는 잡지를 창간합니다. 이 잡지는 진짜 카탈로그입니다. 여기에는 침단 테크놀로지로 만들어진 제품이나 서비스가 소개돼 있었는데요, 대부분 테크놀로지를 통해 히피 정신을 구현할 수 있는 것들이었습니다. 개중에는 SF적인 제품들도 끼어 있었습니다. 아직 만들어지지 않은 제품들도 일부 소개돼 있었고요. 예를 들면 벽돌 크기의 핸드폰인데, 이걸로 통화를 하면 미국 사람이 영어로 말할 때 중국 사람에겐 중국어로 들리는 겁니다. 그러면 더 이상 언어가 소통의 장벽이 되지 않는 세상이 올 수도 있다는 식이죠.

이 잡지에 열광했던 젊은이들이 있었습니다. 1960~70년대에 10대 시절을 보낸 미국 캘리포니아의 젊은이들이었습니다. 그들은 테크놀로지에 심취했고, 이를 통해 히피 정신을 진짜로 구현해보면 멋지겠다고 생각했습니다. 그 세대가 만들어낸 테크놀로지의 세례를 받으며 살고 있는 세대가 바로 우리들입니다.

예를 들어 페이스북이나 트위터를 떠올려보세요. 국경과 언어를 초월한 거대한 공동체, 코뮌입니다. 그 안에는 별다른 규칙이 없습니다. 여러분은 그저 여러분이 알고 있는 것들, 여러분의 일상과 경험을 공유할 뿐입니다. 그런데 그것이 누군가에게는 즐거움과 통찰을 줍니다. 물론 그 안에서 이상한 짓을 하는 사람도 있고 여러분은 그런 사람들을 언제든지 차단하고 강제 퇴출시킬 수 있습니다. 그렇지만 그 사람들은 다른 계정을 만들어 언제든지 다시 들어올 수 있습니다. 이렇게 느슨한 규칙으로 수억 명의 거대한 세계 공동체가 만들어져 지금도 큰 탈 없이 돌아가고 있다는 사실이 놀랍지 않습니까?

구글은 픽셀 버드를 통해 내가 영어로 말하면 상대방에겐 중국말

스튜어트 브랜드가 1968년에 창간한 잡지 〈홀 어스 카탈로그〉. 자립적 생활과 공동체적 삶을 지향하며, 첨단 기술이 적용된 다양한 제품과 서비스를 소개했다.

로 들리는 이어폰을 개발했습니다. 〈홀 어스 카탈로그〉에 등장했던 제품들이 점점 현실화가 되어가고 있는 겁니다.

히피 정신에 굉장히 잘 부합하는 서비스가 위키피디아(Wikipedia)입니다. 이 사이트는 굉장히 이상한 사이트입니다. (웃음) 권위 있는 전문가들이 단어를 엄선한 후 정갈하게 서술해놓은 브리태니커 백과사전을 모두가 애용하던 시절에, 지미 웨일스(Jimmy Wales)라는 젊은이는 과감한 몇 개의 아이디어를 세상에 내놓습니다. 첫째, 온라인상에 누구나 작성 및 편집이 가능한 위키 사이트를 개설하면 사람들은 이 비어 있는 웹사이트에 자기가 알고 있는 지식들을 쏟아내 적어놓고 갈 것이다. 둘째, 어떤 주제에 대해 더 많이 알고 있는 사람이 그것에 관련된 글을 읽다가 틀린 부분을 발견하면 기꺼이 고쳐줄 것이므로, 이 사이트의 정보들은 점점 늘어나고 정확해질 것이다. 셋째, 이 사이트는 무료로 운영되기 때문에 사람들은 브리태니커 백과사전보다 이 사이트를 훨씬 더 많이 이용하고, 심지어 더 신뢰하게 될 것이다. 그 덕분에 지식과 정보를 모두가 자유롭게 공유하는 시대가 될 것이며, 정보 불평등은 서서히 줄어들게 될 것이라는 주장입니다.

이 모든 가정은 기존의 경제학 관점에서는 말도 안 되는 것들이지요. 보상을 지급하지도 않는데 사람들이 왜 선의로 남에게 자신이 알고 있는 지식과 정보를 나누어주겠습니까? 과연 자발적으로 그런 행동을 할까요? 어떻게 일반인들이 쓴 내용을 전문가들이 쓴 것보다 더 신뢰하게 될까요? 모두 비현실적입니다. 말도 안 되지요. 그런데 놀라운 것은 이것이 현실로 이루어졌다는 겁니다. 위키피디아는 현재 전 세계에서 가장 많은 사람이 애용하는, 가장 많은 정보를 담고 있는, 브리태니커 백과사전보다 140배 이상 많은 사람이 사용하는 사이트가 되었습니다. 사람들이 더 신뢰하는 거죠. 이제 정보의 신뢰는 권위(authority)에서 다수(majority)가 만들어낸 집단지성으로 그 무게중심이 옮겨왔습니다.

위키피디아가 언제 나왔는지 아세요? 2000년대 초반입니다. 신자유주의 물결이 넘쳐 나던 시절에, 지금의 상식으로는 설명이 불가능한 사회적 현상이 인터넷에서 벌어진 겁니다. 이 사이트의 핵심 정신은 히피 정신이었습니다. 그 정신에 동의한 미국 사람들이 적극 참여하면서 가능해졌습니다. 지난 10년간 여러분이 비즈니스 영역에서 가장 많이 들어본 단어들이 무엇이었는지 떠올려보세요. 수평, 공유, 개방, 놀이,

의식의 확장 같은, 예전에는 한 번도 비즈니스에서 사용하지 않던 단어들입니다. 모두 히피 문화에서 옮겨온 것들입니다.

여러분이 존경하는 애플의 창업자 스티브 잡스가 쏟아냈던 어록도 가만히 되새겨보세요. 일례로, 그가 2005년 스탠퍼드대학교 졸업식에서 졸업생들에게 들려준 연설 중에 "Stay hungry, stay foolish!"라는 경구가 있습니다. 이 경구는 1974년 잠시 폐간한 〈홀 어스 카탈로그〉의 폐간호 맨 마지막 페이지에 있던 문구였습니다. 다시 말해, 잡스는 젊은 시절 그가 히피로부터 얻은 가르침을 다음 세대에게 고스란히 전해주려 했던 겁니다. 돈을 벌기 위해서만이 아니라 우주를 깜짝 놀라게 하고(dent in the universe!), 더 나은 세상을 만드는 데 기여함으로써 자신의 존재 이유를 찾으려는 태도를 다음 세대도 지녔으면 했던 겁니다.

애플을 만든 잡스와 스티브 워즈니악, 구글의 에릭 슈미트, 래리 페이지, 세르게이 브린, 위키피디아의 웨일스. 그들은 모두 〈홀 어스 카탈로그〉의 열렬한 애독자였으며, 히피 정신을 테크놀로지로 구현해보고 싶어 했던 브랜드의 정신적 추종자들이었습니다. 혁명은 이상이 현실에서 이루어질 수 있다고 믿는 사람들의 열정적인 실천으로 이루어지는 모양입니다.

홈브루 컴퓨터 클럽에서 데스크톱 혁명으로

이들이 이루어낸 놀라운 성과 중 하나가 데스크톱 컴퓨터입니다. 여러분에게는 '노트북의 반대말' 정도로 들릴 데스크톱은 컴퓨터의 역사에서 매우 중요한 발상이었습니다. 책상 위에 컴퓨터를 올려놓는다는 것은 개인에게 컴퓨터라는 만능 도구를 선물해주는 것과 같습니다. '생산 도구의 개인화'라고 할까요?

저는 지난 인공지능 강연('여덟 번째 발자국' 참고)에서 컴퓨터가 매우 놀라운 개념이라고 말했습니다. 수학적으로 완결성을 가진, 프로그램으로 표현 가능한 과제라면 무엇이든 수행하는 기계장치가 바로 컴퓨터입니다. 그래서 알고리즘을 잘 맞춘 프로그램을 수행하는 컴퓨터를 개인이 마음껏 사용할 수 있게 해준다면 설령 자본가가 아니더라도, 땅을 사거나 건물을 짓거나 기계를 구입하거나 사람을 고용할 능력이 없더라도 컴퓨터로 기발한 아이디어를 구현함으로써 기업과 동등하게 경쟁할 수 있는 개인이 나타날 수 있다는 생각이 움트게 된 거죠. 컴퓨터는 '만능 기계'이니까요.

데스크톱 컴퓨터를 만들기 위해 만들어진 '홈브루 컴퓨터 클럽'은 일종의 혁명가 조직이었던 셈입니다. 1975년부터 대략 3년 정도 활동한 이 조직은 실리콘밸리에 만들어진 초기 컴퓨터 취미생활자 클럽이었습니다. 잡스와 워즈니악도 이 클럽의 멤버였죠. 당시 컴퓨터에 내로라하는 전문지식을 갖고 있었던 이들은 사람들의 책상마다 컴퓨터를 한 대씩 놓아둘 수 있도록 집채만 한 컴퓨터를 소형화하는 작업에 완전히 매료돼 있었습니다.

그런데 여러분, 여러분의 뇌에서 잠시 상상력을 작동해 그 시절로 돌아가봅시다. 당시 사람들이 홈브루 컴퓨터 클럽 멤버들에게 물었을 겁니다. "컴퓨터가 책상 위에 올라가면 무슨 일이 벌어집니까?", "우리가 도대체 컴퓨터로 뭘 할 수 있습니까?" 이 질문에 대해 과연 멤버들이 제대로 대답할 수 있었을까요? 그들이 30년 후 중앙처리장치가 이렇게 빨라질지, 하드 메모리가 이렇게 증가할지, 그래픽 카드가 이렇게 현란하게 개선될지, 인터넷과 모바일 기술이 등장할지 알았을까요? 전혀 아니죠.

그래서 그들은 제대로 대답하지 못했습니다. 그저 "컴퓨터가 책상 위에 올라가면 우리는 그걸로 계산을 빨리 할 수 있어요."라고 답할 뿐이었어요. "우리가 일상에서 빨리 계산해야 할 일이 얼마나 많이 있을까요? 계산기로 해도 되지 않나요?"라고 따져 묻는 사람들에게 그들이 한 대답은 궁색했습니다. 1970년대를 사는 사람들에게 2018년 우리가 사용하고 있는 컴퓨터를 떠올릴 재간은 없었습니다. 그러니까 당시 홈브루 컴퓨터 클럽 멤버들은 "재밌잖아요. 컴퓨터를 집에서 마음대로 사용하게 되면, 많은 걸 해볼 수 있어요. 뭔지는 모르겠지만 엄청난 일들이 벌어질 겁니다."라는 말 외에는 해줄 수 있는 대답이 없습니다. 그들 스스로도 컴퓨터가 얼마나 발전할지 짐작하지 못했기 때문입니다. 컴퓨터를 포함해 테크놀로지는 마치 생명체와 같아서 어떻게 진화할지 아무도 예측할 수 없습니다. 생명의 진화에 비해 기술의 진화 속도가 좀 더 빠르다는 것 외에는 우리가 단언할 수 있는 건 없습니다. 혁명을 시작한 사람들조차도 혁명이 우리 사회를 어떻게 바꿀지, 혁명의 열매가 얼마나 달지 정확히 알고 시작한 사람은 많지 않았을 겁니다.

1970년대 말, 애플 I과 애플 II라는 데스크톱 컴퓨터가 등장하고 IBM 5150이 세상에 나오면서 개인용 컴퓨터 시대가 도래합니다. 그러나 기능은 아주 조악한 수준이었습니다. 이걸로 기껏 했던 작업이 달력을 인쇄하는 일이었지요. '엄청난 걸 할 수 있으나 아직 아무것도 할 수 없었던 컴퓨터' 앞에서 당시 사람들이 미래를 상상하기란 역부족이었습니다. 물론 훗날 잡스와 함께 애플을 만들었던 워즈니악은 '홈브루 컴퓨터 클럽에서 혁명을 상상하며 테크놀로지로 세상을 바꿀 거라는 막연한 기대를 품고 있었던 시기가 가장 행복한 시기였다'고 말하기도 했습니다. 우리도 어쩌면 지금 그런 시기를 관통하고 있는 건 아닐까요?

홈브루 컴퓨터 클럽 이후 40년이 지난 지금, 세상은 어떻게 변했습니까? 좋은 아이디어만 있으면, 굳이 자본을 들여서 땅을 구입하고 매장을 열지 않아도, 사람을 고용하지 않아도 온라인에 쇼핑몰을 만들어서 물건을 팔 수 있는 시대가 됐습니다. 좋은 아이디어만 있으면, 아주 적은 자본으로 온라인 사업을 할 수 있는 시대가 됐습니다. 그걸 가장 극적으로 보여주는 인물이 페이스북을 만든 마크 저커버그(Mark Zuckerberg)입니다. 그가 대학교를 졸업하지 않은 채 대학생 신분으로 만든 소셜미디어 하나가, 전 세계에서 가장 영향력 있는 서비스이자 시가총액 100조 원 가까운 사이트 중 하나가 됐습니다. 물론 페이스북은 저커버그 혼자 만든 서비스가 아니며 이제는 거대 기업이 되었지만, 이 거대한 기업이 처음 만들어진 과정을 살펴보면 누구에게나 가능한 일이었습니다. 온라인 세상은 이미 자본가와 엔지니어가 구별되지 않는 시대로 가고 있습니다. 여러분이 잘 아는 IT 기업가들은 대부분 엔지니어 출신이죠. 아주 작은 아이디어로 출발해서 그 아이디어를 구현해 많은 돈을 벌 수 있는, 그 가능성이 누구에게나 열린 시대로 가고 있습니다.

개인용 데스크톱 컴퓨터의 개발을 이끈 홈브루 컴퓨터 클럽의 모임 장면. © Computer History Museum / Lee Felsenstein

〈포춘〉 500대 기업을 살펴보면 그중 채 10퍼센트도 안 되는 기업만이 원래 만들던 제품과 서비스로 지금까지 버티고 있다고 합니다. 나머지 기업은 대부분 처음과 완전히 다른 제품을 만들고 새로운 서비스를 제공합니다. 구글도 1998년에 만들어진 기업이잖아요. 불과 20년밖에 안 된 회사가 전 세계에서 가장 영향력 있는 기업이 됐습니다. 차고를 빌려 스타트업을 시작한 가난했던 젊은이들이 탁월한 아이디어로 대기업과 경쟁할 수 있는 시대를 만들려는 것이, 그래서 사람들이 수평적으로 기회를 공유하는 세상을 만드는 것이 예전 히피들이 꿈꿨던 세상입니다.

누구나 나만의 작은 공장을 짓는 세상

하지만 여기에도 아직 한계가 있습니다. 제가 지금까지 말씀드린 기업들은 모두 온라인상에서 서비스를 제공하는 소프트웨어 혹은 소셜미디어 회사들입니다. 마이크로소프트, 구글, 아마존, 이베이, 페이스북, 트위터 등 모두 온라인 회사들이죠. 온라인상에서는 얼마든지 쇼핑몰을 운영하고 아이디어만으로 창업을 할 수 있습니다. 하지만 오프라인의 제조업과 유통업에서는 얘기가 다릅니다. 제품을 만들려면 공장과 기계설비와 인력이 필요하고, 제품을 실어 나르려면 자본이 필요합니다. 한마디로, 오프라인에서 히피 정신을 구현하는 일은 아직 요원합니다. 세상의 진정한 변화는 제조업과 유통업까지, 즉 우리를 둘러싸고 있는 이 '아톰(원자)으로 이루어진 실제 세계'에서도 온라인과 같은 일들이 벌어져야 가능한데 말입니다.

1990년대에 MIT 미디어랩의 초대 소장 니컬러스 네그로폰테(Nicholas Negroponte)는 자신의 저서 《디지털이다(Being Digital)》에서 이 세상이 통째로 디지털화가 될 것이며 인터넷 안으로 들어갈 것이라고 주장했습니다. 이른바 하이퍼커넥티드 사회(hyperconnected society)를 주창했지요. 그러나 그의 주장은 빗나갔습니다. 비트 산업(bit industry, 온라인 디지털 산업)의 규모가 커지고 있는 것은 사실이지만 이 거대한 실물 경제, 즉 아톰 산업(atom industry, 제조업과 유통업) 규모는 비트 경제의 다섯 배가 넘습니다. 늘 페이스북을 들여다보고 네이버와 다음으로 실시간 뉴스를 보며 핸드폰을 손에서 놓지 못하는 우리들이지만, 여전히 집에서 밥을 먹고 옷을 입고 살아가는, 물질문명 없이는 생존이 불가한 존재들이니까요. 따라서 세상이 온라인 안에서만 동등하고 수평적이면 안 됩니다. 기발한 아이디어만으로 기업과 개인이 동등한 경쟁을 할 수 있는 사회는 제조업과 유통업 분야에서도 이루어져야 합니다.

이것을 현실에서 구현하려는 노력에는 크게 두 가지 흐름이 있습니다. 그중 하나는 실리콘밸리와 미국 동부에서 벌어지고 있는 혁신입니다. MIT 미디어랩 닐 거센펠드(Neil Gershenfeld) 교수는 비트와 아톰이 서로 혼재된 세상, 그것이 서로 영향을 미치는 세상을 꿈꿨습니다. 비트가 통째로 아톰을 다 집어삼킨 세상이 아니라, 비트 산업과 아톰 산업이 서로 뒤얽혀 혁신을 유도하기 때문에 비트를 잘 활용하면 아톰에도 영향을 미칠 수 있는 그런 세상 말입니다. 디지털 기술을 잘 활용하면 제조업과 유통업에서도 혁명이 만들어지고, 개인 생산공장이 만들어질 수 있는 사회 말입니다. 디지털 혁명을 완수하기 위해 개인에게 데스크톱 컴퓨터가 필요했듯이, 제조업과 유통업에서도 혁명을 완수하려면 개인이 '공장(factory)'을 가질 수 있어야 합니다. 그러면 제조업과 유통업에서도 개인이 대기업과 동등하게 경쟁할 수 있는 시대가 되죠. '마이크로 팩토리(microfactory)' 혹은 '데스크톱 팩토리(desktop factory)'가 바로 그것입니다. 과연 이런 세상은 가능할까요?

실제로 실리콘밸리는 그런 세상을 구현하기 위해 애쓰고 있습니다. 제조업에서는 제품을 설계하는 단계가 필수적인데, 기발한 아이디어는 있지만 제품 설계를 제대로 배운 적은 없다고 가정해봅시다. 그러면 제품 모델이나 유사 제품에 대해 사진을 찍어요. 이를 '리얼리티 캡

처(reality capture)'라고 하는데, 그러면 컴퓨터 프로그램이 이 사진으로 설계도를 만들어줍니다. 전자회로를 만들 줄 모르더라도 아두이노(Arduino), 라즈베리 파이(Raspberry Pi) 등 오픈소스 하드웨어를 이용하면 전자회로를 제품 안에 넣을 수 있습니다. 플라스틱이나 메탈을 깎기 위해서는 밀링(milling) 머신이 필요하고, 뭔가를 제조해야 한다면 3D프린터가 필요하지만, 모두 데스크톱 버전이 나와 있습니다. 다시 말해, 책상 위에 작은 공장을 하나 만드는 일이 이제는 어렵지 않게 됐다는 얘기입니다.

게다가 회사를 차릴 자본금이 부족하면 자신의 사업 아이디어를 크라우드 펀딩(crowd funding) 사이트인 '킥 스타터(Kick Starter)'에 올려 집단 투자로 제품을 만들 자본금을 마련할 수 있습니다. 이 사이트의 경우 아이디어만 좋으면 성공할 확률, 즉 자본금을 원하는 만큼 투자받을 확률이 50퍼센트가 넘습니다. 경영학을 제대로 배운 적 없고 법인 설립 과정이나 회계 같은 걸 전혀 모른다 해도 '와이 컴비네이터(Y combinator)' 같은 스타트업 교육센터에서 무료로 가르쳐줍니다. 다시 말해, 창의적인 아이디어만 있으면 누구나 책상 위 공장을 짓고 아이디어를 실현해볼 수 있는 시대가 오고 있다는 겁니다. 실리콘밸리에 왜 스타트업 열풍이 부는지 이제 이해가 되시죠?

또 하나의 혁명, 제4차 산업혁명

두 번째 큰 흐름은 바로 북유럽, 서유럽 등을 중심으로 한 제4차 산업혁명입니다. 앞에서도 말씀드렸듯이, 제4차 산업혁명이란 우리를 둘러싸고 있는 '아톰 세계'를 그대로 '비트 세계'와 일치시킨 세상에서 벌어지는 산업 변화입니다. 사물인터넷, 웨어러블 디바이스(wearable devices) 등을 이용해서 오프라인 세상을 고스란히 비트로 옮겨놓을 수 있습니다. 사람들의 생각은 소셜미디어를 통해 읽고, 움직임은 사물인터넷이 추적할 수 있습니다. 미래에는 여러분 의자에 달아놓은 사물인터넷 센서가 여러분 움직임을 모니터링해서 제 강연에 얼마나 집중하시는지 측정할 수도 있겠죠. (웃음) 사물인터넷으로 얻게 될 데이터는 그 양이 엄청나게 크고, 늘어나는 속도도 빠르고, 포맷도 다양할 겁니다. 볼륨(volume, 양), 벨로시티(velocity, 속도), 버라이어티(variety, 다양성) 측면에서 기준을 만족하는 데이터를 빅데이터라고 부르는데, 이 빅데이터를 저장하고 처리하고 적용할 수 있는 기술이 최근 빠르게 발전한 것입니다. 빅데이터를 인공지능으로 분석해 오프라인의 개인들에게 맞춤형 예측 서비스를 제공하는 사회, 그것이 바로 제4차 산업혁명입니다. 아톰 세계와 비트 세계를 일치시킨 것을 '가상 물리 시스템'이라고 부르지요.

왜 이런 세상을 제4차 산업혁명이라고 부르냐고요? 이런 세상을 설명할 패러다임이 현재 없기 때문입니다. 오프라인의 아톰 경제를 생각해보세요. 아톰은 공간을 점유하고, 원본과 복제본 사이에 뚜렷한 차이가 존재하며, 그래서 원본이 만들어내는 희소성으로 경제적 가치를 창출합니다. 여기 있는 물건을 다른 위치로 옮기려면 에너지가 필요하고, 시간도 오래 걸리고, 비용이 듭니다. 그래서 사람들은 여기에 인력을 제공해 인건비를 받으며 삽니다. 이를 통제하기 위해서는 중앙화된 자본과 권력이 필요합니다.

그런데 비트 경제는 다른 원칙이 통합니다. 비트는 공간을 점유하지 않고, 원본과 복제본 사이에 차이가 없어서 무한히 확대재생산이 가능합니다. 처리하는 데 속도가 어마어마하게 빠르고 시간은 거의 필요하지 않으며 비용도 별로 들지 않아요. 그러니까 자본이 없는 사람도 창의적인 아이디어만 있으면 온라인상에서 구현이 가능하죠. 오프라인 아톰 세계가 고전주의 경제학을 따른다면, 온라인 비트 세계는 롱테일 경제학을 따릅니다. 그런데 두 세계를 일치시키면 과연 어떤 경제학이 통용될까요? 인간의 노동 가치가 한없이 추락한 온라인에서 대부분의 정보가 처리된 후 오프라인으로 제공한다면, 실물 경제에서도 인간 노동의 가치는 한없이 작아질 텐데 말이죠.

온라인과 오프라인이 일치하는 세상이 되면 많은 사람들은 새로운 기회를 그곳에서 찾겠지만, 한편으로는 사람을 많이 고용하지 않아도 기업이 제품과 서비스를 생산할 수 있기 때문에 노동의 가치가 떨어지게 될 겁니다. '완전고용'이라는 자유시장 경제학의 가설은 앞으로 달성하지 못할 가설이 될 수 있습니다. 따라서 이런 세상에서 예전처럼 '일하지 않는 자는 먹지도 말라'며 노동을 강조하면, 답이 안 나올 수 있죠. 일하지 않더라도 인간의 존엄을 유지할 수 있도록 기본소득을 제공하지 않으면, 더 이상 자본주의 시스템이 운행하지 않을지도 모릅니다. 생산에 기여하지 못하는 인간이 소비로라도 시장에서 제 역할을 하지 못하면, 자본주의 시스템은 작동을 멈출 것입니다. 이렇게 새로운 솔루션이 필요한 세상이 다가오기에, 우리가 그것을 '산업혁명'이라 부르는 겁니다.

　1969년 캘리포니아대학교(로스앤젤레스 캠퍼스)와 스탠퍼드대학교가 컴퓨터를 전화선에 연결해 처음으로 '문자'를 주고받은 이래, 인터넷은 빠른 속도로 발전했습니다. 당시 주고받으려던 최초의 문자는 'LOG'였으나, 도중에 스탠퍼드대학교 컴퓨터가 고장 나는 바람에 결국 'LO'만 전송되었다고 하지요. 닷컴 버블이 꺼질 때까지, 인터넷이라는 기술의 등장은 세상에 광풍을 일으켰습니다. 마치 지금 우리가 비트코인과 블록체인에 열광하고 있는 것처럼 말이죠.

　그런데 당시의 인터넷은 형편없는 기술이었습니다. 정보전송 속도는 엄청나게 느렸고, 보안은 제대로 이루어지지 않았죠. 프로토콜은 잘 정립되지 못했고, 무엇보다 인터넷으로 어떤 정보를 어떻게 공유해야 할지 사람들은 잘 몰랐습니다. 개인 간의 정보 공유를 국가가 통제할 수 없다면 매우 위험할 거라고 비판하는 학자들이 많았습니다. 인터넷을 통해 은밀한 사생활 노출이 불법적으로 자행될 것이며, 개인정보는 보호받지 못할 것이라는 비판 또한 하늘을 찔렀습니다. '누구도 정보를 독점해서는 안 된다. 모든 정보는 공유되어야 하며, 어디서나 그것을 쉽고 빠르게 활용할 수 있어야 한다.'는 이상과 철학에는 동의했지만, 인터넷 기술을 둘러싼 경고의 메시지들은 사회적 공포를 불러일으켰습니다. 인터넷 기술을 발전시킨 컴퓨터 공학자들도 인터넷이 지금과 같이 세상을 바꿀지 아무도 몰랐습니다. 그들은 그저 "정보가 네트워크를 통해서 공유되면, 엄청난 일이 벌어질 거야."라고만 말할 뿐이었습니다. 테크놀로지의 미래는 누구도 단언할 수 없으며, 우리는 그것을 완벽히 예측할 수도 통제할 수도 없습니다.

블록체인 혁명의 미래를 누가 단언할 수 있을까

블록체인은 분산 컴퓨팅 기술 기반의 데이터 위변조 방지 기술입니다. 관리 대상 데이터를 '블록(block)'으로 설정하고, 체인 형태의 연결고리를 만들어 분산 데이터 저장 환경에 저장하는 기술입니다. 말하자면, 수많은 기록을 그냥 한 묶음으로 만들어 체인 형식으로 연결해 개인들이 서버에 나누어 저장해 보관하는 기술이라고 보시면 됩니다. 블록에는 해당 블록이 발견되기 이전에 사용자들에게 전파되었던 모든 거래 내역이 기록돼 있고, 이것은 모든 사용자에게 똑같이 전송되므로 거래 내역을 임의로 수정하거나 누락시킬 수 없지요. 개인정보는 들어있지 않아서 익명성이 보장되나, 누구도 임의로 데이터를 수정할 수 없고 누구나 변경의 결과를 열람할 수 있어서 매우 투명한 데이터 관리 방식입니다.

퍼블릭 영역에서 블록체인 거래가 성사되도록 하려면, 일정한 주기마다 블록을 찾아내어 보상을 받아가도록 해주어야 합니다. 이 보상은 화폐를 따로 조폐하는 중앙은행이 없는 상태에서 신뢰할 만하게 만들어져야 하므로, 암호학을 기반으로 한 암호화폐가 등장하게 됐습니다. 여러분들이 잘 아시는 비트코인이 그런 예 중 하나이지요.

인터넷에 비유하자면, 블록체인은 '자산의 인터넷'입니다. 개인 간에 서로 믿을 만한 방식으로 직거래를 할 수 있도록 해주는 기술입니다. 가령, 힐튼호텔이라는 중앙화된 시스템에 의지하지 않더라도 에어비앤비를 통해 개인 간 신뢰할 만한 숙박 서비스 제공이 가능한 것처럼 개인 간 거래에 신뢰를 더해주는 기술입니다. 지금은 창작자가 콘텐츠를 만들면 창작자보다 중간 유통업자들이 더 큰 이익을 가져갑니다. 소비자에게 그것을 알리고 전한다는 이유로요. 그런데 블록체인을 개발하는 엔지니어들은 창작자와 소비자가 모두 신뢰할 수 있는 직거래 시스템을 제공하고 싶어 하는 겁니다. 그러면 창작자는 돈을 더 많이 벌고 소비자는 좀 덜 지불해도 되는 세상이 가능해지니까요.

블록체인과 암호화폐는 무척 아름다운 기술입니다. 이미 존재하는 기술을 그저 정교하게 엮어놓았기에 구축하기가 어렵지 않고, 사용할 경우 얻게 되는 경제적 혜택이 명확하며, 금융 생태계를 근본적으로 바꿀 수 있는 놀라운 기술이기 때문입니다.

하지만 아직 세상은 블록체인 편이 아닙니다. 혁명의 태동기이기 때문이죠. 대부분의 암호화폐는 결국 사라질 것이며, ICO(암호화폐공개, Initial Coin Offering)를 한 회사들은 대부분 망할 것입니다. 암호화폐의 미래는 밝지만, 우리가 투자한 코인들은 대부분 휴짓조각이 될 것입니다. 블록체인의 미래는 창대하겠지만, 우리가 투자한 ICO 회사가 성공할 확률은 매우 낮을 겁니다. 지금 우리는 블록체인 역사가 시작되는 소용돌이에 이제 막 진입했기 때문입니다. 한동안 수많은 시행착오를 감당해야 하며, 5~10년 후에나 새로운 비즈니스 생태계가 안정적으로 꾸려질 것입니다. 그것이 암호화폐와 블록체인이 아직은 '헬조선의 탈출구'가 되지 못하는 이유입니다.

정부와 은행, 카드회사는 막강한 중앙통제권을 유지하고 싶어 합니다. 거래를 중개하고 수수료를 받으며 살아가는 수많은 유통업체들은 개인 간 거래를 안전하게 해줄 수 있는 블록체인을 위협이라 여기겠죠? 탈중앙화된 세상을 두려워하며, 그런 산업이 성장하는 세상을 원하지 않습니다. 중간에서 중개수수료를 챙기는 사업이 워낙 많다 보니 이들의 저항이 무척 심합니다. 하지만 창작자가 더 많은 이익을 가져가고, 소비자는 더 적은 돈으로 그것을 즐기는 세상이 와야 합니다. 익명성을 통해 사생활은 보호하되 투명하게 데이터를 공유해야 합니다. 모든 창작과정과 거래과정이 정교하게 추적되는 세상이 와야 합니다.

화폐, 주식, 자산, 상품, 그 어떤 것도 될 수 있으나 아직 아무것도 아닌 암호화폐와 블록체인 혁명은 어떻게 시작되고 진화할까요? 1780년대 영국 맨체스터에서처럼, 1990년대 말 인터넷 닷컴 버블이 한창이던 대한민국에서처럼, 우리는 혁명의 여명기를 바라보고 있습니다. 이것이 정말로 혁명이긴 한 건지, 혁명이라면 결국 성공한 혁명이 될지 답을 모르는 시기 말입니다. 엄청난 녀석이 나타났다는 직감은 어렴풋이 있으나, 아직 뭐가 될지 확신할 수 없는 기술 앞에서요.

다만 블록체인은 우리에게 익숙한 생각을 완전히 다른 프레임에서 바라볼 기회를 선사합니다. 우리 모두가 상식이라고 생각하는 것, 즉 화폐, 금융은 매우 중요하기 때문에 국가가 선한 의지로 통제하고 관리해야지 개인에게 맡겨두어서는 위험하다는 생각 말입니다. 블록체인은 그 질문 자체를 완전히 뒤집어놓습니다. '지금처럼 국가가 화폐와 금융에 관한 모든 통제권을 온전히 독점하고 있는 것이 과연 옳은가?' 이것이 블록체인이 우리에게 던지는 화두입니다.

지금처럼 은행이나 카드사의 이익과 개인의 이익이 충돌할 때 정부가 기업의 편에 서게 되면 개인은 뭘 해야 할까요? 우리는 어떻게 저항할 수 있을까요? 금융과 화폐 분야에서도 국가 권력, 기업 권력, 심지어는 개인까지 서로 권한을 조금씩 나누고, 서로가 서로를 견제하고 균형을 맞추는 사회가 개인에게 더 나은 사회가 아닐까 하는 흥미로운 질문을 던지고 있는 겁니다. 저는 여러분에게 정답이 무엇인지 어떤 것이 옳은지 말씀드릴 자격도, 미래에 대한 확신도 없습니다. 어떤 일이 벌어질지 누구도 알 수 없으니까요. 다만 우리는 이런 질문을, 이 위대한 질문을 던질 뿐인 거죠.

오지 않은 미래를 상상하는 능력

혁명은 어떻게 오는가? 이 질문에 대한 마무리를 하려 합니다. 제 생각을 말씀드리겠습니다. 첫 번째, 혁명이 오려면 그 아이디어 자체가 너무나도 혁명적으로 아름다워야 합니다. 미숙한 아이디어로는 혁명을 만들 수 없습니다. 보어가 양자역학에 대해 이렇게 말했어요. '양자역학 아이디어는 크레이지(crazy)하다.' 그런데 모든 미친 아이디어들이 다 혁명을 만들진 못합니다. 혁명을 만드는 아이디어는 그저 미친 생각이 아니라 미치도록 아름다운, 그래서 진실에 가까운 아이디어라야 세상을 바꿉니다. 인터넷이 그랬고요, 모바일 환경을 만드는 스마트폰도 그랬습니다.

스마트폰을 생각해보세요. 전화기에 컴퓨터를 넣어준다고? 전화 따로, 컴퓨터 따로 있는데 그 두 개를 합치면 세상이 뭐가 달라져? 모두가 그렇게 생각하던 시절에, 전화기는 어디서든 잘 터지고 자주 통화하는 사람들끼리는 요금 좀 싸게 해주면 더 이상 바랄 게 없던 시절에 애플의 아이폰이 나타났습니다. 컴퓨터가 전화기 안에 들어오니 사람의 생활양식이 완전히 바뀐다는 걸 우리는 경험했습니다. 아주 미치도록 놀라운 아이디어가 필요하고, 그걸 받아들이려면 기존의 상식으론 어렵습니다. 기존의 상식에 비추어보면 매우 이상하기 때문에 받아들이긴 어렵지만, 세상을 바꿀 만하기 때문에 우리가 그것을 '혁명'이라고 부르는 거죠.

그래서 우리에겐 '인지적 유연성'이 필요합니다. 인지적 유연성이란 '상황이 바뀌었을 때 나의 전략을 바꾸는 능력'을 말합니다. 가진 것이 망치뿐인 사람은 세상의 모든 문제가 못으로 보입니다. 내 앞에 놓인 모든 문제를 망치질하는 것으로 해결하려고 하죠. 그렇지만 상황이 바뀌고 문제가 바뀔 때 내 연장을 바꿔야 하는 건 아닌가 생각해보는 것, 그것이 바로 인지적 유연성입니다.

그리고 우리는 기다려야 합니다. 혁명이기 때문에 빨리 올 것 같지만, 사실 혁명은 굉장히 느리게 천천히 옵니다. 내년에 올까요? 그렇지 않습니다. 아마 수십 년이 걸릴 거고요, 언제 올지 알 수 없습니다. 테크 이상주의자들이 아주 먼 미래의 비전을 만들고, 실천가들이 그걸 하나씩 실천하고, 그게 더 나은 세상이라고 믿는 많은 사람들이 거기에 조금씩 동참하면서 혁명은 이뤄지죠. 저는 혁명이 올지 안 올지 확신하진 못하지만, 이상적인 제안들이 나오고, 누군가는 현실에서 그것을 조금씩 실천하고, 많은 사람들이 그 꿈을 나누고 자신의 삶을 조금씩 거기에 보태면서 혁명은 서서히 완수된다는 것을 믿습니다.

강연을 마무리하겠습니다. 이렇게 한 번의 토론이 사람을 혁명가로 만듭니다. (웃음) 혁명의 여명기에는 혼란과 부작용이 심합니다. 아직 오지 않은 미래의 가능성은 모호한 안개 속에 있을 뿐이죠. 지금도 암호화폐에 대한 광기 어린 투자로 고통받는 사람들이 많이 있을 겁니다. 어떤 기술이든 그 자체로의 한계도 있습니다. 이 순간 우리는 어떤 의사결정을 해야 하느냐? 정답은 없습니다. 진실이 어디에 있는지에 대한 판단은 각자의 몫이죠. 저는 이 대목에서 제가 무척 애정하는 스페인의 작가 미겔 데 세르반테스(Miguel de Cervantes)가 쓴 소설《돈키호테(Don Quixote)》의 한 대목을 인용하고 싶습니다. "현실은 진실의 적이다."

오늘날 테크놀로지는 그 어떤 것보다도 자본과 권력에 기생하고 좌우되면서도, 인간에게는 그것으로부터 벗어난 세상을 선사하기 위해 발달했습니다. 디지털 혁명과 제4차 산업혁명, 그리고 블록체인 혁명이 그 결과물입니다. 인간이 조금 더 권력과 자본으로부터 벗어나 인간적이며 수평적으로 동등한 사회 속에서 살 수 있기를 바랐고 이에 기여하고 싶어 했던 사람들의 이상을 알아주세요.

혁명이 어떻게 시작될까요? '아직 오지 않았지만 오기를 바라는 미래를 상상하는 능력'에서 시작됩니다. 상상력이 풍부한 사람들이 혁명을 꿈꾸죠. 그래서 돈키호테도 이런 말을 하죠. "누가 미친 거죠? 장차 이룩할 수 있는 세상을 상상하는 내가 미친 건가요, 아니면 있는 그대로만 세상을 보는 사람이 미친 건가요." 아직 오지 않은, 하지만 왔으면 하는 미래를 위해서 이 거대한 세상에 헛되게 싸우는 이상주의자, 돈키호테의 열정이 우리에게도 절실히 필요합니다.

　누군가는 이상적인 이야기를 하겠죠. 아마 저 같은 학자들은 많이들 그럴 겁니다. 현실에 발을 딛기보다는 우리가 '저 방향으로 나아가야 한다'고 이야기하는 사람들이니까요. 그렇지만 결국은 그것을 실천하는 사람이 혁명을 만듭니다. 체 게바라가 말한 것처럼, 사과는 그냥 떨어지는 게 아니라 누군가가 사과나무를 흔들어서 떨어뜨리는 거죠. 상상을 현실로 만들려고 하는 의지, 노력, 능력 이런 것들이 결국 혁명을 이루어냅니다.

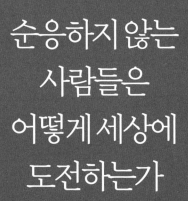

순응하지 않는
사람들은
어떻게 세상에
도전하는가

독창성을 추구하는 사람들이야말로 세상을 앞으로 나아가게 만드는 사람들이다. 오랜 세월 동안 그들을 연구하고 접촉해온 끝에 나는 놀랍게도 그들이 겪는 내면의 경험이 우리가 겪는 것과 크게 다르지 않다는 사실을 깨달았다. 그들도 우리와 마찬가지로 두려움을 느끼고 회의에 빠진다. 그들이 우리와 다른 점은 그럼에도 불구하고 어쨌든 용기를 내서 행동에 옮긴다는 점이다. 그들은 하다가 실패하더라도 시도조차 하지 않는 것보다는 후회를 덜 한다는 사실을 마음속 깊이 알고 있다.

애덤 그랜트, 《오리지널스》

스타트업에 도전한다는 것은 인생에서 가장 위험한 탐험을 떠나는 것과 같습니다. 이미 안정적인 직장에 다니고 있거나 부양할 가족이 있다면 더욱 그렇겠지요. 하지만 안정적인 현재의 자리에 안주하지 않고 더 나은 세상을 꿈꾸며 도전하는 사람들은 늘 있기 마련이며, 누구보다 멋집니다. 내 꿈과 뜻을 펼쳐보겠다는 일념으로, 좋은 아이디어를 세상에서 평가받고 싶다는 의욕으로, 살아 돌아올 확률이 높지 않은 비즈니스 정글을 향해 떠나는 그들은 용기 있는 사람들입니다.

저는 다시 태어난다면 스타트업을 해보고 싶습니다. 사회적 혁신을 이끄는 기업만큼 멋진 곳도 없지요. 이제 비즈니스는 돈을 버는 수단만이 아니라 더 나은 세상을 만들기 위한 도구가 되었습니다. 최고의 기업을 운영하는 CEO 혹은 창업자의 입에서 우리 사회의 가장 고귀한 단어들이 쏟아져 나온 지 오래되었습니다.

저뿐만 아니라 많은 사람들이 '도전하는 사람'이 되길 꿈꾸지만, 누구나 쉽게 그럴 수 있는 건 아닙니다. 이번 강연에서 저는 상식에 반하는 아이디어를 세상에 내놓고, 이를 실천하기 위해 동료를 설득하고 때론 협상하면서 기어코 실행에 옮겨내고야 마는 혁신적인 사람들에 관한 얘기를 하려 합니다. 상식에 순응하지 않는 사람들 말입니다.

창업 성패는 위험 대응 성향과 관계가 깊다

"창업을 준비할 때 다니던 직장을 계속 다니면서 준비하는 게 나을까요, 아니면 회사를 그만두고 집중해서 준비하는 게 나을까요?" 누구나 그 답이 궁금한 질문이지요. (웃음) 이 질문을 조금 자세히 설명해보겠습니다. 창업을 계획하는 사람에게 두 가지 선택지가 있습니다. 하나는 바로 창업하지 않고 회사를 다니면서 준비하다가 '잘될 것 같다'는 충분한 확신이 들면 그때 회사를 그만둔다, 다른 선택지는 그렇게 해서는 '이제 그만둬도 되겠다'고 할 만큼 충분히 준비할 수 없으니 일단 다니던 회사를 그만두고 창업에 전념하는 게 더 적절하다. 여러분의 생각은 어떠세요?

위스콘신대학교 조지프 라피(Joseph Raffiee)와 지에 펑(Jie Feng) 박사팀은 이 질문에 답하기 위해 1994년부터 2008년까지 기업가가 된, 20~50대로 구성된 5000명을 추적 조사했습니다. 창업하여 결국 성공한 사람들과 실패한 사람들을 나누어, 각각 어떤 전략을 취했는지 알아본 것입니다. 이들의 연구결과는 한때 실리콘밸리에서 큰 화제가 되었습니다.

이 광범위한 추적 조사를 통해, 연구자들은 매우 흥미롭고 중요한 네 가지 결과를 얻게 됩니다. 첫째, 재정적인 궁핍이 직장을 계속 다니느냐 마느냐를 결정하는 데 큰 영향을 주지 않았다고 합니다. 예컨대 직장을 그만두고 싶긴 하지만 지금 형편이 어려워서 할 수 없이 직장에 다니면서 준비할 수밖에 없었다거나, 자금이 넉넉해서 지금 직장을 그만둬도 된다고 판단했다거나 하는 식의 상황이 벌어지지 않았다는 겁니다. 둘째, 가계 소득이 굉장히 높은 사람이나 고액 연봉자는 직장을 그만두고 창업에 전념할 가능성이 높다고 생각했지만, 높은 소득과 창업에 전념할 가능성은 뚜렷한 상관관계를 보이지 않았습니다. 이 결과도 놀랍지요? 셋째, 창업에 전념한 사람들은 사실은 '자신감을 가진 위험 감수자(risk-taker)'들이고, 직장을 계속 다니면서 준비한 사람들은 '위험 회피자(risk averter)'들이었습니다. 이 결과는 우리에게 이 결정이 '위험에 대한 개인의 성향을 보여주는 의사결정 문제'였다는 것을 보여줍니다. 마지막으로 넷째, 직장을 다니면서 창업한 사람들의 성공 확률이 좀 더 높았고, 실패 확률이 33퍼센트 정도 낮았습니다. 하지만 이는 직장을 다니면서 준비했느냐 아니냐보다, 창업자가 위험에 어떤 방식으로 대응하는가의 성향과 좀 더 관계가 깊다는 게 이 논문의 가장 중요한 결과였습니다. 설불리 창업하지 않고 위험을 잘 관리하는 성향의 사람들이 결국 창업에도 성공한다는 겁니다. 반면 그들의 준비 과정이 창업의 성패에 직접적으로 영향을 주는 것 같지는 않았다는 거고요. 어떠세요? 논문 결론에 동의하십니까?

이 결과가 많은 사람들에게 충격적이었던 것은, 이전까지 창의적인 사람들의 필수 성향으로 '위험 감수'가 늘 꼽혔기 때문입니다. 새롭고 창의적인 아이디어가 나오면 통상 사람들은 쉽게 받아들이기 어렵습니다. 그 아이디어들이 가치 전복적이거나 기존 산업 입장에서는 파괴적인 발상인 경우가 많고, 현 상황에서 적절한지를 확인하기가 어렵기 때문입니다. 이런 아이디어를 실행해 결과적으로 세상에 큰 충격을 주며 대성공을 거둔 사람들은 당연히 위험 감수자일 확률이 높아야겠죠. 물론 수많은 위험 감수자들은 사업에 실패했을 것입니다. 하지만 대성공을 거두기 위해서는 위험을 감수할 수밖에 없었을 것입니다. 그래서 창조적 사고자(creative thinker)의 중요한 성향 중 하나로 '위험을 기꺼이 감수하는 성향'을 꼽아왔습니다.

그래서 보통 '창의성과 위험 감수 성향을 둘 다 가진 사람이 우리 시대의 이노베이터다', '창의적이더라도 위험 감수를 안 하면 몽상가에 지나지 않다', '이노베이션은 창의성 곱하기 혹은 더하기 리스크 테이킹(위험 감수)이다' 이런 걸 금과옥조처럼 생각해왔는데, 실제로 창업을 해 사회적 성취를 이뤘다고 여겨지는 사람들은 위험을 무릅쓰는 사람이라기보다는 오히려 '위험을 잘 관리하는 사람'이었다는 게 앞서 소개한 논문의 주요 결과입니다.

사회적 성취를 이룬 자들의 의사결정

이처럼 혁신이 성공하기 위해서는 창의적인 발상을 잘하는 것도 중요하지만, 의사결정을 어떻게 하느냐, 위험에 어떻게 대응하느냐도 중요합니다. 실제로 사회적 성취를 이룬 사람들을 조사한 바에 따르면, 그들은 모호한 상황과 위험한 상황을 잘 구분해 대응한다는 연구결과가 있습니다.

모호한 상황과 위험한 상황은 어떻게 다를까요? 상황이 모호하면 어떤 일이 벌어질지 모르니 위험하겠지요? 하지만 엄밀히 따지면 두 상황은 다소 다릅니다. 내가 성공할 확률, 즉 내가 원하는 가치를 얻을 확률이 100퍼센트는 아니지만 그 확률을 알 수 있을 때 우리는 그것을 위험한 상황이라고 정의합니다. 예를 들어 내가 로또에 당첨될 확률은 계산할 수 있지요. 동전 던지기를 해서 앞면이 나올 확률 같은 것도 마찬가지입니다. 우리는 그것이 50퍼센트라는 것을 알 수 있습니다. 이런 상황은 위험한 상황입니다.

반면, 우리가 그 확률을 계산할 수 없을 때 그것을 '모호한 상황'이라고 정의합니다. 내 성공 확률이 100퍼센트가 아닐뿐더러, 몇 퍼센트인지 계산조차 어려운 상황을 말합니다. 제가 다가올 국회의원 선거에서 저희 지역 후보로 출마한다면 당선될 가능성은 얼마일까요? 높지도 않겠지만 그 값을 계산하기도 힘들겠죠? 이런 상황이 바로 모호한 상황입니다. 동전을 던져서 앞면이 나올 가능성을 기대하는 것과는 다른 상황입니다.

투자를 했을 때 투자자가 이득을 보게 될 가능성이 40퍼센트 정도 나온다고 하면 여러분은 투자하시겠습니까? 해볼 만한 투자냐 아니냐, 그 정도 확률이면 가능성이 높은 거냐 낮은 거냐, 40퍼센트라는 숫자를 바라보는 시각이 사람마다 다를 수 있습니다. 하지만 이렇게 40퍼센트라는 확률을 아는 경우는 위험한 상황으로 분류되고요, 그 확률조차 모르면 모호한 상황이라고 분류됩니다.

확률을 알 때와 모를 때 사람들의 행동은 달라야 합니다. 확률을 모르면 합리적인 판단 자체가 불가능합니다. 확률을 계산할 수 있다면, 이제 그 수치를 보고 판단할 수 있습니다. 성공 확률이 높다고 여길지 낮다고 여길지는 개인마다 다르겠지요.

확률을 계산할 수 없는 상황은 어떻게 행동하든 무모할 수밖에 없습니다. 흥미로운 건, 많은 사람들이 이 두 상황을 굉장히 비슷한 방식으로 처리한다는 겁니다. 그러다 보니 실제로 상황을 잘 알고 확률을 계산할 수 있다는 게 별로 도움이 안 됩니다. 심지어 성공 확률을 따져보려고 하지도 않아요. 게다가 어떤 사람은 70퍼센트를 굉장히 높은 확률이라고 여기고 안전한 상황이라고 판단하지만, 어떤 사람은 그렇지 않다고 여깁니다. 이런 결정을 담당하는 뇌 영역에서는 이성적인 판단과 감성적인 판단이 복합적으로 작용합니다. 이런 판단은 그 사람의 지능과는 아무런 상관이 없습니다. 순전히 그 사람의 성향이나 사고방식에 따라 달라집니다.

이런 관점에서 라피와 펑 박사팀의 연구결과는 더욱 놀랍습니다. 혁신적인 아이디어로 성공한 사람들은 위험 감수 성향보다는 위험 관리 성향이 강하다는 결과 말입니다. 그들은 모호한 상황에서는 쉽게 의사결정을 하지 않으며, 그 확률을 제대로 계산하려고 애씁니다. 계산 결과 확률을 얻을 수 있게 되었다고 해도, 그것을 보수적으로 해석한다는 겁니다.

예를 들어 빌 게이츠는 하버드를 중퇴하고 창업한 것으로 알려져, 굉장히 단호하고 자기 확신이 강하고 위험 감수 성향이 높은 것으로 많이 회자되는 대표적 인물입니다. 스타트업을 준비하는 많은 젊은이들의 롤모델이지요. 아이비리그를 다니던 그가 안정적인 미래를 버리고 과감하게 위험한 선택을 한 것을 부러워합니다. 하지만 알려진 것과 달리, 게이츠는 실제로는 위험 감수 성향이 그다지 높지 않은 사람이었습니다. 그는 학교를 중퇴하지 않고 장기휴학을 했으며, 학교와 부모에게 미리 허락을 받았습니다. 휴학도 회사를 창업하고 1년 뒤에 했고요. 자기가 회사를 창업하고 계속 진행할 수 있는 상황이라는 것을 면밀히 검토한 후에, 게다가 학교도 나중에 복귀할 수 있는 휴학 상태에서 본격적인 창업을 시작한 겁니다. 게이츠는 많은 사람들이 짐작하는 것처럼 위험 감수자로 인용되기보다는 위험을 잘 관리하는 사람으로 보는 게 더 적절합니다. 세상에 없던 것을 만드는 혁신가는 늘 직면할 수밖에 없는 '위험'이라는 녀석을 잘 관리하는 능력을 가져야만 합니다. 그것을 너무 만만하게 보아서도, 무모하게 돌진해서도 안 된다는 겁니다.

성공과 관련한 또 하나의 널리 알려진, 하지만 틀린 통념을 소개하겠습니다. 보통 창의적인 사람은 20~30대에 걸출한 사회적 성취를 이룰 것이라고 생각하는 경향이 있습니다. 젊은 시절 멋모르고 도전한 사람들이 성취를 이룬다는 거지요. 40대에 뒤늦게 안정적인 직장을 버리고 나와서 걸출한 기업을 이끈 리더는 잘 떠오르지도 않습니다. 그런데 실제로 뛰어난 업적을 남긴 인물들이 언제 의미 있는 성취를 이루었는지를 조사한 연구가 있습니다. 저술가 올리버 우베르티(Oliver Uberti)가 1300년 이후 출생한 과학자, 시인, 작곡가, IT기업 창업자 등 뛰어난 인물을 대상으로 그들이 언제 자신의 대표작을 발표했는지 조사한 연구입니다. 여기에 따르면, 위대한 성취는 20~30대에 나오기도 하지만 40

대, 50대, 60대의 나이에도 꾸준히 이루어집니다. 실제로 통계를 보면 20~30대에 일어난 성취가 40퍼센트이고요, 40대 이후에 일어난 성취는 무려 60퍼센트나 됩니다. 그러니까 세상을 놀라게 하는 걸출한 성취가 인생에서 40대 이후에 더 많이 나타난다는 거죠.

물리학자들 사이에서는 '서른 살까지 위대한 업적을 남기지 못하면 물리학자에게는 미래가 없다'라는 말이 있습니다. 실제로 독일의 물리학자 베르너 하이젠베르크는 20대에 양자역학이 만들어지는 데 기여했고, 그 공로로 그의 나이 31세였던 1932년에 노벨 물리학상을 수상했습니다. 영국의 물리학자 폴 디랙도 1933년 에르빈 슈뢰딩거와 함께 '원자 이론의 새로운 형식의 발견'으로 노벨 물리학상을 수상했는데, 당시 그의 나이도 서른한 살이었습니다. 그 역시 20대 때 이룬 업적으로 수상하게 된 것입니다. 양자역학이 태동하던 시기에 고전역학의 세례를 받지 않았기에 그들이 새로운 학문을 만들 수 있었다는 것을 강조하면서, 물리학에서는 30세 이전에 걸출한 업적을 남겨야 한다는 말이 생겼습니다.

하지만 실제로 조사해보니 그들은 예외적인 물리학자들이었습니다. 과학사회학자들이 '지난 100년간 노벨 물리학상 수상자들이 노벨상 수상 업적을 처음 생각해낸 시기'를 조사해보았더니, 평균적으로 약 41세였습니다. 화학과 생물학은 좀 더 늦었습니다. 사회적 성취를 이룰 법한 혁신, 혹은 창의적 성과물은 우리가 생각하는 것보다 훨씬 더 늦게 인생에서 탄생합니다. 다시 말해, 그 분야에 대한 충분한 기간 동안의 학습, 경험, 훈련이 필요하다는 걸 간접적으로 드러내고 있는 것입

니다. 자신이 도전을 미루는 것을 '나이' 탓으로는 돌리지 마시라는 말씀입니다. (웃음)

창의적인 천재들에 대한 환상

우리에겐 창의적인 사람에 대한 막연한 환상이 있습니다. 공부를 하나도 안 하지만 항상 시험에선 1등을 한다거나, 전문가들이 제대로 풀지 못해 낑낑거리는 와중에 그가 쓱 다가오더니 "문제가 뭔가요? 아, 그건 이렇게 하면 되지 않을까요?"라고 무심히 답을 툭 던지고 사라지는, 그런 천재 이미지 말입니다. 암기하는 걸 싫어하고, 성실하지 않으며, 주체할 수 없는 아이디어가 못 말리게 떠오르는, 그런데 인성이 그다지 훌륭하진 않은 그런 천재 말입니다. 실제로 그런 천재들이 없는 것은 아니겠지요. 하지만 걸출한 업적을 남긴 혁신가들을 대상으로 조사해보면, 그들은 우리가 생각한 것보다 훨씬 더 훈련하는 데 많은 시간을 보냈으며 기초 지식과 연습을 강조했습니다. 우리의 통념과는 달리, 기본이 안 된 신참자가 생산적인 아이디어를 낼 확률은 그다지 높지 않습니다. 이 대목에서 안데르스 에릭슨의 '1만 시간의 법칙'이 떠오르시죠? 맞습니다. 그런 원리입니다. (웃음)

미국 펜실베니아대학교 경영대학원인 와튼 스쿨에서 학생들을 가르치는 애덤 그랜트(Adam Grant) 교수는 그의 저서《기브 앤 테이크(Give and Take)》에서 '사회성이 성공에 굉장히 큰 영향을 미치기 때문에 회사가 사회성을 중요하게 여겨야 직원의 능력을 훨씬 더 배양할 수 있다'

는 주장을 펼쳐 화제를 모았습니다. 제약회사 영업사원들에게 약을 많이 팔 때마다 성과급을 지급하는 것보다, 그들이 파는 약을 먹고 질병을 이겨내고 있는 환자들을 직접 만나게 해주는 것이 훨씬 더 효과적이라고 말합니다. 자신이 하고 있는 일이 얼마나 의미 있는 일인지 깨닫게 되고 그것이 남에게 도움이 된다고 생각되면, 약에 대해 더 많이 알려고 애쓰고 영업도 훨씬 더 열심히 하더라는 겁니다.

그는 후속 저서 《오리지널스(Originals)》에서 사회적인 성취를 이룬 자들에 대한 추가 분석 결과를 내놓았습니다. 그에 따르면, 사회적 성취를 이루는 방법에는 두 가지가 있다고 합니다. 세상에 아주 잘 순응하거나, 아니면 그런 사람과 전혀 다른 길을 가는 것입니다. 어중간하게 적절히 순응하거나 반항하면 큰 사회적 성취를 이루기 어렵습니다. 순응하려면 제대로 하고, 반항하려면 그 또한 제대로 해야 큰 성취를 이룬다는 겁니다.

예를 들면, 학창시절에 어른들의 가르침대로 열심히 공부해서 우수한 성적으로 좋은 대학이나 회사에 가고, 열심히 일해서 더 높은 직위와 연봉을 얻는 게 순응하는 길이겠죠? 이 길은 많은 사람들이 추구하는 삶이지요. 순응해서 성공한 사람은 시대가 요구하는 사회 규범을 충실히 따르는 사람이기 때문에 이 방법을 우리가 굳이 이 자리에서 논의할 필요는 없을 겁니다. 안정적이며 예측 가능한 보상을 얻는 삶입니다.

반면, 순응하는 사람들과 달리 선택의 상황에서 '남들이 가지 않은 길'을 택한 사람들이 있었을 겁니다. 이 자리에도, 크게 보면 시대에 순응했다 하더라도 매 순간 나름 독창적인 선택을 하려 애쓴 분들도 계실 겁니다. 시류를 거스르지만 참신한 아이디어를 내서, 더 나은 가치를 얻게 되는 성공 방식을 체득한 분들 말입니다. 모두가 순응할 때 나는 "아니요"라고 얘기하는 방식으로 살아온 사람들, 이들은 평소에 어떤 성향을 가진 사람들일까요? 사실 우리는 이 대목이 궁금한 겁니다. 대부분의 사람이 으레 "대학은 나와야 하지 않겠어?"라고 할 때 "꼭 그럴 필요가 있나요?"라고 답하거나, 모두가 대기업을 가고 싶어 할 때 혼자 스타트업을 차리는 사람들 말입니다.

시대의 요구와 사회적 욕망에 순응하는 사람들은 대부분 '시스템 합리화 이론(theory of system justification)'의 영향을 받습니다. 우리 모두가 조금씩은 가지고 있는 성향인데요, 우리는 잘못된 의사결정을 하더라도 "그때 그렇게 하지 말았어야 했는데"라고 후회하는 경우가 드뭅니다. 속으로 후회하더라도 누가 물어보면 "그래도 인생에서 좋은 경험을 했다", "뭔가를 많이 배웠다"라고 말합니다. 이런 합리화 성향 때문에 우리가 살아가면서 무수히 잘못된 의사결정을 하는데도, 그때마다 크게 고통받지 않고 이겨냅니다. 잘못된 의사결정으로 맞게 되는 고통을 이겨낼 위안을 제공해준다는 점에서 자기 합리화는 삶을 견뎌내는 유용한 기제이기도 합니다.

냉정하게 판단했을 때 왜 해야 하는지는 잘 모르겠지만 남들이 다 하니까 나도 따라가는, "크게 나쁜 건 아니니 우선 따라가고 보자. 이 안에도 좋은 점이 있어."라고 말하는 자신을 종종 발견하기도 합니다. 이 순간 우리는 우리 시대의 욕망과 요구, 기존의 시스템을 합리화하고 있는 겁니다. 다시 말해, 사회 안에서 의미를 찾고 강조하는 사람들은 시스템을 유지하고 싶어 하는, 혹은 시스템을 바꿀 노력을 굳이 하고 싶지 않은, 시스템을 따라가는 안일함을 합리화를 통해 감내하는 '순응자'의 길을 걷고 있는 겁니다. 안일함이라 표현하니 괜히 기분이 나쁘시지요? 저도 마찬가지입니다. 하지만 냉정하게 본다면 그 말이 그렇게 틀린 말이 아니라는 걸 깨닫게 될 겁니다. 내가 추구하는 수많은 욕망과 목표들 중에서 진정 내 것인 게 얼마나 되는가를 살펴볼 때면 말입니다. 어쩌면 '철이 든다'는 것은 시대의 욕망을 나의 욕망으로 서서히 받아들이는 과정일지도 모릅니다.

세상에 순응하지 않는 자들은 누구인가?

'이건 말이 안 된다, 너무 불편하다, 이렇게 할 필요 없다, 내가 한번 판을 바꿔보겠어.' 이런 생각을 하는 사람들을 그랜트는 '오리지널스'라고 부릅니다. 그들은 시대와의 불화를 경험하지요. 정치적인 불화를 겪기도 하지만 그것이 비즈니스의 아이디어로 승화되기도 하고요, 사회적 혁신을 만들어내기도 합니다. 그렇기에 우리가 주목해야 할 사람들은 시대에 순응하는 사람들보다는 '순응하지 않는 독창적 혁신가들'이겠지요. 대부분의 우리와는 다른 종족의 사람들이니까요. 그렇다면 도대체 오리지널스가 되려면 어떻게 해야 할까요? 시대(시스템)의 욕망과 요구를 냉정하게 직시하고, 나의 욕망과 판단에 근거해 세상에 순응하지 않는 자, 그래서 세상을 바꾸는 자들은 어떤 사람들일까요? 우리도 그렇게 살려면 어떻게 해야 할까요?

심리학적 연구에 따르면, 시대에 순응하지 않는 자들이 보이는 몇 가지 중요한 특징이 있다고 합니다. 우선 그들은 끊임없이 아이디어를 내는 사람들이며, 그 대부분은 버려지지만 결국 위대한 아이디어는 그 중에서 만들어진다는 것입니다. 큰 사회적 성취를 거둔 사람들이 아이디어를 낼 때마다 모두 성공하는 건 아닙니다. 그들이 낸 '아이디어의 질'을 평가한 연구들에 따르면, 아이디어 하나하나의 질은 좋지 않은 경우가 많지만, 다양한 영역에서 많은 아이디어를 끊임없이 쏟아내고 그것을 구체적으로 실행하다 보니 걸출한 혁신을 이뤄낼 확률이 높아진다는 겁니다.

창의적 아이디어가 나올 확률은 워낙 낮기 때문에, 많이 시도하는 사람들이 좋은 결과를 낼 확률이 높아진다는 거죠. 기업에서 돌파구적 혁신(breakthrough innovation)이 만들어질 확률은 통상 3~5퍼센트, 점진적 혁신(incremental innovation)이 만들어질 확률은 20~30퍼센트로 추정합니다. 판(비즈니스 마켓)을 뒤엎거나 새로운 판을 짜는 혁신은 성공할 확률이 3~5퍼센트에 불과하다 보니 효율을 중시하는 사람들은 포기해버리지만, "성공 확률이 5퍼센트밖에 안 된다고? 그럼 20번은 시도해야겠네."라고 생각하는 사람들이 결국 혁신의 열매를 가져갑니다. 19번의 실패를 시도할 준비가 되어 있고, 그것을 이겨내고 감내할 자세가 되어 있는 사람들 말입니다. 베토벤, 바흐, 모차르트, 피카소. 이들은 재능도 뛰어나지만, 참 많은 작품을 세상에 쏟아냈지요. 그러다 보니 (평론가들에 따르면) 많은 작품이 범작이지만 걸출한 작품이 나올 확률이 상대적으로 높았으며, 그런 작품들이 그들을 최고의 자리에 올려놓은 겁니다. 창의성 연구에 따르면, 양은 질을 예측하는 매우 중요한 지표입니다.

물론 이런 주장에 대해 반론도 만만치 않습니다. 창의적 아이디어를 낼 때 그냥 막 쏟아내는 성향, 이걸 확산적 사고(divergent thinking)라고 하는데 그런 사람들이 반드시 좋은 결과물을 내놓는 건 아니라는 주장도 있습니다. 1990년대에는 창의성 연구에서 '확산적 사고'를 강조하던 경향이라 심리학자들이 아이들에게 3분의 시간을 주고 '동그라미가 들어간 물건을 최대한 많이 그려보라'와 같은 테스트로 창의성을 독려하는 연구를 많이 수행했습니다. 그러다가 확산적 사고보다 그 이후의 수렴적 사고(convergent thinking), 즉 나온 아이디어 중에서 의미 있는 것만 추려내 현실에 맞게 바꾸는 과정이 더 중요하다는 가설이 힘을 얻기도 했습니다. 얼핏 보기에는 아이디어를 툭툭 쉽게 던지는 사람이 창의적으로 보이지만, 사실은 괴짜이거나 협업을 잘 못하거나 생산적 아이디어를 못 내는 경우도 많아서 확산적인 사고만으로 창의력을 평가하면 안 된다는 의견입니다. 하지만 확산적 사고와 수렴적 사고 모두 '창의적인 발상에 중요한 과정'이라는 것은 누구도 부인할 수 없습니다.

세상에 순응하지 않는 자들이 보이는 중요한 특징 중 또 하나는 '집단지성'을 잘 활용한다는 겁니다. 집단지성이 중요하다는 얘기는 많이들 들어보셨지요. 사실은 여기도 두 가설이 팽팽히 공존합니다. '팀 멤버 각자의 성취를 합한 것보다 그들이 협력했을 때 훨씬 더 좋은 결과물을 낸다'는 집단지성 옹호 가설과, '집단지성이 생각보다 썩 좋은 결과물을 못 낸다'는 집단지성 허상 가설이 맞서고 있습니다. 참고로 이 가설들의 이름은 그냥 제가 붙여본 것입니다. (웃음)

창의성과 도시 크기의 관련성에 대한 연구는 집단지성의 중요성을 뒷받침하는 대표적인 예입니다. 간단히 말씀드리자면, 산타페연구소 제프리 웨스트(Geoffrey West) 소장은 자신의 동료와 함께 도시 인구가 증가하면 도시의 창조적 역량이 얼마나 늘어나는지를 알아보기 위해 기업들의 혁신 사례, 특허 및 발명, 예술가들의 작품, 학자들의 논문과 업적 등을 합해서 도시가 일군 창의적 성취를 정량화했습니다. 그리고 도시의 인구가 늘어남에 따라 이 수치가 어떻게 변하는지 살펴봤습니다. 그 결과, 도시 인구가 늘어날수록 도시의 창조적 역량은 기하급수적으로 늘어난다는 것을 알게 됐습니다. 도시가 10배 커지면 창의적인 역량은 17배 늘어난다는 것입니다. '말을 낳으면 제주로 보내고 아이를 낳으면 서울로 보내라'는 속담을 과학적으로 증명한 최초의 사례가 아닐까 싶습니다. (웃음)

도시의 성취가 인구수에 정비례한다면, 도시의 창조적 역량이란 결국 개인들의 창조적 역량을 합한 것이라는 뜻이겠죠. 그러나 단순히 비례하지 않고 훨씬 더 커진다는 뜻은 사람들이 모여 상호작용하는 것이 창조성의 근원임을 암시하고 있습니다. 똑똑한 사람들의 가장 강력한 특징은 다른 똑똑한 사람들로부터 영향을 받는다는 사실입니다. 그들은 같이 모여 있는 것만으로도 서로 좋은 질문을 던지고, 서로 답을 찾고, 아이디어에 힌트를 더해주고, 기대하지 않은 지식을 우연히 배우는 과정을 통해 성장합니다. 성취를 이룬 사람들이나 잠재력을 가진 사람들이 만나서 창조적 교류를 통해 집단지성을 키워 위대한 혁신을 잉태한다는 겁니다.

실제로 미국 전역에 창의적인 직업이 어떻게 분포하고 있는지 조사해보니, 대도시에 훨씬 많다는 결과를 얻었습니다. 인구수에 정비례해 많은 것이 아니라 그보다 훨씬 더 많다는 사실은 우리에게 '사람들이 많이 모여 있다는 것 자체가 창의적인 결과를 만드는 데 실질적으로 영향을 미친다'는 것을 보여줍니다.

하지만 집단지성의 효과가 과대 포장되었다고 주장하는 사람도 있습니다. 집단지성을 통해서는 기대보다 좋은 성과물이 나오지 않는다는 겁니다. 집단지성이 더 나쁘다기보다는, 굳이 많은 사람의 이야기를 듣는다고 해서 더 좋은 결과가 나오는 것은 아니라는 주장입니다. 브레인스토밍의 효과를 조사한 논문이 여러 편 있는데, 생각보다 질 좋은 아이디어가 안 나온다는 결과도 여럿 있습니다. 집단지성을 경계하는 연구자들은 '진짜 의미 있는 성취는 한 사람이 문제에 깊이 몰입하는 걸 보장할 때 나오며, 주위의 다른 사람들은 해결책을 주는 것이 아니라 문제점을 제시하는 역할을 한다.'고 주장합니다. 창의적인 발상은 온전히 개인의 몰입을 통해서 나오며, 다른 사람들은 수많은 지적과 비판을 통해 그저 창의적인 발상을 개선해주는 정도의 기여만 한다는 겁니다. 변호사이자 작가인 수전 케인의 저서《콰이어트(Quiet)》는 집단지성보다는 내성적인 사람이 혼자 몰입하여 얻어내는 발상의 힘을 좀 더 강조하는 사례라고 보시면 됩니다.

확산적 사고나 집단지성이 시대에 순응하지 않는 자들의 특징이라고 했는데, 여기에 하나 더 덧붙이자면 '솔직한 소통'을 꼽을 수 있습니다. 토론에서 내 아이디어가 타인으로부터 적나라하게 비판받기도 하고, 그런 비판을 합리적으로 수용할 줄도 알아야 결국 혁신이 만들어진다는 겁니다. 그러기 위해서는 자신의 감정을 상대방이 기분 나쁘지 않게, 하지만 충분히 전달될 수 있도록 잘 표현하는 기술도 중요합니다. 무엇보다 기업이 아이디어를 검증하는 합리적인 시스템을 갖추어야 합니다. 집단지성으로 아이디어를 쏟아낸다고 해도 그것이 시장에서 성공할 수 있을지는 미지수입니다. 대부분의 기업은 구성원으로부터 아이디어를 쥐어짜려는 노력은 해도, 그것을 잘 검증해서 훌륭한 아이디어만 세상으로 내보낼 수 있는 프로세스는 갖추고 있지 못합니다. 시장조사, 고객 행동 관찰, 뉴로 마케팅 등 다양한 방법을 통해 아이디어를 검증하는 시스템이 필요합니다. 아무리 리더가 낸 아이디어라도 아닌건 아니라고 말할 수 있어야 하는데, 그게 가능하려면 과학적인 데이터를 만들어내는 검증 시스템이 필요합니다.

뉴로 리더십, 리더의 뇌에서 해답을 얻다

최근 신경과학 분야에서 태동하고 있는 분야 중 하나가 '뉴로 리더십(neuro-leadership)'입니다. 뇌 기능을 바탕으로 리더십을 재해석하려는 분야입니다. 몇 해 전 저널도 창간되었고, 관련 학회도 매년 열리고 있으며, 관련 서적도 여러 권 출간되었습니다. 아직은 주장도 어설프고 과학적인 근거도 탄탄하지 못하지만, 흥미로운 시도라고 생각합니다. 오래 지켜보면서 이 분야가 성숙하길 기다려야지요.

하지만 그 철학과 근본원리는 우리에게 시사하는 바가 큽니다. 아이디어 발상과 상황 판단, 의사결정, 실행력, 위기대응 등 기업을 운영할 때 리더의 뇌에서 무슨 일이 벌어지는지, 실제 관찰 결과를 바탕으로 통찰을 전해주는 분야이기 때문입니다. 즉 훌륭한 리더가 되기 위해 필요한 덕목들을 뇌과학적으로 환원해 생각해보려는 시도이지요. 자신의 뇌가 가진 장점과 한계를 정확하게 이해하고 있는 리더는 더 나은 판단, 더 적절한 의사결정을 할 수 있습니다. 리더가 자신의 뇌를 잘 사용할 수 있도록 조언해줄 수 있다는 점에서 뉴로 리더십은 각별히 의미가 있을 것 같습니다.

뉴로 리더십 분야가 어떤 학문인지 쉽게 이해할 수 있도록 연구결과 하나를 예시로 소개할게요. 통상 우리가 창의적인 발상을 위해 몰입을 강조하지 않습니까? 한 가지 생각에 오래 집중하고 깊이 들어가야 기발한 아이디어가 나온다고 얘기들 합니다. 그런데 실제로는 그러기도 힘들뿐더러, 오히려 두세 가지 과제를 동시에 수행하면서 다른 과제를 하다가 다시 돌아올 때 좋은 아이디어가 떠오르기도 한다는 겁니다. 과제에 대한 생각에서 멀어졌다 가까이 다가갔다 하는 과정을 반복하는 것이 창의적인 아이디어 발상에 더 효과적이라는 주장입니다.

여러분도 그런 경험 해본 적 있으세요? 그렇게 여러 가지 일을 동시에 수행할 때 사회적 성취를 이룬 사람들과 그렇지 않은 사람들 사이에 뇌를 사용하는 측면에서 차이가 있다고 합니다. 이른바 모드 변경(mode shifting) 과정이 조금 다르게 일어난다고 하는데요, 사회적 성취를 이룬 사람들은 한 과제에 완전히 몰입해 들어갔다가 다른 과제로 생각이 옮겨 가는 일이 큰 무리 없이 빠르게 진행된다고 해요. 성취를 이룬 사람들은 두 가지 과제를 동시에 수행할 때 깊이 들어가는 정도(과제 수행에 필요한 뇌 활성화의 정도)가 확 올라갔다가, 다른 과제 모드로 변경되면 금방 빠져나오면서 확 내려가는 현상이 벌어집니다. 반면 평범한 사람들은 멀티태스킹을 하면 모드 변경을 빨리 못해서 효율이 현저히 떨어진다고 하죠. "난 한 번에 하나밖에 못해, 다른 건 얘기하지 마! 난 여기에만 집중할래."라고 한다고 훌륭한 성취가 나오는 건 아닌 모양입니다. 모드 변경을 종종 해줘야 오래 그리고 깊이 들어갈 수 있기 때문에, 잠깐씩 다른 일로의 전환이 필요하다는 겁니다.

혁신, 대뇌피질 고속도로에서 만들어지다

캘리포니아대학교(버클리 캠퍼스) 인지신경과학과 잭 갤런트(Jack Gallant) 교수는 최근 뇌공학 분야의 슈퍼스타라고 불릴 만한 학자입니다. 그는 고해상도의 fMRI로 뇌를 찍어서 인간의 마음을 읽는 연구를 수행합니다. 뇌 활동만으로 무슨 생각을 하고 어떤 판단을 하는지 읽어내는 연구이지요.

그는 동료들과 함께 2011년 흥미로운 실험결과를 발표한 바 있습니다. 실험참가자들을 fMRI 장치 안에 눕혀놓고, 짧은 영화 클립을 보여주면서 시각정보를 처리하는 후두엽의 시각피질 활동을 측정했습니다. 이렇게 측정된 뇌 활동을 분석해서 이 사람이 지금 무슨 영화를 보고 있는지 그 화면을 그대로 재구성하는 데 성공한 겁니다. 이 연구결과는 우리가 무언가를 보고 있으면 이때 시각피질의 활동만으로 뭘 보고 있는지 재현하는 것이 가능하다는 뜻입니다. 실제 영상과 비교하면 꽤 정교하게 얼추 비슷한 이미지들이 나타납니다. 앞으로 10~20년 정도 지나면 해상도와 정확도가 더 높아져서, 잠을 자는 동안(특히 렘수면 때) 시각피질의 신경 활동을 찍으면 꿈을 영상화할 수도 있다는 얘기입니다. 이제 우리 모두가 잠만 자도 10분짜리 단편영화 정도는 날마다 서너 편쯤 찍을 수 있는 영화감독이 될 수 있는 겁니다.

잭 갤런트 연구 팀은 2016년 영국의 과학저널 〈네이처〉에 또 한 편의 논문을 발표했습니다. 이번에는 단어(word)가 대뇌피질(cerebral cortex) 어디에 저장돼 있는가를 파악하려는 연구였습니다. 이번에는 fMRI 장치 안에 실험참가자들을 눕혀놓고 라디오를 들려줍니다. 허먼 멜빌의 《모비딕》, 어니스트 헤밍웨이의 《노인과 바다》 같은 소설을 읽어주며 다양한 말소리를 들려준 겁니다. 그 말소리 안에 담긴 단어들이 구체적으로 실험참가자의 뇌 어디를 자극하는지 살펴본 것이지요.

예를 들어 실험참가자가 "바다 어디에도 고래의 흔적은 보이지 않았다"라는 문장을 듣는데 '고래'라는 단어에 특정 뇌 영역이 반응한다면, 그것도 반복적으로 같은 방식으로 반응한다면 우리는 그 개념이 그 뇌 영역에 저장돼 있다고 유추할 수 있습니다. 즉, 같은 단어가 같은 영역을 반복적으로 활성화한다면, 그 단어는 그 영역에 저장됐을 가능성이 높겠죠? 이런 방식을 통해 우리가 평소 사용하는 단어들이 뇌 전체 중 어디에 저장돼 있는지 단어(어휘) 지도를 그리는 데 성공한 겁니다.

사전에는 약 5만~10만 단어가 수록돼 있지만, 우리가 평소 일상에서 사용하는 단어군은 여성의 경우 약 6000단어, 남성은 약 5000단어

갤런트 교수 연구팀은 피험자에게 짧은 영상 클립(왼쪽)을 보여주고, fMRI 장비로 시각피질 활동을 측정하여 이들이 본 화면을 재현(오른쪽)하는 데 성공했다. (자료: gallant lab)

이며 결혼한 남성은 약 1800단어를 사용합니다. (웃음) 진화심리학 연구에서 발견한 사실입니다. (웃음) 연구진은 우리가 자주 사용하는 약 2000여 개 단어들에 대한 대뇌피질상의 저장 지도를 발견한 겁니다.

이 논문은 신경과학 분야를 발칵 뒤집어놓았습니다. 단어들이 대뇌피질 어디에 저장돼 있는지, 어떤 단어들이 서로 연결돼 있는지만 보아도 그 사람의 정신세계를 엿볼 수 있으니까요. 저 사람의 뇌에 어머니, 아버지, 친구 혹은 폭력, 정치 같은 단어가 어떤 단어들과 함께 저장돼 있는지 알 수 있다면 우리는 그의 사고 틀을 엿볼 수 있기 때문입니다.

우선 대뇌피질의 단어 지도를 살펴보니, 사람마다 유사한 패턴을 보이는 단어군이 있더라는 신기한 현상도 발견했습니다. 그리고 같은 단어가 여러 뇌 영역에 저장돼 있기도 하고요. 무엇보다, 유사한 개념의 단어들을 덩이로 저장한다는 것도 알게 됐습니다. 다시 말해, 우리가 단어를 머릿속에 저장할 때 유사한 개념의 단어들은 서로 가까운 영역에 저장하더라는 겁니다. 이렇게 하면 글을 읽을 때 효율적으로 문장들을 처리할 수 있겠죠. 별로 상관없는 개념들의 단어들은 멀리 떨어져 저장해놓았고요. 저도 단어들을 카테고리별로 저장할 거라고 추측은 했습니다만, 이렇게 간명하게 보여준 연구는 처음이었습니다.

이 연구결과에 상상을 좀 보태자면, 언젠가 뇌 활동을 정교하게 찍으면 마음속으로 무슨 생각을 하는지를 문장의 형태로, 마치 만화에 나오는 말풍선처럼 표현할 수 있는 시대가 올 것 같습니다. 결혼할 때 배우자가 얼마나 건실한 사람인지 알아보기 위해 대뇌피질 단어 지도를 교환해야 하는 날이 올지도 모르겠습니다. 기업에서 직원을 채용할 때, 면접 대신 대뇌피질의 단어 지도를 제출하라고 요청하는 무시무시한 세상이 오면 어쩌죠?

제가 갤런트 교수팀의 연구결과를 여러분에게 소개하는 이유는 '창의적인 발상의 순간 뇌에서 벌어지는 현상'을 해석해드리기 위해서입니다. 저는 지난 강연에서 창의적인 아이디어가 떠오르는 순간, 이른바 '아하! 모멘트'에서 뇌의 여러 영역이 활성화된다는 말씀을 드렸습니다. 가장 고등한 능력을 담당하는 전전두엽이나 논리 언어 및 개념적

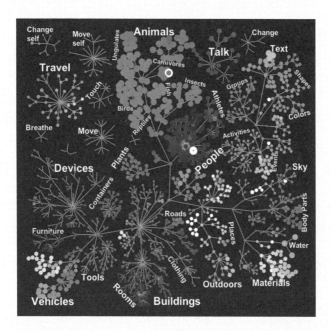

유사한 개념의 단어들은 뇌 안에서 서로 가까운 영역에 저장된다. (자료: gallant lab)

인 생각을 담당하는 좌뇌 측두엽 언어중추만이 아니라, 인지, 주의 집중, 감정, 패턴 인식, 사회성 등 다양한 기능을 담당하는 뇌 영역들이 동시에 활성화한다고 얘기했지요. 즉 창의적 발상은 특정 영역의 국소적인 기능이 아니라, 평소에 잘 연결되지 않거나 멀리 떨어진 영역이 서로 신호를 주고받으며 연결될 때 이루어지는 전뇌적인 현상이라는 거죠. 그런데 이게 과연 무슨 뜻일까요? 어떻게 해석할 수 있을까요?

혁신의 실마리를 엉뚱한 데서 얻어야 하고, 멀리 떨어진 개념을 서로 연결하는 과정이 머릿속에서 벌어져야 하는데, 갤런트 교수가 얻은

'대뇌피질의 단어 지도'를 생각해보면 이것이 어떤 의미인지를 추론해 볼 수 있습니다. 우리 뇌가 기발한 여행 상품을 개발하려 한다고 가정해봅시다. 그러면 우리는 여행과 관련된 개념 혹은 어휘들을 떠올리며 아이디어를 생각해내려 하죠. 여행 관련 책을 읽고, 여행 관련 인터넷 사이트를 돌아다니면서 발상을 하려 애쓰죠. 그런데 그럴 경우에는 관련 분야 경쟁자들이 생각할 법한 아이디어에서 크게 벗어나기 어렵습니다. 우리는 생각해낼 수 있는 언어 틀 안에서 사고하게 돼 있거든요. 반면에 단어가 저장된 뇌 영역이 멀리 떨어진 다른 뇌 영역과 신호를 주고받으며 개념을 이을 때, 즉 상관없는 개념들을 상호연결할 때 창의적인 아이디어가 나온다는 걸 이 연구결과가 보여줍니다. 직접적으로 상관없는 두 개념을 연결한다고 반드시 좋은 아이디어가 되는 건 아닙니다. 대개 이상한 아이디어가 나오죠. (웃음) 하지만 가끔 좋은 아이디어가 나오는데, 뮤즈와 만나는 그 순간을 기다리며 계속 시도해야 한다는 겁니다.

첫 번째 펭귄과 그 추종자들

우리 뇌는 본질적으로 리더보다는 '타고난 추종자(natural follower)'이지요. 생존을 가장 중요한 원칙으로 삼고 의사결정을 하자면, 어느 집단에서든 나보다 똑똑한 사람이 누군지를 빠르게 찾은 후에 그의 말을 따르는, 가장 앞줄에 선 재빠른 추종자(fast follower)가 되는 것이 가장 유리합니다. 그 사람의 의사결정이 나의 의사결정보다 더 나은 것일

가능성이 높고, 설령 그 사람이 잘못된 의사결정을 했더라도 이내 다른 리더를 찾아 옮겨가는 전략이 생존에 훨씬 유리하기 때문에 리더보다는 재빠른 추종자 전략을 사용합니다.

추종자 집단에 속하려면 어떻게 행동해야 할까요? 그들과 유사한 방식으로 사고하고 행동해야 합니다. 예를 들어 "너는 바다 하면 뭐가 떠오르니?"라고 했을 때 고래, 해변, 갈매기, 상어, 서핑 이런 것들이 떠오른다고 대답해야지 그들과 함께 있을 수 있습니다. "저는 스컹크가 생각납니다"라고 대답한다면, 다들 "쟤는 또라이구나"라며 그를 멀리하겠죠. (웃음) 왜냐하면 우리는 생각과 행동이 예측 불가능한 사람과 가까이 있으려 하지 않기 때문입니다. 그래서 '쟤는 곁에 두면 안 되겠구나' 하는 생각이 드는 거죠. 엉뚱한 생각을 해서 예측은 어렵지만 위협적이지 않은 정도라면, 우리는 그들을 또라이가 아니라 '4차원'이라고 불러줍니다. (웃음) 예를 들어 "바다 하면 뭐가 생각나냐"는 질문에 "저는 S.E.S.가 생각납니다" 같은 수준 말입니다. (웃음)

따라서 우리 뇌는 비슷한 단어 지도를 가지고 인식 또한 서로 공유할 때 관계 맺기에 유리합니다. 서로 친해질 수 있습니다. 동향 사투리를 쓰는 사람들끼리 쉽게 가까워지는 것처럼, 비슷한 생각을 하는 사람들과 함께 있을 때(즉 비슷한 단어 지도를 가지고 있을 때) 마음이 편합니다. 하지만 창의적인 발상이 쉽게 나오지는 않겠지요.

상식적으로 금방 떠오르는 관련 단어들을 뇌 안에 뭉치로 저장해 놓았으므로, 우리는 각별히 애쓰지 않으면 멀리 떨어져 있는 뇌 영역끼리 잘 연결하지 못하도록 돼 있습니다. 창의적인 사고가 본질적으로 어려운 이유입니다. 창의적인 발상이 어려운 것은 너무나 당연합니다. 뇌는 생존에 유리하도록 빠른 의사결정을 해야 하는데, 그러기 위해서는 많은 사람과 유사한 방식으로 생각하고 행동하는 것이 이롭겠지요. 그래서 남이 가지 않는 길을 가려는 '순응하지 않는 자'들은 가장 위태로운 사람들입니다. 생존에 가장 반하는 의사결정을 하는 사람들입니다.

'퍼스트 펭귄(first penguin)'이라는 개념 아시죠? 혹독한 겨울을 남극 빙하의 한가운데서 보내고, 봄이 되자 물고기를 잡아먹기 위해 빙하의 끝으로 온 펭귄들은 바닷속으로 쉽게 들어가지 못하고 서성거립니다. 바닷속에는 펭귄을 잡아먹으려는 물개가 기다리고 있으니까요. 이때 처음 바닷속으로 뛰어드는 펭귄을 퍼스트 펭귄이라고 부릅니다. 매우 도전적인 그들은 물개가 없는 영역에서 마음껏 물고기를 잡아먹는 호사를 누릴 수도 있고, 물개의 희생양이 되기도 합니다. 매우 위험하지만 그만큼 얻게 되는 보상도 큰 리더이지요. 그러면 뒤를 이어 재빠른 추종자들이 그 뒤를 따릅니다. 그들은 좀 더 안전하고 보상은 좀 더 적지요.

우리나라에서는 왜 과감한 퍼스트 펭귄이 잘 안 나올까요? 너무도 당연합니다. 생존에 불리하기 때문입니다. 조직은 항상 우리에게 '모험을 즐기고 과감하게 시도하는 퍼스트 펭귄이 되라'고 종용하지만, 퍼스트 펭귄이야말로 무리에서 가장 위태로운 존재입니다. 그가 먼저 바다에 뛰어들었는데 물속에 물개가 있으면 제일 먼저 잡아먹히고 바닷물은 이내 핏빛으로 바뀝니다. 이를 본 나머지 펭귄들은 다른 자리를 찾아 옮겨가게 되죠. 이런 상황에서 우리나라 사람들이 퍼스트 펭귄이 아니라 재빠른 추종자가 되려는 이유는 너무도 당연합니다. 해외 성공 사례를 그토록 간절히 원하는 이유가 바로 거기에 있습니다. 우리는 스스로 실패의 경험을 축적하면서 성장하려 하지 않습니다. 해외에서 성공한, 안전한 전략만 받아들입니다.

그렇다면 미국에서는 왜 퍼스트 펭귄 같은 스타트업이 잘 나오는 걸까요? 그들은 왜 글로벌 무대를 바탕으로 그토록 위험한 '세계 최초의 시도'에 과감한 걸까요? 그들은 우리보다 본질적으로 창의적인 존재일까요? 그렇지 않습니다. 실리콘밸리에서는 제일 먼저 뛰어들어 실패하는 경험이 오히려 생존에 도움이 됩니다. 스타트업을 시도했다가 실패해본 경험이 대기업에 취업한 경험 못지않게 좋은 경력으로 인정받습니다. 게다가 나이 제한도 없습니다. 실리콘밸리에서는 '대박을 터트리기까지 평균 4회 가까이 실패한다'는 통계를 잘 알고 있기 때문에 실패를 격려하는 문화가 있습니다. 여러 번 실패해야 결국 성공한다는 걸 잘 알고 있습니다.

반면 우리나라는 그렇지 않습니다. 나이 제한이 있어서 젊을 때 방황하거나 다른 일 좀 하다 보면 도전할 기회 자체를 박탈당하기 일쑤입니다. 패자부활전도 없는 사회에서 실패는 너무나 치명적입니다. 스타트업의 실패는 개인파산이나 신용불량 상태로 이어지기도 합니다. 그러니 퍼스트 펭귄이 안 나오는 것은 너무나 자연스럽습니다. 다시 말해, 이것은 시스템의 문제이지 우리나라 젊은이가 스타트업 정신, 기업가 정신이 부족해서가 아닙니다.

혁신을 이루기 위해서는 과감한 도전을 격려해야 하며, 퍼스트 펭권이 더 많이 나오게 하기 위해서는 사회적 안전망 확충이 무엇보다 중요합니다. 의미 있는 실패를 가려내고, 그들에게 다시 기회를 제공하고, 재도전할 수 있는 사회적 안전망을 제공해준다면 우리 사회에도 퍼스트 펭귄이 늘어날 겁니다.

노파심에서 한 마디 더 보태자면, 제가 말씀드렸죠? 돌파구가 될 만한 혁신의 성공 확률은 5퍼센트도 채 되지 않습니다. 따라서 꾸준히 시도하되, 실패의 가능성을 염두에 두고 성급하게 진행하지 않는 것이 중요합니다. 퍼스트 펭귄이 되어야 하지만 성급하게 바로 뛰어들지 말라는 겁니다. 매우 역설적이죠? 남이 가지 않은 곳으로 뛰어내리더라도 그 앞에서는 신중하게 아래를 잘 살펴보라는 뜻입니다. 그것이 바로 위험을 관리하는 태도입니다.

창의적인 사람들은 일을 미룬다?

우리의 상식과는 달리, 창의적인 사람들의 특징 중 하나가 '일을 잘 미룬다'는 거라고 합니다. 매우 이상하게 들리시죠? 창의적인 사람들은 훨씬 부지런하고 아이디어가 떠오르면 기민하게 실행할 거라고 생각했는데 말이죠. 아이디어를 바로 실행에 옮기지 않으면 불안하고 사람들이 자기 뜻을 바로 좇아오지 않으면 신경질적인, 그런 리더들 많이 있잖아요? 그런데 이른바 '순응하지 않은 자'들은 일을 미루는, 그래서 나름 이런저런 상황을 잘 생각해보고 바로 실천하지 않았기에 좋은 성과를 만들어낼 수 있었다는 최근 연구결과가 있습니다.

왜 이런 결과가 나왔을까요? 선두주자가 되어 생각날 때마다 행동을 취하는 사람들이 사실은 실패 확률 또한 상당히 높다는 겁니다. 아이디어는 처음 떠올랐다고 해서 가장 좋은 것은 아닙니다. 계속 수정되어야 합니다. 다른 사람에게 보여주고, 내 아이디어의 문제점에 대한 피드백을 쉴 새 없이 받고, 이에 대한 해결책을 생각하고. 다른 일을 하다가도 아이디어로 돌아와서 다시 생각해보기도 하고, 다른 모드로 다른 작업을 하다가 또 와서 생각하고. 비판적이고 회의적인 태도로 살펴보는 작업이 필요합니다. 그런 식으로 하다가 구체적으로 실행에 옮겨야겠다고 생각할 충분한 시간이 있어야, 다시 말해 조급하게 닦달하지 않고 편안한 상태에서 내 아이디어를 다각도로 검토할 수 있는 상황이 되어야 창의적 성과물이 나오고 사회적 성취를 이룰 확률이 높습니다. 납득이 되시나요?

조직 내에서는 효율적으로 일을 빨리 진행하는 사람들이 칭찬받습니다. 본인은 되게 피곤하고 밑에 있는 사람들도 피곤하지만, 그들은 성과를 잘 내고 일도 추진력 있게 진행합니다. 하지만 실제로 대박이 될 만한 창의적인 성취를 이룬 사람들은 이런 부류의 사람이 아니라는 게 이 연구결과가 들려주는 메시지입니다. 일을 미루는 습관을 그렇게 부정적으로만 볼 것은 아니라는 겁니다.

이 연구는 우리에게 '퍼스트 펭귄이 되려 하지 말고 캐나디안 레밍(canadian lemming)이 되라'고 과감하게 주장합니다. 레밍은 절벽에서 뛰어내려 자살을 하는 동물로 잘 알려져 있지요. 예전에는 그들이 개체수를 스스로 조절하기 위해, 즉 집단 전체의 이익을 위해 스스로 자살을 선택하는 '이타적 자살'의 동물이라고 생각했습니다. 그런데 나중에 알고 보니 자살을 하려던 게 아니라, 사실은 떠밀려서 죽는 것임이 밝혀졌습니다. 너무 한쪽으로 많이 몰려가다가 앞에 절벽이 있는지도 모르는 상태에서 떨어지는 거라고 하네요. 그래서 캐나디안 레밍이 살아남는 방법은 '먼저 가시죠(after you)'의 양보입니다. (웃음) 퍼스트 펭귄의 반대 전략입니다. 누군가 빨리 뛰어내리라고 종용하면 "먼저 뛰어내리시죠. 나는 좀 더 생각해보겠습니다." 하는 거예요. 창의적인 사람들이 이렇게 행동하더라는 겁니다. (웃음)

우리 원시적인 뇌는 위험한 상황에서 벗어나려는 회피적 성향과 지금 바로 눈앞에 있는 이익을 추구하려는 보상적 욕구 사고를 만들어냅니다. 이 두 가지 판단에만 민감하고 이를 바탕으로만 의사결정을 한다면 '나는 지금 원숭이 수준의 뇌를 쓰고 있구나'라고 생각하시면 됩니다. (웃음) 우선은 이득보다 위험을 피하려 노력하고, 일단 위험을 피하고 나면 지금 얻을 수 있는 즉각적인 보상에 민감하게 반응합니다. 비유를 들자면, 우리는 이성적인 뇌를 사용하며 살아가고 있지만 우리 안에는 늘 원숭이도 살고 있다고 할 수 있는 거죠. 살이 찌고 있지만 "초콜릿 먹어도 돼, 밤에 먹는 게 제일 맛있어, 오늘 하루 정도는 괜찮아. 다이어트를 하기에 제일 좋은 때는 바로 내일이야."라고 제게 충동적 선택을 하도록 자꾸 부추기는 게 바로 이 '즉각적인 만족감을 추구하는 원숭이(IGM, Instant Gratification Monkey)'입니다.

이 두 가지 판단이 생존에 필요하니까 당연히 중요하겠지만, 내 의사결정이 주로 이 두 가지 판단에만 머물러 있다면 우리는 원숭이와 크게 다르지 않을 겁니다. 그렇다면 우리는 뭘 해야 할까요? 지금 위험할 수 있지만 그 위험을 잘 관리해 최소화하면서 장기적으로 큰 이익을 추구하는 계획을 수행하거나, 지금 손해를 보거나 어려움이 있더라도 나중에 올 큰 보상(delayed big reward)을 바라보고 의사결정을 할 수 있어야 합니다. 원숭이 수준에 머무는 의사결정을 하지 않는 것, 즉각적인 위험과 단기적인 보상이라는 늪에 나의 판단이 빠지지 않도록 하는 것이 사회적 성취를 위해 매우 중요하다는 겁니다. 즉각적인 이득을 따르지 않고 위험을 감수하는 태도가 늘 옳은 것은 아닙니다. 하지만 위험을 잘 관리해서 위협으로부터 벗어나되 장기적 관점에서 판단하도록 노력해야 혁신적인 의사결정을 내리는 사람으로 성장할 수 있습니다. 특히 비즈니스의 판도를 바꾸고 더 나은 사회를 만드는 수준의 커다란 사회적 성취를 이뤄내고자 한다면 말입니다.

혁신의 모순적인 두 얼굴

남들이 가지 않은 길을 간다는 건 로버트 프로스트의 시처럼 낭만적이지만 큰 용기가 필요합니다. 그건 생각보다 두렵고 무서운 결정입니다. 남미에 대해 알려진 바가 적었던 1800년 무렵, 알렉산더 폰 훔볼트(Alexander Freiherr von Humboldt)의 행보를 떠올려보세요. 그는 스물아홉 살의 나이에 스페인 항구에서 용기 있게 남아메리카 대륙으로 떠나는 배에 올라탔습니다. 덕분에 그는《신대륙의 적도 지역 여행(Personal Narrative of Travels to the Equinoctial Regions of the New Continent during the years

1799-1804)》이라는 제목으로 30권의 여행기를 출간했고, 1600가지 식물을 채집했으며 그 가운데 600종은 새로운 종의 발견이어서 역사에 이름을 남기게 됐습니다. 그는 남아메리카의 지도를 새로 그렸으며, 지구의 자기장이 극지방으로부터 멀어질수록 그 세기가 약해진다는 사실도 처음 발견했습니다. 기압과 고도가 식물에 미치는 영향에 관한 연구도 처음 시도했고요.

이처럼 탐험은 위험하지만 그 열매는 풍성합니다. 단 죽지 않고 살아 돌아올 수 있다면 말입니다. 사실 남아메리카로 떠난 많은 사람들은 안전하게 돌아오지 못했습니다. 역사는 탐험가의 용기에 박수를 보내고 그의 성취에 찬사를 보내지만, 바다에서 난파한 수많은 실패자들을 동정하진 않습니다. 훔볼트는 성공한 퍼스트 펭귄이었습니다.

만약 200여 년 전 훔볼트의 시대로 돌아가 남아메리카로 떠나는 배 앞에 여러분이 서 있다면, 과연 여러분은 그 배에 올라탔을까요? 결정의 순간, 내가 답해야 할 질문은 '내게 있어 인생은 탐험인가, 마라톤인가' 하는 것입니다. 물론 인생을 산책이라고 생각하는 사람도 있을 것입니다. 목적지를 향해 정해진 삶의 코스를 완주하는 게 목표인 마라토너라면 페이스 조절만 잘하면 안전한 삶의 궤적을 그릴 수 있겠지요. 그러나 새로운 경험이 주는 아슬아슬한 즐거움과 열매의 풍성함을 만끽하고 싶다면, 위험을 감수하는 탐험가의 기질이 필요합니다. 정답은 없습니다. 내 삶의 철학이 무엇인가에 따라 그 질주의 방향이 달라질 것입니다.

저는 오늘 신경과학자들이 최근에 얻은, 시대에 순응하지 않는 자들에 관한 연구결과를 소개하면서 혁신의 본질에 대해 함께 생각해보는 시간을 가졌습니다. 오늘 여러분은 매우 혼란스러우셨으리라 생각합니다. 창의적인 사람들이 위험을 쉽게 감수하는 사람이 아니며 심지어 일을 미루는 사람이라니, 이상하게 들리시지요? 이런 연구결과들은 일견 '혁신은 실행력에서 나온다'는 제 주장과 반대되는 것처럼 들립니다. 저는 지난 강연에서 사회적 성취를 이룬 혁신적인 리더는 확신이 70퍼센트만 들어도 실행에 옮기더라는 말씀을 드렸지요.

하지만 모순적으로 들리는 이 두 주장은 함께 실천해야 할 주장들입니다. 우리는 모순되는 두 주장 사이에서 매우 섬세하게 실천에 옮겨야 혁신에 도달할 수 있습니다. 혁신을 이루기 위해 실행력은 매우 중요하지만, 섣불리 시도해서는 안 된다는 주장 또한 맞습니다. 퍼스트 펭귄이 되어야 하지만, 쉽게 바닷속으로 뛰어들어서도 안 된다는 주장 또한 사실입니다. 위험을 감수해야 하지만, 위험을 잘 관리하는 태도가 필요한 것도 옳습니다. 일견 상반되는 듯 보이는 두 가지 생각 사이에서 현명하게 의사결정을 하는 놀라운 능력을 가진 자들에게 혁신은 찾아옵니다. 시대에 순응하지 않는 자들은 과감하되 무모하지 않으며, 실패를 두려워하지 않되 실패하지 않기 위한 준비에 철저한 사람이어야 합니다. 시대에 순응하지 않는 자들의 인생은 마라톤이 아니라 '탐험'이겠지요. 그중에서 성취를 이룬 자들은 사려 깊게 준비한 탐험가들일 겁니다. 여러분의 인생이 '탐험의 경이로움'으로 가득 차길 진심으로 응원합니다.

열
두
번
째

발
자
국

뇌라는 우주를 탐험하며,
칼 세이건을 추억하다

칼 세이건 서거 20주기 기념 강연

'뇌 속의 우주, 우주 속의 뇌'

정리 : 신연선(출판 칼럼니스트)
제공 : (주)사이언스북스

우리 인간은 모두 별빛을 쏟아냈던 별가루로 만들어진 단일종족이다.

We are one species. We are star stuff harvesting star light.

칼 세이건(Carl Sagan)

※ 본 내용은 칼 세이건 서거 20주기를 맞이해 (주)사이언스북스에서 기획·주최하고 (주)과학과 사람들이 주관·진행한 '칼 세이건 살롱 2016'의 강연 내용을 정리한 것입니다. '칼 세이건 살롱 2016'은 〈코스모스〉의 새로운 시리즈인 13부작 다큐멘터리 〈코스모스: 스페이스타임 오디세이(2014)〉를 매주 한 편씩 감상하고 주제에 따라 물리학자, 진화학자, SF 작가 등 강연자를 초빙해 함께 이야기를 나누는 자리였습니다. (주)사이언스북스 홈페이지와 팟캐스트 〈파토의 과학하고 앉아 있네〉에서 전체 내용을 만날 수 있습니다.

2016년 12월 2일 금요일, 추위가 점점 기세를 더하는 중입니다. '칼 세이건 살롱 2016'에서는 KAIST 바이오및뇌공학과 정재승 교수님이 자리를 함께했습니다. 다큐멘터리 〈코스모스〉를 감상한 정재승 교수님은 "과목, 분야로 나뉘어 있던 인간의 지식이 하나로 이어져 내 삶과 연결되고, 나아가 그것이 우주와 연결되어 있다는 생각을 만들어주는 게 과학이 우리에게 선사할 수 있는 가장 큰 선물"이라는 생각을 전했습니다. 더불어 과학 커뮤니케이션에 대한 이야기도 하지 않을 수 없었습니다. 이명현 박사님은 "이런 다큐멘터리를 국내에서 만드는 건 너무나 큰 꿈이지만 정말 필요한 요소가 있는데요. 앤 드루얀이에요. 과학바깥에 있는 사람이 과학을 습득해서 다시 내뿜는 거죠. 요즘은 정재승교수님처럼 좋은 과학 커뮤니케이터가 되는 과학자분들이 많이 계신데요. 다른 분야에서 진입해오는 기획자들, 프로듀서들, 이런 분들이 굉장히 필요한 것 같아요."라는 의견을 말하기도 했습니다.

정재승 교수님은 '늙은 우주에 사는 어린 인류의 뇌'라는 제목으로 아주 흥미로운 뇌과학 이야기를 들려주었습니다. 인간 뇌의 놀라운 신비와 인공지능의 가능성을 상상하는 커다란 이야기들이었습니다. 아래글은 정재승 교수님의 강연을 청중의 한 명으로서 정리한 내용입니다.

과학을 영화처럼 즐기는 그날까지!

"솔직히 고백하자면 저는 어린 시절 칼 세이건을 별로 좋아하지 않았습니다."

뜻밖의 고백이었습니다. 심지어 《코스모스(Cosmos)》를 여러 번 읽었다고 하면서도 칼 세이건을 좋아하지 않았다고 거듭 말한 정재승 교수님은 그 이유를 '학창시절 아인슈타인이나 리처드 파인먼처럼 위대한 성취에 열광했던지라, 방송에 나와 과학을 이야기하는 사람이 좋아 보이지 않았기 때문'이라고 했습니다. 그럴 법도 한 것이, 대중과 적극적으로 소통하는 칼 세이건의 모습은 자신이 선망하던 과학자들의 모습과는 사뭇 달라 보였기 때문입니다. 그러나 짓궂게도 삶의 우연은 정재승 교수님을 칼 세이건과 유사한 길로 이끕니다. 《정재승의 과학 콘서트》 이야기입니다.

"자꾸 글을 쓸 기회가 생기고, 책을 내면 이상하게 잘 팔리고, 방송에 나가면 자꾸 다시 불러요. (웃음) 마음속에는 불편함이 있었죠. 우리나라 학계는 방송에 나오는 과학자들을 존경하는 문화가 별로 없고, 그러다 보니 '나도 저러면 안 되는데' 하는 생각을 가졌습니다. 한편 학위를 받고 미국에서 박사후 연구원 생활을 하는 동안, 제가 하던 연구가 어떤 것인지를 여자 친구는 잘 몰랐어요. 제가 무슨 연구를 하는지 여자 친구가 이해할 수 있는 언어로 글을 써보자 마음먹고 쓰기 시작했죠. 그 묶음이《정재승의 과학 콘서트》예요. 책 제목은 출판사 사장님이 정해주셨는데요, 제목을 듣고 제가 처음 보인 반응은 '이 제목으로는 한국 학계에서 직장을 갖기 어렵겠다'였어요. 그 정도로 그 시절은 굉장히 보수적인 사회였습니다. 지금은 많이 나아졌지만 그래도 그런 인식들이 아직 많이 남아 있습니다."

일명 '칼 세이건 이펙트(Carl Sagan effect)'였습니다. 대중적 관계 맺기를 많이 한 사람일수록 그의 학문적 성취는 과소평가되거나 폄하되는 효과입니다. 칼 세이건의 학문적 성취는 그의 대중성에 못지않습니다. 뛰어난 학자임에도 학계의 인정을 제대로 받지 못했던 칼 세이건. 정재승 교수님 역시《정재승의 과학 콘서트》가 자신의 경력에 도움이 되기는커녕 오히려 학문적 이력에 방해가 되는 상황에 부딪히게 됩니다. 그러나 점점 '좋은 소통을 하기 위해서는 그 분야 지식에 대한 광범위한 이해와 깊이 있는 성찰이 필요하다'라는 사실을 크게 깨닫게 되고, 칼 세이건을 다시 생각하기에 이릅니다.

"〈코스모스〉도 보면 앤 드루얀이 쓴 글, 단어 하나하나가 마음을 건드리잖아요. 그런 영롱한 문장으로 누군가와 과학에 관해 이야기한다는 게 쉬운 일이 아니거든요. 〈코스모스〉는 그것의 결정판입니다. 그러면서 점점 칼 세이건에 대한 애정이 생겼고 다른 과학자들을 너무 편애했다는(어린 시절에는 아인슈타인 파였고요, 대학에 가서 보니 스티븐 호킹 파와 리처드 파인먼 파가 있었는데 저는 파인먼 파였어요) 것에 대해 반성도 들었어요. 그래서 사실은 속죄하는 마음으로 (웃음) 이 자리에 서게 됐습니다."

정재승 교수님의 두 번째 고백은 "저는 과학의 대중화에 늘 회의적입니다."라는 말이었습니다. 정재승 교수님은 과학의 대중화가 "적절하다고 생각하지 않는다."라는 의견을 전했습니다. 흥미로운 이야기였습니다. 왜 그럴까요?

"왜냐하면 과학은 제게도 어렵거든요. 과학의 대중화라는 명목하에 과학을 쉽고 재미있다고 말해서는 안 된다고 생각합니다. 과학은 매우 어려운 학문이며, 그 어려운 걸 좋아하는 사람들은 굉장히 선택받은 사람들이고 '누구나 다 과학을 잘하기는 힘들다'는 걸 모두가 인정했으면 좋겠습니다. 그 힘겨운 과학을 하려는 사람들을 우리 사회가 존중하고 격려했으면 좋겠다는 마음입니다. 그럼에도 불구하고 제가 과학자로서 여러분과 과학에 대해 대화하려는 이유는 과학의 대중화 때문이 아닙니다. 과학은 무척 어렵지만, 수식의 숲을 지나고 어려운 개념의 바다를 넘어 결국 도달하게 되는 우주와 자연, 생명과 의식의 경이로움은 어려운 과학을 전공하지 않았더라도 인류 모두가 맛보아야 할 경험이라고 생각하기 때문이에요."

아인슈타인이 특수상대성이론을 발견한 1905년이 아니라 '시간과 우주 공간의 상대성, 시간과 공간이 하나라는 걸 인류 전체가 이해한 순간'이 진정한 인류의 진보라고 생각한다는 정재승 교수님의 말이 예사롭게 들리지 않았습니다. 과학자가 발견한 세상의 진실이 실험실과 논문 속에만 존재한다면 그 과학에 생생함이란 없을 겁니다. 반쪽짜리 과학에 불과하겠지요. 과학이 세상 밖으로 나와 비로소 많은 사람에게 감화를 일으키는 것, 그것이 인류의 진보라는 정재승 교수님의 말이 큰 울림을 줍니다.

"우주의 작은 진실, 경이로움의 빛 하나를 본 사람이 그걸 누군가에게 말해주고 싶어서 안달하는 마음으로 저는 늘 강연을 하고, 그것을 책으로 씁니다. 이 우주가 얼마나 경이로운 것인가, 그것을 인지하는 인간은 작은 먼지 이상의 존재다, 이런 것을 공유하고 싶은 마음 때문에 많은 사람과 소통하려는 겁니다. 우리 모두 '먼지(stardust)로서의 자부심' 즉 먼부심을 가졌으면 합니다."

마이클 패러데이의 '어린이를 위한 크리스마스 과학 강연회'를 "과학 강연의 정수"라고 말하는 정재승 교수님은 "마치 오페라나 뮤지컬, 공연을 보듯 과학자의 강연을 듣는 문화가 보편화된 사회에 살고 싶은 욕망이 있다."라고 말했습니다.

"한 과학자가 온전히 호기심이라는 자발적 동기에 이끌려 우주의 경이로움을 드러내는 모습들이 너무나도 부럽고, 이런 과학자들이 우리나라에도 나왔으면 좋겠고, 저도 이런 과학자가 되고 싶고, 그런 마음입니다."

끊임없이 진화해온 과거의 뇌

정재승 교수님은 칼 세이건의 저서《에덴의 용(The Dragon's of Eden)》을 살피며 본격적인 강연을 시작했습니다.

"칼 세이건은 인류가 존재하는 이유를 이렇게 말했어요. 우주가 자신을 알아주는 지적 존재를 세상에 만들어냄으로써 그들로 하여금 우주인 자신을 드러내려고 했다는 거예요. 인류가 존재하는 굉장히 중요한 이유가 있는 거죠. 지적 생명체로서의 인류를 상정했던 거예요."

칼 세이건은 《에덴의 용》 이전에 《브로카의 뇌(Broca's Brain)》라는 책을 썼습니다. 프랑스 신경학자 폴 브로카(Paul Broca)는 뇌의 왼쪽 측두엽 특정 영역이 망가지면 언어 능력이 떨어진다는 사실을 처음 발견했습니다. 이것은 뇌 연구에 엄청난 영향을 미친 발견으로, 브로카의 발견을 통해 인류는 처음으로 '뇌의 특정 영역이 인간 행동과 사고에 특정한 기능을 담당한다'는 사실을 알게 되었습니다. 이후 많은 연구자 사이에 뇌 기능에 관한 연구가 크게 유행한 것은 물론입니다.

"브로카의 뇌가 유리병에 보관되어 있어요. 칼 세이건이 저 뇌는 브로카인가, 저 뇌가 저 사람인가, 뇌의 생물학적 기작만으로 인간의 모든 지적인 사고와 행동을 이해할 수 있을까, 이런 질문을 《브로카의 뇌》에서 던졌어요. 칼 세이건의 답은 '가능하다, 나는 나의 뇌다'였습니다."

이후 《에덴의 용》을 펴낸 칼 세이건은 이 책으로 퓰리처 상을 수상합니다. 정재승 교수님은 "엄청나게 재미있는 책"이라고 《에덴의 용》을 거듭해서 강력 추천하며 "여기에서 말하는 용은 제대로 인간이 되기 전의 모습, 에덴은 인류 최초의 환경을 말하는 거죠. 용이 에덴을 나와 어떻게 지금과 같은 지적 생명체가 되었는가에 관한, 인간 지성 진화에 관한 이야기입니다."라고 설명했습니다.

'코스믹 캘린더'가 처음 소개된 것 역시 《에덴의 용》이지요. 〈코스모스〉에도 여러 번 등장한 바로 그 우주 달력입니다.

"인간은 12월 31일, 그러니까 1년의 마지막 날 밤 10시 24분에 등장했다는 거예요. 이 우주는 너무나 오래된, 나이 든 우주이고 인간은 너무나 어린, 나이 어린 뇌를 가진 존재인 거죠. 어린 뇌를 가진 인간이 이 오래된 우주를 탐구하는 일들을 지금까지 해온 건데요. 그럼에도 어린 뇌의 인간이 이 우주가 얼마나 오래됐고 우리가 언제 생겨났으며 왜 지금과 같은 모습이 되었는지 얼추 알아낸 놀라운 존재라는 사실에 대해 이 책이 굉장히 가슴 뛰게 서술하고 있습니다."

《에덴의 용》은 특히 이 '어린 뇌'의 정체를 따라간다는 점에서 주목할 만합니다. 인류는 기능적 자기공명영상, 즉 fMRI의 발명 덕분에 뇌에서 벌어지는 활동을 그 사람이 기능을 수행하는 동안 측정할 수 있게 되었습니다. 뇌의 구조는 파악했으나 뇌의 기능까지는 파악하지 못했던 기술의 한계는 이렇게 깨집니다. 다만 fMRI 발명 이전에 쓰인 《에덴의 용》은 그 이전 성과를 중심으로 기술되어 있습니다. 미국의 신경학자 폴 매클린(Paul MacLean)이 제안한 개념, '세 종류의 뇌'도 그런 맥락에서 이해할 수 있습니다. "지금은 잘 쓰지 않는 개념"이라고 부연한 정재승 교수님의 이야기를 들어보겠습니다.

"파충류의 뇌가 공포에 민감하고 원하는 보상에 대한 욕망을 갖는 원초적 뇌를 형성하고요. 그것을 둘러싼 포유류의 뇌, 그걸 넘어선 인간만이 가지고 있는 전전두엽의 뇌를 보여주고 있는 거죠. 《에덴의 용》은 그렇게 진화론적 연구 결과를 보여주면서 인류 지성의 출현과 진화를 굉장히 아름답게 그리고 있습니다."

유인원의 진화와 뇌 크기의 변화를 살피는 대목 역시 대단히 흥미롭습니다. 300만 년이 넘는 동안 600세제곱센티미터 정도 되었던 유인

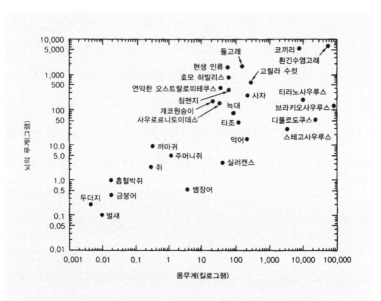

다양한 동물의 뇌 무게 대 몸무게 산포도. (출처: 칼 세이건, 임지원 옮김, 《에덴의 용》, 사이언스북스, 2006년, 53쪽)

원의 뇌는 계속해서 커졌습니다. 다양한 동물의 뇌 무게 대 몸무게의 비율을 나타낸 그래프를 보겠습니다.

"X축에는 몸무게, Y축에는 뇌의 무게를 놓았어요. 우리보다 뇌가 더 무거운 코끼리는 왜 대개의 인간보다 머리가 나쁜가 하는 질문을 던질 수 있는데요, 보이는 것처럼 뇌가 크다고 지능이 높은 게 아닙니다. 먹는 음식의 에너지 상당 부분이 몸을 움직이는 데 사용되면 뇌로 가는 에너지양이 충분하지 않으므로, 설령 뇌가 크더라도 지적 활동을 하는 데 한계가 있는 거죠."

그렇다면 잠깐 재미있는 질문을 해볼 수 있습니다. 같은 인간이라면 뇌가 클수록 지능이 높을까요? 정재승 교수님은 이렇게 말합니다.

"남자의 뇌가 여자의 뇌보다 큽니다. 남자는 1400세제곱센티미터, 여자는 1200세제곱센티미터 정도 되는데요. 평균 지능은 여성이 조금 더 높습니다. 상관관계가 없다는 얘기지요. 단, 같은 인간끼리, 그리고 같은 성별끼리 비교하면 뇌가 클수록 지능이 조금 더 높은 경향이 있습니다. 상관관계가 강력하지는 않지만요. 물론 얼굴이 크다고 뇌가 큰 것은 아닙니다."

시선을 조금만 아래로 내려봅니다. 인간의 강하지 않은 턱과 무딘 치아, 하관이 보입니다. 뇌로 보낼 에너지를 생각하면 하관은 더 발달해야 할 겁니다. 더 많이 씹고 삼켜서 에너지 섭취를 높여야 하겠지요. 그러나 인간의 하관은 부실합니다. 굳이 악어나 사자까지 가지 않더라도 그렇습니다. 같은 유인원인 고릴라나 침팬지의 하관과 비교했을 때도 우리 하관의 허약함은 아주 선명하게 드러납니다. 어떻게 된 일일까요?

"고기를 불에 익혀 먹기 시작하면서 하관이 부실해도 더 많이 먹고, 더 빨리 잘 소화할 수 있게 되었다는 건데요. 고기가 불에 익으면 맛있잖아요. 그러니까 더 많이 먹게 된 거죠. 때문에 소화기관의 무게는 줄어들고 그 무게가 고스란히 뇌로 갑니다. 하관은 약해졌지만 뇌는 커지면서 얼굴 전체 크기가 일정하게 유지된 거고요. 다시 말하면 출산할 때 여성의 신체에 주는 부담을 일정하게 유지하면서 뇌가 커질 수 있었던 계기가 된 겁니다."

사회적 연결을 추구하는 현재의 뇌

로빈 던바의 '사회적 피질(the social cortex)'은 뇌의 크기와 사회 집단의 규모 간 상관관계를 보여줍니다. 어쩌면 뇌는 생각보다 훨씬 더 많은 영역에 작용하고 있는지도 모르겠습니다.

"우정이라는 건 굉장히 독특한, 거의 인간에게만 발견되는 현상입니다. 다른 동물은 우정을 나누지 않습니다. 자연 상태에서 그런 일이 없다는 거예요. 무리 지어 다니는 동물들은 혈연관계이거나 사냥을 위해 전략적 제휴를 하는 관계입니다. 간혹 놀이 행위를 함께하기는 하지만 우정을 쌓진 않습니다. 우정이란 이득을 위해 함께하는 관계가 아니라, 관계 그 자체에서 만족을 얻는 것을 말합니다. 다시 말해 우정이라는 건 딱히 나에게 도움이 안 되는데 관계를 맺는 일 자체를 즐기는 것이죠. 사실 많은 친구가 크게 도움이 되지 않습니다. (웃음) 이득을 주지 않음에도 불구하고 관계 맺기를 하는 동물을 아직 많이 관찰하지 못했습니다. 인간은 대뇌피질의 크기도 크고 관계 맺기를 하는 친구의 규모도 상당해요."

이해관계를 제외하고 우정을 나누는 사람의 규모는 최대 150명이라고 합니다. 잠시 친구들을 생각합니다. 인간이 어떤 동물들보다 가장 사회적 행위를 많이 하는 존재라는 사실의 근거가 뇌에 있다니 재미있습니다. 득실을 따지지 않는 관계 맺기, 우리는 어떤 행동들로 관계를 유지할까요? 구체적인 사회적 행위로는 '험담'이 있습니다.

"험담, 이른바 뒷담화가 저희 연구실의 연구주제입니다. 이 행동은 굉장히 독특한 행동입니다. 우리가 만나서 하는 대화의 65퍼센트가 뒷담화입니다. 뒷담화란 반드시 욕이 아니더라도 타인에 관한 이야기를 나누는 것을 뜻합니다. 왜 우리는 끊임없이 다른 사람의 이야기를 할까요?"

요즘 주목받고 있는 두 가지 이론이 있습니다. 뒷담화가 관계를 돈독하게 하는 효과가 있다는 이론과, 각자의 사회적 지위를 측정하는 장치가 된다는 이론입니다.

"첫 번째 이론은, '너만 알고 있어'라고 하면서 둘 사이 관계가 친밀해진다는 거예요. 다른 하나는 이런 겁니다. '내가 그 사람 만나 봐서 아는데'라고 하면 갑자기 상대방이 대단한 사람으로 보일 때가 있잖아요. 쉽게 만날 수 없는 사람과 배타적으로 관계 맺고 있다는 것이 그 사람의 사회적 지위를 드러내도록 사용됩니다. 이런 것들이 나를 근사해 보이게 하거나 상대와의 관계를 돈독하게 하는 것이라는 게 중요한 가설이었어요."

앞서 이야기한 '사회적 피질' 그래프의 던바는 이 질문에 새로운 가설을 제시합니다. 뒷담화가 사회적 규범을 벗어나려는 충동을 억제한다는 것입니다.

"타인의 선행은 별로 가십거리가 되지 않잖아요. 주로 법적으로는 문제가 되지 않더라도 사회적으로 적절하지 않은 행동을 했을 때 뒷담화를 해요. 이런 이야기를 나누는 사회는 소문이 날까 봐 그 행동을 못하거나 쉬쉬하도록 해서 사회적 규범으로부터 다소 벗어난다고 간주되는 행동들을 억제하는 효과가 있다는 가설이 등장했어요. 이런 사회에서 사회 규범을 지키려고 애쓰는 사람들은 남의 가십을 열심히 퍼뜨리 겠죠. 그러나 '그게 뭐가 중요해'라고 하는 개인주의적 생각이 만연한 사회에서는 남의 가십을 많이 이야기하지 않을 거고요. 그래서 저희 연구실에서는 소셜미디어에서 대규모의 사람들이 다른 사람의 가십을 들었을 때 어떻게 행동하는지, 그가 평소 사회 규범을 지켜야 한다고 생각하는지, 집단주의적 사고를 하는지 개인주의적 사고를 하는지, 그럴 때 뇌에서는 어떤 일이 벌어지는지 이런 것들을 연구하고 있습니다."

기적을 만드는 미래의 뇌

인간의 지성이 만들어낸 놀라운 기계, 컴퓨터로 이야기를 이어갑니다. 컴퓨터 이전의 모든 기계들은 특별히 수행하는 목적과 기능이 있었습니다. 그러나 컴퓨터는 다릅니다. 거의 모든 일을 수행할 수 있습니다. 수학적 완결성, 즉 알고리즘을 가진 프로그램만 넣으면 그것이 무엇이든 컴퓨터를 통해 할 수 있는 것입니다. 정재승 교수님은 이것이 "컴퓨터가 가진 성취이자 한계"라고 말합니다.

"앨런 튜링과 존 폰 노이만이라는 너무 뛰어난 수학자가 컴퓨터를 디자인했기 때문에 컴퓨터가 수행하는 일은 수학적으로 완결된 구조를 가져야 하는 겁니다. 그런데 인간이 하는 많은 일은 수학적 완결성을 가지고 있지 않아요. 남자와 여자를 구별하는 건 수학적으로 표현하기가 어렵습니다. 법칙을 많이 넣는다고 해도 완벽하게 구별하는 일에는 도달하기 어려운 거죠. 인간이 그런 방식으로 남녀를 구별하는 것도 아니고요."

　한편 인간의 뇌는 그 사람의 특징을 파악하는 도구가 되기도 합니다. 성별, 나이, 심지어 직업까지 구분할 수 있다고 합니다. 같은 뮤지션이라도 어떤 악기를 다루느냐에 따라 뇌 구조가 다르게 생겼다는 사실, 여러분은 알고 계셨나요? 그러나 컴퓨터는 그렇지 않지요. 소프트웨어와 하드웨어가 분리되어 있으며 그것을 보는 것만으로 내용을 파악하기는 쉽지 않습니다. 이렇듯 '자신의 구조를 바꾸어가며 기능이 더해지는 구조'가 바로 인간의 놀라운 뇌입니다.

　"하나의 뉴런이 정보도 처리하고, 기억도 저장하고, 이런 일들을 동시에 수행합니다. 굉장히 효율적으로 빠르게 수행하는 거죠. 뇌가 한 시간 동안 쓰는 에너지가 형광등 두세 개 정도의 에너지와 같습니다. 그 정도로 이런 놀라운 기능을 수행하는데요. 컴퓨터에게 그것을 시키면 형광등 10억 개 정도의 에너지를 필요로 합니다."

　fMRI의 발명이 뇌과학의 엄청난 발전을 가져왔다는 이야기는 앞에서 했습니다. 그렇다면 현재의 뇌과학 수준은 어느 정도일까요. 정재승 교수님이 소개한 뇌과학 연구는 마치 상상했던 세계가 눈앞에 성큼 다가오는 느낌을 주는 것들이었습니다. 캘리포니아대학교(버클리 캠퍼스)에 있는 신경과학자 잭 갤런트 교수의 연구입니다.

　"fMRI 기계 장치 안에 사람을 눕혀놓고 동영상을 보여줘요. 사람이 동영상을 보는 동안 그의 시각정보를 처리하는 후두엽 시각피질과 인근 영역을 촬영합니다. 그 데이터를 분석해서 이 사람이 무슨 동영상을 보았는지 뇌 활동만으로 영상을 재현하는 데 성공했습니다."

꿈을 저장하는 상상, 이것은 더 이상 상상에 머물지 않을지도 모릅니다. "꿈에 관한 연구의 지평을 열 것"이라는 사실에 몇 편의 소설과 영화가 떠오릅니다. 저장된 꿈을 재생할 수 있는 세상은 소설의 그곳처럼 지금과는 완전히 다른 곳이겠지요.

갤런트 교수는 2016년 4월, 또 하나의 놀라운 연구를 발표했습니다. 어쩐지 상상이 꽤 빨리 현실이 될 것 같기도 합니다.

"고해상도의 fMRI에 사람을 눕히고 이번에는 라디오를 들려주는 겁니다. 소설을 읽어줘요. 말을 듣는 동안 뇌를 계속 모니터링합니다. 가령 '그는 칼 세이건의 진정한 팬은 아니었다'라는 문장을 들려줬더니 '칼 세이건'이라는 단어를 듣는 순간 특정 영역이 갑자기 활발한 반응을 보여요. 그렇다면 '칼 세이건'이라는 단어가 이 사람에게는 이곳에 저장되어 있다고 간주할 수 있겠죠. 이런 방식으로 우리가 평소 사용하는 단어가 뇌 어느 곳에 저장되어 있는지 지도를 그려본 거예요."

조금 상상력을 보태보자면, 앞으로 수십 년 후에는 이런 연구를 이용해 쓰거나 타자를 치지 않고도 글을 쓰고, 생각이 바로 글이 되도록 할지도 모릅니다. 뿐만 아니라 단어 지도를 잘 분석해 인간의 사고 과정을 보다 정확하게 파악할 수도 있을 겁니다. 정재승 교수님의 연구실에서 성공한, 생각만으로 로봇의 움직임을 조종하는 실험은 또 어떤가요. 앞으로는 사람의 마음을 헤아려서 움직이는 기계가 등장하리라는 전망도 가능해졌습니다. 정말이지 큰 도약입니다.

뇌를 연구한다는 것은 오랫동안 굳게 닫혀 있던 문을 하나씩 열어젖히는 일과도 같아 보입니다. 그 문 뒤에는 지금까지와는 전혀 다른 세상이 있습니다. 강한 호기심과 지치지 않는 열정으로 뚜벅뚜벅 긴 길을 걸어 드디어 문 앞에 선 인류. 저 너머의 세상에서 아련한 소리가 들려오는 것 같습니다.

정재승 교수님은 마지막으로 《에덴의 용》 중 한 문장을 소개하며 강연을 마쳤습니다. 어김없이 인류의 업적에 또 감탄합니다.

인간의 뇌와 마음은 빅뱅 이래 시작된 장대한 물질 진화의 산물이며 뇌와 마음이 단일한 원리에 지배되는 것이 아니라 진화적인 유예를 가진 다양한 충동과 논리들이 서로 충돌하면서 만들어낸 복합적 과정이다.

살롱 토크

장치를 통해 뇌를 들여다볼 수 있다면 기억이나 뇌에 새겨진 성향 등도 삭제가 가능할까요? 동시에 꿈을 조작하는 것도 가능한가요?

정재승 지금 기술로도 공포 기억을 지우는 정도는 충분히 가능합니다. 아예 기억이 저장된 영역을 망가뜨려 기억을 지우기도 하고요. 앞으로는 기억의 원리를 바탕으로 특정 영역의 특정 기억만 정교하게 지울 수 있을 겁니다. 다시 말해, 뇌에 기억이 어떻게 저장되는지, 어떻게 개념이나 에

피소드 등이 저장되는지를 현재 어렴풋하게 알고 있기 때문에 원리적으로 충분히 가능합니다. 그런데 기억이나 꿈을 조작하기는 쉽지 않습니다. 꿈을 꾸는 동안 뇌에 어떤 일이 벌어지는지 기록할 수는 있는데 그 기록을 통해 꿈이 어떤 이야기인가를 유추하는 데에는 상당히 많은 뇌과학 지식이 필요할 것 같고요, 그 와중에 원하는 방식으로 영화 〈인셉션〉처럼 조작을 하려면 뇌에 대한 이해가 상당히 많이 필요하겠죠.

뜻을 지닌 단어 지도를 넘어 음절이나 음소 단위의 지도를 만드는 것도 가능할까요?

정재승   쉽지 않을 것 같아요. 그런데 질문을 조금 바꿔서 영어로 개념을 담고 있는 경우와 우리나라처럼 음소의 이어짐으로 단어를 기억하고 있는 경우 언어 지도가 유사할 것인가, 연결이 어떻게 이루어질 것인가, 이런 것들은 굉장히 중요한 질문이고 굉장히 중요한 연구 주제입니다.

자유의지는 존재할까요?

정재승   여러분은 자유의지를 믿습니까? 자유의지를 어떻게 정의하느냐에 따라 다를 수 있습니다. 어떤 사람이 의사결정을 했는데 결정 1초 전에 어떤 결정을 할지 뇌 활동만으로 알 수 있다면 자유의지가 있는 건가요? 만약 1초 전에 무슨 일이 벌어질지 예측하는 데 성공했다면 어떨까요. 현재는 10초 전에 예측을 했거든요. 그러면 자유의지가 없다고 할 수 있을까요? 이런 것도 가능해요. 여러분이 지나가는 길에 5만 원짜리 지폐를 놔 둬요. 사람이 아무도 없어요. 저는 여러분이 5만 원을 가져갈 거라고 예측 하죠. 대개의 경우 5만 원을 가져가겠죠? 그래서 제가 굉장히 예측을 잘 한 상황이 됐어요. 그러면 여러분은 자유의지가 있는 걸까요, 없는 걸까요. 굉장히 애매한 상황이 벌어지는 거죠. 지금 이 순간에도 여러분은 난데없 이 자리에서 일어서거나 하는 즉흥적인 행동을 할 수 있어요. 하지만 그게 자유의지의 존재를 증명하는 건 아니다, 상당히 많은 생물학적 뇌의 조작 이 먼저 일어났고 그에 따라 어떤 행동을 하는 것이다, 뇌 활동을 조작하 면 자유의지대로 했다고 생각하는 행동조차도 조작할 수 있다, 이런 상황 이 조금씩 생겨나기 시작했어요. 그래서 지금은 우리 모두가 자유의지대 로 행동한다는 것에 대해 다시 생각해볼 필요가 있다는 상황으로 옮겨오 고 있는 거죠. 그런데 이것이 윤리적 질문과 맞물려 있습니다. 살인이 스 스로 판단하지 않고 생물학적 결함 때문에 한 것이라면 그 사람을 윤리적, 도덕적으로 비난할 수 있는가 하는 문제와 연결되어 있어요. 따라서 이것 은 과학자들이 굉장히 많은 관심을 갖고 있고 소수가 연구하고 있는 주제 입니다.

'알파고' 때 많이 나왔던 말이 '직관'이었습니다. 이것은 어떻게 생각하세요?

정재승　직관은 빠르게 판단하는 능력입니다. 현재는 인공지능이 갖고 있지 않은 기능입니다. 인공지능은 많은 데이터를 분석해서 인간과 유사 한 수준의 지적 능력을 갖고 있어요. 우리가 보고 개라고 아는 것을 컴퓨터는 개 사진 3000만 장을 학습해야 겨우 구분할 수 있습니다. 그만큼 인간의 뇌에 비해 알고리즘이 떨어진다는 뜻이고요. 빅데이터 시대가 와서 인공지능이 발달하고 있다는 의미는 인공지능이 아직 인간을 따라오려면 멀었다는 증거이기도 합니다. 인공지능이 빅데이터로 하는 일을 인간은 적은 수의 데이터로도 할 수 있고, 심지어 원샷러닝(one-shot learning)이라고 해서 딱 보면 쉽게 할 수 있습니다. 그동안은 이런 식으로 해서 직관을 인간 고유의 특별한 능력이라고 간주했습니다. 그런데 빅데이터를 빨리 계산한다면, 그것을 '딱 보면 아는 상황'과 구분할 수 있는가, 이것이 질문이 되어버렸어요. 컴퓨터의 속도가 굉장히 빨라지면서 마치 직관이 있는 것처럼 보이는 상황이 된 거죠. 다시 말하면 인간의 직관도 혹시 계산의 결과물 아닐까 하는 문제 제기를 알파고 덕분에 새롭게 하게 된 거예요.

'강인공지능'의 출현이 가능할까요?

정재승　인간이 의식과 감정, 욕구를 가지는 방식을 이해해서 그것을 컴퓨터 혹은 인공지능 시스템에 넣는 것은 원리적으로 가능할 것 같아요. 아니면 하늘을 날기 위해 펄럭이는 날개를 모사하지 않고 비행기를 만들었듯, 인간의 의식과 욕망이 작동하는 원리와 상관없는 알고리즘으로 부여하는 방법이 있죠. 후자의 경우 완전히 새로운 방식으로 인간과 구별이 어려운 감정과 욕구를 가져야 하는데요. 이건 너무 어려운 질문이에요. 언제쯤 이게 가능할지 짐작조차 할 수 없고요. 그나마 가능한 건 전자죠. 그런데 인간이 어떻게 의식과 감정, 욕구를 가졌는지는 너무나 고급 기능이어서 인간조차 어떻게 그 기능을 수행하는지 모릅니다. 컴퓨터에 넣은 기능은 언어나 수학, 다시 말해 최근 1만 년간 발달한 뇌 기능인데요. 이것은 최신 기능이기 때문에 잘 이해되고 있는 걸 컴퓨터에 넣은 거예요. 그런데 의식과 감정은 진화적으로 몇십만 년 동안 서서히 뇌를 바꿔가며 만든 거라 너무 오래됐기 때문에 너무 고등한, 짐작조차 못 하는 것이거든요. 우리 살아생전에 그 기능이 이해돼서 컴퓨터에 들어가는 상황이 온다는 보장이 없어요. 강인공지능이 우리를 위협할 불안 때문에 인공지능 시대를 불안해하는 건 너무 과한 반응 같고요. 오히려 인공지능에게 시키면 웬만한 일은 다 하는 시대에 왜 학교는 우리를 자꾸 인공지능 수준으로 머릿속에 똑같은 것만 넣으려고 하는지, 인공지능에 우리 뇌를 넣어도 시원찮을 판에 왜 인공지능 대하듯 우리 뇌를 인공지능화하는지, 이것이야말로 현실적으로 우리가 고민해야 할 문제라고 생각합니다.

인터뷰
특강

뇌과학자, '리더십'을 말하다

〈시사IN〉고재열 기자와의 인터뷰

정재승 교수는 매년 10월 마지막 주 토요일 저녁 전국 수십 개 도시에서 과학자들이 동시에 강연을 하는 '10월의 하늘'이라는 프로젝트를 진행하고 있고, 카이스트 과학자들과 대전시립미술관이 함께 진행하는 '뇌과학과 예술'이라는 프로젝트도 추진하고 있으며, '백인천 프로젝트'를 시작으로 야구학회를 만들어 심포지엄을 여는가 하면, 아프리카에 IT 지원사업을 하고 '미래세대 행복위원회'를 조직하고 건축가들과 함께 스타트업을 만드는 등 다양한 활동을 하고 있다.

《물리학자는 영화에서 과학을 본다》와 《정재승의 과학 콘서트》를 펴낸 그는 과학의 영역을 대중문화와 예술의 영역으로까지 확장한 대중 과학자이기도 하다. 과학자 하면 대개 하나를 깊이 파는 사람이라는 이미지를 떠올리는데, 정 교수는 이처럼 여러 분야로 관심을 확장해 새로운 성취를 이뤄내는 스타일이다. 그에게 리더십에 대한 생각과 함께 뇌를 효율적으로 쓰는 방법을 물었다.

뇌과학자가 보기에 리더십이란 무엇인가?

우리 뇌의 디폴트 모드는 리더십 모드가 아니라 팔로십 모드다. 사람들은 기본적으로 리더가 되려는 성향을 가진 것이 아니라 누군가를 따라 하려는 성향을 가지고 있는 것이다. 나보다 똑똑한 사람을 찾아서 그 사람의 말을 듣고 학습을 하면서 여러 사람 사이에 끼어 있을 때 생존 가능성이 높기 때문이다. 그래서 우리는 끊임없이 리더를 찾고 그를 따른다. 내가 특별히 주목받거나 타깃이 되지 않도록 우리의 뇌는 프로그래밍되어 있다. 서로 '퍼스트 펭귄(물개에게 잡힐 위험을 감수하고 맨 먼저 물에 뛰어드는 펭귄)'이 안 되려는 게 지극히 자연스럽고 당연한 현상이다.

리더가 되면 가질 수 있는 게 많지 않나?

서로 리더가 되고 싶어 하지 않기 때문에 리더에게 콩고물이 많은 것이다. 섹스의 기회, 돈과 지휘 통제권 같은 권력을 주면서 리더가 위험을 감수하는 행동을 하도록 부추기는 것이다.

리더가 위험한 자리인 걸 알면서도 되려는 사람이 많다.

내가 재미있게 생각하는 것은, 사람들이 언제 그 일을 자신의 일로 받아들이고 재미있어하며 리더가 되려고 하느냐 하는 것이다. 앞서 언급한 대로 우리 뇌에는 팔로십이 내장되어 있기 때문에 동기부여가 중요하다. 사람들이 자발적으로 일을 하고 리더십을 보인다고 하면 세상은 더욱 재미있어질 것이다.

리더의 덕목으로 중요하게 여기는 것이 있나?

사람은 자기 객관화가 힘들다. 특히 한국의 리더들은 늘 자신이 유리하게끔 상황을 해석하곤 한다. 자기 객관화는 인간의 최고 덕목이다. 사랑을 하려는 사람들이 어떤 사람을 만나야 하냐고 물으면 나는 자기 객관화를 할 줄 아는 사람을 만나야 한다고 말한다. 성숙해야 자기 객관화 능력이 생긴다. 보통 사람들이 쉽게 얻지 못하는 정말 고등한 능력이다.

세상에는 좋은 머리를 나쁘게 쓰는 사람도 있고 좋게 쓰는 사람도 있는데, 정 교수는 재미있게 쓰는 사람의 대표 사례 같다. 이것이 지속 가능한 머리 쓰기의 한 방식인가?

말을 들어보니 그런 것 같다. 내가 추구하는 가치가 바로 재미있게 머리 쓰기다. 그런데 나에게는 양립하기 힘든 딜레마가 있다. 한편으로는 삶을 창의적이고 창조적인 순간들로 채우고 싶은 욕망에 끊임없이 새로운 것을 시도한다. 남이 안 하는 것을 해보고, 미지의 영역을 탐색하기도 하고, 위험한 영역에도 가보고……. 그런데 세상의 뜻 깊은 많은 일들은 어떤 일이 꾸준히 반복되었을 때 그것의 합으로 성취가 만들어진다는 것도 알고 있다. 이 둘의 조합을 만드는 것이 딜레마다.

리더가 동참하는 사람들에게 동기부여를 하고 유지하는 것은 더 어려울 듯하다.

어떤 일을 추진하든 결국은 감당해야 할 힘든 대목들이 있는데, 그 일이 자기 입으로 자기 머릿속에서 나오면 덜 힘들다. 그래서 이것은 해야 할 일이다, 이렇게 각자 스스로 결론을 얻을 때까지 기다린다. 리더는 구성원들의 자발적 동기가 충만할 때까지 기다릴 수 있어야 한다.

대전시립미술관과 함께 '뇌과학과 예술'이라는 심포지엄을 기획한 이유는 무엇인가?

사실 분야를 융합하려는 욕망은 별로 없다. 다만 인간이 뇌를 가지고 하는 제일 중요한 문제들을 신경과학적 측면에서 파악하고픈 게 뇌과학자인지라 예술행위는 당연히 관심 대상일 수밖에 없다. 뇌를 어떻게 활용하느냐를 살피다 인류학자나 미학자, 사회학자가 간 길과 겹치는 경우가 있다. 많은 경우 사람들은 이런 벽을 만나면 내 분야가 아니니까 하면서 돌아가거나 물러서곤 하는데, 나는 벽을 만났을 때 오히려 이번 기회에 이것을 좀 공부해서 이 분야도 알고 가자 하고 덤비는 타입이다. 물리학이라는, 세상에서 가장 어렵다는 학문을 해본 경험이 있어서 그런지 이 장벽을 넘어서려는 용기가 있는 것 같다. 그렇게 하면 사람들이 나중에 이 연구에는 인류학적·미학적·사회학적 고찰이 포함되어 있다고 해석해준다.

'백인천 프로젝트'라는 야구 프로젝트도 했다. "왜 4할 타자가 나오지 않는 것일까"라는 과제 설정이 '신의 한 수'였던 것 같다.

이 일을 하면서 리더가 그 일을 함께하는 사람을 정확히 이해하는 게 얼마나 중요한가를 뼈저리게 느꼈다. '10월의 하늘'만 생각하고 세상 사람들은 모두 봉사할 준비가 되어 있고 협동하고 서로 소통하며 일을 할 것이라고 생각했다. '야구 덕후'들을 만나는 순간 그 착각이 깨졌다. 끊임없이 내가 알고 있는 것을 증명하려고만 하고 다른 사람들과 대화하는 것을 너무 힘들어하는 걸 보면서 생각이 바뀌었다. 이런 사람들과 작업을 할 때는 완전히 다른 방식으로 문제를 해결해야 하는구나, 하고 생각했다. 그런데 지내고 보니 그들 역시 진국이다. '백인천 프로젝트'의 인연으로 야구학회도 만들었다. 그렇게 무뚝뚝하던 사람들이 그 일만 하면 조용히 와서 도와준다.

'10월의 하늘'은 사람들이 사람을 만나려고 온다. 그래서 인간 중심이다. '백인천 프로젝트'는 참여자들이 과제 중심적으로 사고한다. 일을 재미있어하고 일에서 얻는 정보를 즐거워하며 거기에 기여하는 것으로 기뻐한다. 어떤 일을 관계 중심적으로 할 것이냐, 과제 중심적으로 할 것이냐의 정답은 없다. 목표를 함께할 사람의 성격을 고려해서 방식을 결정하는 것이 중요하다는 사실을 뼈저리게 경험했다.

르완다에 IT 기술을 지원하는 사업, '미래세대 행복위원회' 활동, 건축가들과 '마인드 브릭 디자인랩'이라는 회사를 차린 것 등 일이 많은데, 시간을 어떻게 쓰는지 궁금하다.

미움받을 각오를 하고 대부분의 회식에 가지 않는다. 술·담배·골프도 안 한다. 혼자 빈둥거리면서 노는 시간이 많다. 여럿이 보내는 시간은 계획을 하고 보낸다. 월·화·수·목요일에는 대전에서 학생들을 지도하고 연구에 집중한다. 그중 하루는 아무 스케줄 없이 혼자 논문을 읽고 논문을 쓴다. 그리고 금·토·일요일 사흘에 세상살이를 한다. 그 시간의 상당 부분은 사실 가족들과 보낸다. 딸아이 셋의 귀여움이 최고에 달해 있어 그 아이들과 보내는 시간이 한없이 좋기 때문이다.

바쁘게 살면서도 참 많은 일을 해낸다.

티가 날 만한 일을 해서 그렇지 실제로 그렇게 많은 일을 하는 건 아니다. 칼럼도 한 달에 한 편만 기고한다. 책도 혼자 쓴 책은《정재승의 과학 콘서트》이후로는 없다. 여럿이 같이 작업한 것을 기록처럼 책으로 남긴 것이다. 협업의 즐거움을 남기는 쪽으로 저작의 성격을 바꿨다. 관여한 모임들도 자발적 동기로 충만해 있어서 내가 하는 역할이 최소화되어 있다. 촘촘히 시간을 쓰는 것은 사실이지만 중요한 일을 하려고 특별히 시간을 더 내지는 않는다.

하루 일과를 구체적으로 알려줄 수 있나?

아침잠이 엄청 많았다. 그래서 생활 패턴을 바꾸었다. 5년 전부터 저녁 10시에 자기 시작했는데 그러면 새벽 4시쯤 일어난다. 이때부터 아침 9시까지 집중해서 한 가지 일을 한다. 이 시간이 있어서 낮에 많은 사람을 만나고 여러 가지 일을 해도 채워지는 부분이 있다. 이런 시간이 진짜 중요하다. 사람들에게 권하고 싶다. 한 가지 생각만 하는 것도 좋다. 그러면 아이디어가 잘 나온다. 밤늦게 대전에서 서울로 올 때 운전하는 동안 생각을 정리하는데 그런 시간이 너무 소중하다.

신경과학적으로 얘기하자면 우리 뇌는 체중의 2퍼센트를 차지하지만 에너지의 23퍼센트를 쓴다. 뇌를 쓴다는 것은 에너지를 많이 쓴다는 얘기다. 따라서 뇌를 쓰는 일은 에너지가 있을 때 해야 한다. 스티븐 코비가 중요한 일과 급한 일을 나눠서 하라고 했는데 뇌를 많이 쓰는 일은 뇌에 에너지가 충만할 때 해야 한다고 덧붙이고 싶다. 많은 사람들은 회사에 가서 신문도 보고 커피도 마시며 아침 시간을 보내고 점심을 먹고 퍼져 있을 때 진짜 해야 할 일을 시작한다. 능률이 오를 수 없다. 하루 중에 뇌의 인지적 에너지가 충만할 때를 판단해서 가장 창조적인 일을 그때 해야 한다.

여러 일을 벌이는데 마무리는 책으로 묶어내는 것이다. 매듭짓기의 좋은 방식인 것 같다.

기록을 소중하게 생각한다. 모든 일의 핵심은 경험이고, 경험은 개인만이 아니라 사회에도 축적되어야 한다. 이를 위해 책을 낸다.《물리학자는 영화에서 과학을 본다》라는 책을 냈을 때가 스물여섯이었다. 지금 와서 생각해보면 뭘 알고 썼는지 모르겠지만 책을 내는 것에 대한 두려움은 일찍 벗어난 것 같다.

인맥이 놀랍다. 가수·영화감독 등 이질적인 사람들과 자주 어울린다.

심지어 내성적이기까지 하다. 사람들과 얘기하는 것이 힘들다. 얘기하려면 용기가 필요하다. 어떤 사람들은 사람들을 만나면 그게 좋고 힘도 받는다고 하는데 나는 그렇지 않다. 쉬는 시간이 생기면 혼자 있고 싶다. 그런데 나와 다른 분야의 사람을 만나서 얻는 즐거움을 생각한다. 특히 의외의 이야기가 나오는 것을 좋아한다. 뭔가 창조의 영감을 얻을 수 있는 모임을 좋아한다.

사람들이 친목을 도모하는 건 인맥이라는 결과물 때문이기도 한데, 인맥에 별다른 집착이 없는 것 같다.

나는 내가 인맥 관리를 잘한다고 생각하지 않는다. 인맥 관리의 핵심은 도움이 되는 사람을 관리하는 것이다. 도움의 목적은 사회적 성공 같은 것인데, 이런 것에 도움되는 사람을 만나서 발판으로 삼는 것, 이런 걸 못한다. 나는 필요한 사람을 만나기보다 좋아하는 사람을 만난다. 도움을 받기보다 도움을 주면서 존재감을 확인하고 만족하는 타입이다.

연구 대상인 뇌 중에 본인의 뇌도 있지 않나?

나는 쾌락주의자인 것 같다. 시간을 재미있고 의미 있고 보람 있는 일로만 채우려고 한다. 생산적이지 않은 순간을 못 견디는 편이다. 병역특례를 받고 훈련소에서 한 달 동안 훈련을 받는데 돌아버리겠더라. 여럿이 앉아서 아무 일도 안 하는 순간이 있는데 그 순간을 못 견디겠더라. 존재가 아무런 의미를 발생시키지 못하는 것을 참지 못하는 것 같다.

'리더십의 재해석' 연재에서는 바로 전에 인터뷰한 인물에 대한 의견을 듣고 있다. 현대카드 정태영 사장의 리더십에 대해 어떻게 생각하는가?

대담도 하고 강연도 하고 따로 만난 적도 있는데 내가 본 정태영 사장은 큰 회사를 운영하고 있지만 실리콘밸리의 스타트업 CEO 마인드를 가지고 있는 리더다. 우리나라의 대체적인 회사원들은 위계와 시스템에 끼어서 일을 한다. 회사의 핵심 가치는 이런 건가 보다 하고 막연하게 생각한다. 실리콘밸리의 스타트업들을 보면 맨 위에 리더의 철학이 있고 이에 맞춰 회사의 제도가 갖춰지고 이를 신입 사원까지 공유해서 의사 결정을 한다. 정태영 사장은 위계에 의해서가 아니라 영향을 받아서 일을 하게 만드는 리더 같다. 직원들에게 정신적으로 영향을 미치는 리더리는 면에서 인상적이었다.

• 고재열, "뇌과학자가 말하는 '리더십'의 재해석", <시사IN>, 2015년 4월 25일(토) 제397호.

뇌과학자, '창의성'을 말하다

일러스트레이터 김한민과의 대담

《눈먼 시계공》은 2009년 1월 5일부터 9월 29일까지 〈동아일보〉에 190회 연재한 과학지식소설을 엮어 만든 책이다. 과학자 정재승과 소설가 김탁환이 공동 연재한 것인데, 이야기의 이해를 돕는 그림을 그린 이가 일러스트레이터 김한민이다. 오랜만에 만난 두 사람은 서로 안부를 물으며 자연스럽게 좋은 아이디어를 얻기 위한 방법에 대한 이야기를 나누기 시작했다.

김한민　2008년 12월 20일쯤이었나? 제가 생각을 정리하느라 독일을 떠돌고 있을 때 전화 한 통이 걸려 왔어요. 뜬금없이 "소설가 김탁환입니다"라는 거예요. 그러고는 자신이 정재승 교수님과 〈동아일보〉에 과학지식소설을 연재하려는데, 글에 들어갈 그림을 그려달라는 거예요. 소설가와 과학자, 일러스트레이터가 만든 과학지식소설? 저도 그랬지만 두 분도 과학지식소설은 처음 도전해보는 거라고 하시더라고요. 어떻게 할지 고민하다 1월 1일 한국으로 돌아왔어요. 1월 5일에 바로 시작한다고 해서 들어오는 비행기 안에서도 끊임없이 스케치했던 기억이 나네요.

정재승　사실 저는 인터뷰를 1년에 세 번만 해요. 주로 의미 있거나 특별할 것 같은 인터뷰에 응하는데 월간 〈디자인〉의 인터뷰는 제가 아직 디자인에 관한 인터뷰를 해본 적이 없어서 독특한 경험이 될 것 같았어요. 저는 한민 씨랑 작업하면서 가장 인상 깊었던 순간이 2049년 서울의 전경을 그려야 할 때였어요. 김탁환 선생님과 제가 한민 씨에게 '이러이러한 모습이면 좋겠다'고 구두로 설명했죠. 어떤 부분은 구체적으로 설명하고 어떤 부분은 저희도 이미지가 명확하게 떠오르지 않아 뿌옇게 설명했죠. 한민 씨가 이야기를 다 듣고 난 뒤 그림을 그렸는데 저희가 정밀하게 설명한 부분은 구체적으로 그리고 다른 부분은 얼기설기 그린 거예요. 그땐 '좀 더 자세히 그려주지'라고 생각했죠. 하지만 생각해보니 한민 씨 머릿속에 있는 이미지가 바로 우리 머릿속에 있는 이미지라는 것을 깨달았어요. 그림을 통해 '맞아, 사실 우리도 이 부분은 잘 몰랐었어'라며 돌아볼 수 있었던 거죠. 근데 한민 씨는 주로 어디에서 아이디어를 얻나요?

김한민　저는 책에서 아이디어를 많이 얻어요. 책을 읽다 어느 문장이 걸리면 갑자기 이미지가 떠올라요. 그걸 놓치지 않고 굉장히 직접적으로 표현하는 편이에요. 예를 들어 "말에 뒤끝이 있다"라고 하면 단어 끝에 화살촉을 달아 가슴에 박혀 빠지지 않는 식으로 표현하는 거죠. 공간으로 설정하면 서점과 도서관에서 아이디어를 얻어요. 특히 도서관을 더 좋아해요. 서점에는 책에 등수를 매겨놓은 것 같은 베스트셀러 코너가 있잖아요. 하지만 도서관에선 거의 모든 책이 평등하게 진열되어 있는 것이 마음에 들어요. 정재승 교수님은 주로 어디에서 아이디어나 영감을 얻으시나요?

정재승 저도 책에서 영감을 많이 받아요. '매일 책을 읽는 습관이 중요하다'는 말이 있잖아요. 하지만 전 반대라고 생각해요. 그것이 힘들다면 고통스러운 습관이 될 뿐이에요. 평생 책을 즐길 수 있도록 만드는 게 더 중요하죠. 때론 결핍을 느끼게 하고 욕망을 부추기는 방법이 더 효과적일 수 있어요. 제 유년 시절을 떠올리면 전 실수투성이였어요. 야심 차게 시계를 분해했으나 다시 조립하지 못하는 그런 아이였죠. 하지만 그런 실수를 통해 교훈과 요령을 얻었고 다음에 다시 할 때는 좀 더 능숙하게 할 수 있었어요. 너무 많은 시행착오를 겪었기 때문에 누가 만약 유년 시절로 다시 돌아가겠느냐고 묻는다면 돌아가지 않을 거예요. (웃음) 그리고 어렸을 땐 책을 안 좋아했어요. 야구같이 운동하는 것만 너무 좋아했죠. 부모님도 저에게 책 읽으라는 말씀을 안 하셨어요. 그래서 책을 안 봐도 되는 줄 알았어요. 하지만 부모님은 언제나 책을 읽고 계셨어요. 덕분에 책에 뭔가가 있을 거라는 생각은 했지만 그땐 나 몰라라 했죠. (웃음) 그러다 고등학교 때 알베르 카뮈의 《이방인》에 꽂힌 거예요. 이후 독서에 흥미를 느껴 도서관에 있는 책을 순서대로 읽기 시작했죠. 시험 기간만 되면 괜히 교과서 말고 다른 책 읽고 싶어지잖아요? 저희 부모님은 그래도 제가 읽고 싶은 책을 보라고 하셨어요. 밤새 소설책을 읽다 시험을 못 본 적도 있어요. 저는 10대보다 20대에, 20대보다 30대에 읽은 책이 점점 더 많아졌어요. 이렇게 된 건 부모님이 옆에서 묵묵히 기다려주셨기 때문인 것 같네요.

김한민 부모님이 정말 대단하신 분 같아요. 선생님과 비슷한 분이 계세요. 리처드 도킨스라는 분이 한때 무신론에 심취했었대요. 어릴 때 어머니가 독실한 기독교 신자였음에도 무신론에 관한 책을 읽고 있는 아들을 보며 '한번 시작했으면 끝까지 해봐야 한다'며 오히려 무신론 책을 갖다 주셨대요. 그는 어머니의 그런 태도가 자신을 현재의 자리에 있게 한 것 같다고 했답니다. 결국 스스로 흥미를 갖도록 도와주는 게 부모 역할인 것 같고, 그걸 발전시키는 게 자신의 역할인 것 같아요. 그래야 교수님처럼 나이가 들수록 호기심이 더 많아질 테니까요.

정재승 사실 전 책보다 정말 많은 영감을 주는 게 따로 있어요. 저녁을 먹고 나서 해가 뉘엿뉘엿 질 무렵 캠퍼스를 산책하는 시간이에요. 몽상하기에 좋은 시간이죠. 대전 캠퍼스에서 일을 마치고 목요일 밤에 운전하며 서울로 올라오는 시간 역시 완전히 혼자가 되는 시간이에요. 특히 조용한 밤길을 운전할 때면 많은 생각이 꼬리에 꼬리를 물어요. 제가 쓴 논문 대부분의 단초는 새벽 운전을 할 때 떠오른 거예요. 완전히 혼자 있는 시간, 누군가에게 방해받지 않는 시간이 필요한데, 가족이 있고 사회생활을 하면 그런 시간을 갖기란 쉽지 않죠.

김한민 너무 동감하는 부분이에요. 제가 문화 계간지 〈1/n〉 편집장을 할 때 '영감을 주는 시간은 언제인가'라는 조사를 한 적이 있어요. 그때 미국에서 통계 낸 것을 봤더니 주로 운전 시간이라고 하더라고요. 그리고 샤워 시간. 생각해보면 완전히 혼자가 되는 경우는 거의 없는 것 같아요. 더군다나 요즘 지하철을 탈 때 흔히 보는 광경 중 하나가 사람들이 모두 스마트폰을 보고 있다는 거예요. 이러다 샤워실 안에서도 스마트폰을 볼 수 있는 제품이 나올지도 몰라요.

정재승   맞아요. 스마트폰이 사람들의 삶을 좀 더 스마트하게 만들어주는지는 몰라도 크리에이티브는 방해하는 것 같아요. 사람을 스마트하게 만들어주진 않는 거죠.

창의성은 학습에 의해 증진된다

한국 교육의 전반은 물론 기업에서도 '창의적 인재'를 기르는 데 여념이 없다. 특히 과학과 예술·디자인의 공통분모 중 하나가 창의성을 강조한다는 것이다. 오늘 대화의 대부분 역시 창의성에 초점이 맞춰졌다. 그렇다면 아인슈타인이나 피카소처럼 천재라 불리는 사람은 정말 창의적인 사람일까?

정재승   '창의성은 교육이나 학습에 의해 증진될 수 있는가?'에 대한 대답은 '당연히 그럴 수 있다'예요. 예를 들면 제가 미국에서 의과대학생을 대상으로 '우울증과 창의성'에 관한 수업을 한 적이 있어요. 창의성을 테스트하는 방법을 이야기하면서 "자신의 물건 중 스스로를 가장 잘 나타내는 물건 하나를 꺼내놓고 그 이유를 간략하게 이야기해보자."라고 했어요. 대부분이 명함, 주민등록증, 핸드폰, 다이어리, 노트북을 꺼내더군요. 그중 나이가 지긋한 교수님 한 분이 있었어요. 근데 그분은 '자신의 틀니'라고 대답했어요. "틀니는 내가 지난 20년 동안 먹은 것에 대한 역사를 알고, 앞으로 20년간 내가 먹을 음식을 나눠 먹을 친구다."라고 하는 거예요. 너무 감동적이었어요. 그래서 한국에 와서 '크리에이티브 라이팅(creative writing)'이라는 수업을 진행하면서 학생들에게 똑같은 질문을 던졌어요. 한국 학생들이나 미국 학생들이나 내놓는 물건은 크게 다르지 않았어요. 하여튼 수업 중에 그 교수님 이야기를 해줬죠. 그리고 그다음 해 새로운 학년을 대상으로 똑같은 수업을 했어요. 그랬더니 이번에는 학생들이 안경, 신발 등을 꺼내놓고 이렇게 이야기하는 거예요. "내가 지금껏 살아온 삶에 대한 흔적이 묻어 있는 신발입니다."라고요. 이때 느낀 건 처음에 어떤 발상을 하는 것은 어렵지만 누군가 한번 좋은 발상을 시작하면 그것을 변형하는 것은 쉽다는 거예요. 그리고 좋은 생각은 더 빨리 퍼지고요. 창의성이라는 게 어떤 우월한 능력이라기보다 특정 집단 내에서 좋거나 독특한 아이디어라고 인정받은 아이디어를 전혀 모를 것 같은 다른 집단에 가서 이야기하면 그 사람은 창의적인 사람으로 받아들여지는 것 같아요. 한마디로 창의적인 아이디어를 내 머릿속에서 온전히 처음부터 발화시킬 필요는 없다는 거죠. 어느 누구도 온전히 자기 머릿속에서 어떤 영향도 받지 않고 창의성이 생기지는 않아요. 이런 의미에서 본다면 창의성이라는 것은 내가 어떤 사람과 대화를 나누는가, 누구의 영향을 받는가, 누구의 책을 보는가, 어떤 경험을 쌓는가에 따라 길러지는 것이 아닌가 싶어요.

김한민 '크리에이티비티'라는 단어에는 창의성과 창조성 두 가지 의미가 내포되어 있잖아요. 전 창의성은 발산하는 것, 창조성은 끝까지 만들어내는 것이라고 생각해요. 박웅현 TBWA 코리아 크리에이티브 디렉터가 스티브 잡스의 전기를 읽고 "스티브 잡스는 천재가 아니다. 단지 집요할 뿐이다."라고 했는데, 이 말은 곧 '어떤 발상을 중간에 포기하지 않고 끝까지해내는 것이 창조성이다'라는 뜻이라고 봐요. 우리는 크리에이티비티를이야기할 때 '반짝이는 아이디어'를 너무 강조해요. 처음에는 어딘가 좀부족한 아이디어라 할지라도 꾸준히 침착하게 전략적으로 만들어나가는것이 더 중요하다고 생각해요. 왜냐하면 세상에 아이디어는 너무 많아요.하지만 반짝이는 아이디어를 통합하는 능력을 갖는 것은 쉽지 않아요. 천동설이 난무할 때 지동설을 발표한 코페르니쿠스처럼 끝까지 끌고 나갈 수있는 '견디는 힘'이 필요하다고 생각해요. 넓게 보면 '크리에이티비티는 천재에게 나온다', '유전자에 의한 것이다'라는 말은 중요하지 않다고 봅니다.

정재승 과학에서 말하는 천재의 정의를 잠깐 말씀드리면 '남들이 생각하지 못한 창의적인 아이디어와 실행력으로 역사를 앞당긴 사람'이에요.한민 씨가 말한 '견디는 힘'과 비슷한 의미가 될 수 있겠네요. 사실 아인슈타인이 아니면 사람들이 상대성이론을 영원히 몰랐겠느냐, 그건 아니거든요. 언젠가는 알아냈겠죠. 하지만 한참 후였겠죠. 사람들이 오랜 세월을거쳐 자연스럽게 도달하기 전에 그는 천재적인 직관력으로 빠르게 도달한 것뿐이에요. 하지만 예술적 천재의 의미는 조금 다른 것 같아요. 세잔이나 피카소, 잭슨 폴록은 그림을 그리는 방식이나 생각하는 방식, 대상을바라보는 방식을 다르게 해석한 사람들이잖아요. 알렉산더 칼더(Alexander Calder)를 예로 들면, 그는 모빌을 처음 만든 조각가예요. 2000년 이전 조각의 역사에서 조각이란 바닥에 세우는 것이 상식이었어요. 즉 조각을 바닥에서 1미터 올리는 데 2000년이 걸린 거죠. 이런 간단한 발상도 처음에는 무척 어려운 일이라는 거죠. 하지만 누군가가 하고 나면 그다음부터는 별것 아닌 일이 돼버립니다. 보통 20세기 천재의 아이콘으로 아인슈타인과 피카소를 언급합니다. 이 둘을 비교해보는 것도 재밌는데, 아인슈타인과 피카소는 완전히 다른 방식으로 살았어요. 아인슈타인은 평생 발표한 논문이 23편입니다. 제가 이미 쓴 논문만도 50편이 넘으니, 논문 개수로만 본다면 아인슈타인은 무능한 과학자죠. 하지만 그의 논문 23편 중 노벨상을 받을 만한 게 6편이래요. 세상에 내놓은 것이 많지 않지만 하나하나 내놓을 때마다 심사숙고하고 집요하게 물고 늘어져 걸출한 논문을 쓴 거죠. 하지만 피카소는 손대지 않은 미술 장르가 없어요. 그의 작품 수는 4000점이 넘는대요. 하지만 비평가들이 냉정하게 평가해 피카소의 이름에 걸맞은 작품이라고 선정한 건 40점 정도래요. 4000점 중 40점. 1퍼센트밖에 안 돼요. 그런데 그 40점이 아주 훌륭한 거죠. 정리해보면 어떤 사람은 끊임없이 창조적 업적을 시도하지만 가끔 좋은 게 나오고, 어떤 사람은 심사숙고해서 몇 작품만 내놓지만 그게 다 수작으로 평가받는 거예요. 단순히 결과물만 보고 "저 사람은 천재야. 정말 창의적이야."라고 말하기보다 '우리 모두가 스쳐 지나간 일에서 저 사람은 어떻게 저걸 발견하고 해석했을까'에 중점을 두어야 해요.

김한민　　교환하고 부딪치고 새로운 것을 받아들일 때 전혀 다른 크리에이티브가 생기는 것 같아요. 그런 의미에서 저는 교수님을 단순히 과학자로 소개하기보다 '사이언스 커뮤니케이터'라고 부르고 싶어요. 비평가 진중권, 소설가 김탁환 등 다양한 분야의 전문가들과 협업해 프로젝트도 하고 책도 쓰셨잖아요. 그런데 아무리 인간적으로 친한 사람이라도 막상 프로젝트를 같이 하면 서로 다른 언어를 쓰는 사람들처럼 견해가 달라 어려움이 생기기 마련인데, 성공적인 협업의 비결이 뭔가요?

정재승 일단 협업을 즐겨요. 우선 상대방에 대한 신뢰와 존중이 밑바탕에 깔려 있어야겠죠. 그래야 협업이 오래가고 좋은 결과를 낼 수 있어요. 쉬워 보이지만 생각보다 사람들이 잘 못해요. 상대방에 대한 존중과 신뢰가 없고 자신의 주장만 과도하게 내세우다 보면 결국 산으로 가는데 말이죠. 기본적으로 상대방 분야를 알기 위해 노력해야 돼요. 다른 언어를 배워가는 걸 즐겨야 하죠. 한 단어를 두고도 과학자가 이야기하는 것과 인문학자가 이야기하는 것, 디자이너가 이야기하는 것 모두 달라요.

김한민 너무 당연한 이야기라 교수님이 하나를 빠트리신 것 같아요. 존중과 신뢰에 실력을 더해야죠. (웃음) 교수님은 뇌를 연구하지만 인문학도 말할 수 있는 분이잖아요. 거기에 디자인까지 능숙하다면 협업이 필요 없을 수도 있겠지만, 오히려 그렇지 않기 때문에 결과가 더 좋은 것 같아요. 한 분야에 깊은 지식을 가진 사람이 다른 분야 사람들과 협업해 새로운 것을 만들어나가는 것이 더 가치 있는 일이라고 생각해요.

과학에서 디자인을 발견하다

과학자 정재승은 그동안 생각하지 못했던 욕망을 잘 정리해 세상에 내놓는 과정을 디자인이라고 한다. 인문학을 비롯해 세상 모든 것에서 디자인의 해답을 찾으려는 요즘, 과학을 통해서도 디자인이 갈 수 있는 또 다른 길을 엿볼 수 있었다.

정재승 최근 들어 과학자들이 중요하게 여기는 것이 이미지, 비주얼리제이션(visualization)이에요. 예를 들어 논문을 쓸 때도 실험에 대해 글로 구구절절 설명하기보다 핵심을 요약해 한 장의 이미지를 보여주는 것이 더 효과적이라는 것을 알게 된 거죠. 이미지는 추상적인 개념을 실질적으로 느끼게 해주는 것 같아요. 제가 아는 학생 중 하나가 과학 사진을 찍는데, 길에 있는 개똥을 마이크로 카메라로 촬영해요. 사람들이 더럽다고 생각하는 개똥을 확대해보니 그 구조가 너무 아름다운 거예요. 이 실험을 통해 알 수 있듯 어떤 스케일로 사물을 보느냐에 따라서도 미와 추는 가변적일 수 있다는 겁니다.

김한민 과학 분야에서 비주얼리제이션한다는 게 인상적인데요. 디자이너는 형태나 형식을 만드는 사람이잖아요. 기본적으로 디자이너가 과학이든 인문학이든 다른 분야에 대한 호기심을 갖고 배우는 것은 중요한 것 같아요. 미국 생물학자 에드워드 윌슨(Edward Wilson)이 말하길 생물학자 중에서도 수학을 잘하는 사람은 더 빨리 성공한대요. 하지만 에드워드 윌슨의 경우 수학을 잘하지 못했지만 그의 친구가 수학을 굉장히 잘했다고 하더라고요. 이 둘은 서로 이야기를 나누며 아이디어를 얻는다고 해요. 이처럼 다른 분야에서 활동하는 친구를 잘 두기만 해도 다른 종류의 언어를 즐기면서 또 다른 영감을 쉽게 습득할 수 있는 것 같아요. 그런데 교수님, 요즘엔 경영이나 마케팅 분야에서 '디자인'이라는 단어를 자주 접목하는데, 과학계에서도 '디자인'이라는 단어를 쓰나요?

정재승 과학자들은 논문을 쓸 때 많이 사용해요. 예를 들면 'this study was designed to~'라는 서문으로 논문을 시작하죠. 제가 학생들 논문 지도를 할 때도 가장 많은 시간을 할애하는 것이 '무엇을 알고 싶은가, 그것을 알기 위해 어떤 방식으로 실험할 것인가, 어떻게 실험을 디자인할 것인가, 데이터 방식은 어떻게 디자인할 것인가, 그리고 논문을 어떤 식으로 쓰고 전체 논문을 어떻게 디자인할 것인가'라는 부분이에요. 저에게 디자인이란, 다양한 욕망이 있는데 그것이 단순히 호기심일 수도 있고 필요일 수도 있으며 이런 다양한 욕망을 사람들에게 알기 쉽게 전달하기 위해 정리하는 과정이에요. 스티브 잡스는 '시장 조사를 통해서는 아이디어를 얻을 수 없다'고 했잖아요? 사람들에게 일일이 물어본 뒤 그 욕망을 합해 만든 제품이 꼭 좋은 디자인은 아니잖아요. 사실 사람들은 자기가 뭘 원하는지 잘 몰라요. 하지만 아이폰이 세상에 등장하고 나서야 '맞아! 나 이거 원했어'라며 자신의 욕망을 이해하는 거지요. 스티브 잡스의 머리에는 아이폰 같은 제품에 대한 욕망이 있었겠죠. 그리고 그 욕망은 보편적일 거라고 생각했을 테고, 자신의 욕망을 잘 정돈된 형태로 디자인해 세상에 내놓으니 사람들이 그 안에서 자신의 욕망을 읽은 거예요. 제가 생각하는 디자인은 그동안 생각하고 표현하지 못했던 욕망을 세상에 내놓는 과정처럼 느껴져요.

김한민 　교수님 얘기를 듣다 보니 저는 크리에이티비티라는 공통 영역을 지닌 과학자, 디자이너, 아티스트를 구분해 설명할 수 있을 것 같아요. 아티스트는 상상력을 확장하는 사람이고, 디자이너는 상상력을 구현하는 사람, 그리고 과학자는 상상을 이해하고 설명하는 사람이라고 생각해요.

정재승 　동의할 만한 정의네요.

• "과학자 정재승 & 디자이너 김한민의 크리에이티브 토크", 월간 <DESIGN>, 2012년 5월호.

좀 더 자세한 정보를 알고 싶은 독자들에게

● 1부

첫 번째 발자국

1. 마시멜로 챌린지에 관한 톰 우젝의 TED 강연
"Build a tower, build a team"
https://www.ted.com/talks/tom_wujec_build_a_
tower

2. 브라이언 넛슨의 구매 예측 실험
Brian Knutson, Scott Rick, G. Elliott Wimmer,
Drazen Prelec and George Loewenstein, "Neural
predictors of purchase", *Neuron*, 53, 147-156
(January 4, 2007)

3. 순간적 판단의 중요성
말콤 글래드웰, 노정태 옮김, 《블링크(Blink)》, 김
영사, 2009.

4. 첫인상과 투표 실험
Alexander Todorov, Anesu N. Mandisodza,
Amir Goren, Crystal C. Hall, "inferences of
Competence from Faces Predict Election Out-
comes", *Science*, Vol. 308, Issue 5728, 1623-
1626 (10 Jun 2005)

5. 울릭 나이서의 사회심리학 실험(챌린저호)
Ulric Neisser and Nicole Harsch, "Phantom
flashbulbs: False recollections of hearing the
news about Challenger", *Emory symposia in
cognition*, No. 4, 9-31 (1992)

Maria Konnikova, "You Have No Idea What
Happened", *New Yorker* (February 4, 2015)

6. 창의적인 리더들의 확신 성향
매들린 L. 반 헤케 외, 이현주 옮김, 《브레인 어드
밴티지(The Brain Advantage)》, 다산초당, 2010.

7. 의사결정 신경과학
대니얼 카너먼 외, 존 브록만 엮음, 강주헌 옮김,
《생각의 해부(Thinking)》, 와이즈베리, 2015.

Read Montague, *Why Choose This Book?:
How We Make Decisions*, Dutton, 2006.

그레고리 번스, 김정미 옮김, 정재승 감수, 《상식
파괴자(Iconoclast)》, 비즈니스맵, 2010.

폴 W. 글림처, 이은주·권춘오 역, 《돈 굴리는 뇌
(Decisions, Uncertainty, And The Brain)》, 일상
과이상, 2013.

두 번째 발자국

1. 쉬나 아이엔가의 잼 실험
Sheena S. Iyengar, Mark R. Lepper, "When
Choice Is Demotivating: Can One Desire Too
Much of a Good Thing?", *Journal of Personality
and Social Psychology*, 79, 995-1006 (2000).

쉬나 아이엔가, 오혜경 옮김, 《선택의 심리학
(The Art Of Choosing)》, 21세기북스, 2012.

2. 성장 마인드셋과 고정 마인드셋
캐롤 드웩, 김준수 옮김, 《마인드셋(Mindset)》,
스몰빅라이프, 2017.

3. 메이비 세대
올리버 예게스, 강희진 옮김, 《결정장애 세대
(Generation Maybe)》, 미래의창, 2014.

4. 햄릿 증후군

Adrienne Miller, Andrew Goldblatt, *Hamlet Syndrome: overthinkers who underachieve*, William Morrow, 1989.

5. 결정장애 심리학

배리 슈워츠, 김고명 옮김, 《점심메뉴 고르기도 어려운 사람들(The Paradox of Choice)》, 예담, 2015.

세 번째 발자국

1. 결핍의 영향력

센딜 멀레네이선·엘다 샤퍼, 이경식 옮김, 《결핍의 경제학(Scarcity)》, 알에이치코리아, 2014.

2. 마시멜로 테스트

월터 미셸, 안진환 옮김, 《마시멜로 테스트(The Marshmallow Test)》, 한국경제신문, 2014.

Tyler W. Watts, Greg J. Duncan, Haonan Quan, "Revisiting the Marshmallow Test: A Conceptual Replication Investigating Links Between Early Delay of Gratification and Later Outcomes", *Psychological Science*, May 25, 2018.

3. 사탕수수 농장 인부들의 수확 전후 인지능력 비교 연구

Anandi Mani, Sendhil Mullainathan, Eldar Shafir, Jiaying Zhao, "Poverty Impedes Cognitive Function", *SCIENCE*, VOL 341 (30 AUGUST 2013)

네 번째 발자국

1. 호모 루덴스

요한 하위징아, 이종인 옮김, 《호모 루덴스(Homo Ludens)》, 연암서가, 2010.

2. 놀이와 창조성

스튜어트 브라운·크리스토퍼 본, 윤미나 옮김, 《플레이, 즐거움의 발견(Play)》, 흐름출판, 2010.

3. 창의성 교육으로서의 놀이

켄 로빈슨·루 애로니카, 정미나 옮김, 《아이의 미래를 바꾸는 학교혁명(Creative Schools)》, 21세기북스, 2015.

켄 로빈슨·루 애로니카, 정미나 옮김, 《엘리먼트(The Element)》, 21세기북스, 2016.

켄 로빈슨, 유소영 옮김, 《내 안의 창의력을 깨우는 일곱가지 법칙(Out of our Minds)》, 한길아트, 2007.

다섯 번째 발자국

1. '올드보이' 쥐 실험

Kanghoon Jung, Hyeran Jang, Jerald D. Kralik, Jaeseung Jeong, "Bursts and Heavy Tails in Temporal and Sequential Dynamics of Foraging Decisions", *PLoS Comput Biology*, 10(8): e1003759. (August 14, 2014)

2. 원숭이도 불평등을 거부한다. 오이와 포도 실험

Sarah F. Brosnan, Frans B. M. de Waal, "Monkeys reject unequal pay", *Nature*, volume 425, pages 297-299 (18 September 2003)

3. '원숭이와 장대' 우화에 관한 참고자료

https://skeptics.stackexchange.com/questions/6828/was-the-experiment-with-five-monkeys-a-ladder-a-banana-and-a-water-spray-condu

게리 해멀, C. K. 프라할라드, 김소희 옮김, 《시대를 앞서는 미래 경쟁 전략(Competing for the future)》, 21세기북스, 2011.

4. 목표지향적 사고
그레고리 번스, 권준수 옮김, 《만족(Satisfac-tion)》, 북섬, 2006.

5. 습관의 심리학
윌리엄 너스, 이상원 옮김, 《심리학, 미루는 습관을 바꾸다(End Procrastination Now!)》, 갈매나무, 2013.

데니스 홀리, 권경희 옮김, 《반복의 심리학(Why Do I Keep Doing That?)》, 흐름출판, 2010.

찰스 두히그, 강주헌 옮김, 《습관의 힘(The Power of Habit)》, 갤리온, 2012.

여섯 번째 발자국

1. 믿음 엔진
마이클 셔머, 류운 옮김, 《왜 사람들은 이상한 것을 믿는가(Why People Believe Weird Things)》, 바다출판사, 2007.

마이클 셔머, 김소희 옮김, 《믿음의 탄생(The Believing Brain)》, 지식갤러리, 2012.

2. 볼프람 슐츠의 원숭이와 보상심리 실험
Wolfram Schultz, Peter Dayan, P. Read Montague, "A neural substrate of prediction and reward", *Science*, 1997 Mar 14;275(5306):1593-9.

3. 칼 세이건의 강연, '회의주의자가 짊어져야 할 부담' 원문
Carl Sagan, "The Burden of Skepticism," Pasadena lecture (1987)
http://wist.info/sagan-carl/10073/

● 2부

일곱 번째 발자국

1. 편도체 손상과 공포 반응에 관한 연구
Ralph Adolphs, Frederic Gosselin, Tony W. Buchanan, Daniel Tranel, Philippe Schyns and Antonio R. Damasio, "A mechanism for impaired fear recognition after amygdala damage", *Nature*, vol. 433, 68-72 (06 January 2005)

2. 1만 시간의 법칙
K. Anders Ericsson, Ralf Th. Krampe, and Clemens Tesch-Romer, "The Role of Deliberate Practice in the Acquisition of Expert Performance", *Psychological Review*, Vol. 100, No. 3, 363-406 (1993)

3. 아웃라이어
말콤 글래드웰, 노정태 옮김, 《아웃라이어(Outlier)》, 김영사, 2009.

4. '아하! 모멘트'의 뇌 활동 변화
John Kounios, Mark Beeman, *The Eureka Factor: Aha Moments, Creative Insight, and the Brain*, Random House, 2015.

Mark Jung-Beeman, Edward M. Bowden, Jason Haberman, Jennifer L. Frymiare, Stella Arambel-Liu, Richard Greenblatt, Paul J. Reber, John Kounios, "Neural Activity When People Solve Verbal Problems with Insight", *PLoS Biology*, 2004 Apr; 2(4): e97.

Steven Kotler, *The Rise of Superman: Decoding the Science of Ultimate Human Performance*, New Harvest, 2014.

5. 진화심리학과 소비주의
제프리 밀러, 김명주 옮김, 《스펜트(Spent)》, 동녘사이언스, 2010.

6. 천장 높이와 창의성에 관한 연구
Joan Meyers-Levy, Rui (Juliet) Zhu, "The Influence of Ceiling Height: The Effect of Priming on the Type of Processing That People Use", *journal of consumer research*, Vol. 34 (August 2007)

여덟 번째 발자국

1. 디지털 문명이 뇌를 변화시키는 과정을 깊이 있게 추론한 책
수전 그린필드, 이한음 옮김, 《마인드 체인지(Mind change)》, 북라이프, 2015.

수전 그린필드, 전대호 옮김, 《미래(Tomorrow's People)》, 지호, 2005.

2. 디지털 문명이 뇌에 대해 부정적인 영향을 미친다는 결과를 담고 있는 책
니콜라스 카, 최지향 옮김, 《생각하지 않는 사람들(The Shallows)》, 청림출판, 2011.

니콜라스 카, 이진원 옮김, 《유리감옥(The Glass Cage)》, 한국경제신문, 2014.

3. 디지털 문명에 의한 인간 본성의 변화
미하이 칙센트미하이·케빈 켈리·리처드 도킨스 외, 존 브록만 엮음, 최규완 옮김, 《우리는 어떻게 바뀌고 있는가(The Net's Impact on Our Minds and Future)》, 책읽는수요일, 2013.

아홉 번째 발자국

1. 클라우스 슈밥의 제4차 산업혁명
클라우스 슈밥, 송경진 옮김, 《클라우스 슈밥의 제4차 산업혁명(The Fourth Industrial Revolution)》, 새로운현재, 2016.

클라우스 슈밥, 김민주·이엽 옮김, 《클라우스 슈밥의 제4차 산업혁명 더 넥스트(Shaping the Fourth Industrial Revolution)》, 새로운현재, 2018.

2. 제4차 산업혁명에 대한 다각도의 평가
클라우스 슈밥, 포린 어페어스 엮음, 김진희·손용수·최시영 옮김, 정재승 감수, 《4차 산업 혁명의 충격(The Fourth Industrial Revolution)》, 흐름출판, 2016.

3. 제4차 산업혁명에 대한 비판적 대안
제러미 리프킨, 안진환 옮김, 《한계비용 제로 사회(The Zero Marginal Cost Society)》, 민음사, 2014.

제러미 리프킨, 안진환 옮김, 《3차 산업혁명(The Third Industrial Revolution)》, 민음사, 2012.

김소영·김우재·김태호·남궁석·홍기빈·홍성욱 공저, 《4차 산업혁명이라는 유령》, 휴머니스트, 2017.

4. 실리콘밸리의 제4차 산업혁명 흐름
크리스 앤더슨, 윤태경 옮김, 《메이커스(Makers)》, 알에이치코리아(RHK), 2013.

이케다 준이치, 서라미 옮김, 정지훈 해제, 《왜 모두 미국에서 탄생했을까(웹x소셜x아메리카)》, 메디치미디어, 2013.

5. 디지털 혁명의 발전과 진화
정지훈, 《거의 모든 인터넷의 역사》, 메디치미디어, 2014.

정지훈, 《거의 모든 IT의 역사》, 메디치미디어, 2010.

6. 인공지능과 일자리

맥스 테그마크, 백우진 옮김, 《맥스 테그마크의 라이프 3.0(Life 3.0)》, 동아시아, 2017.

에릭 브린욜프슨·앤드루 매카피, 정지훈·류현정 옮김, 《기계와의 경쟁(Race Against the Machine)》, 틔움출판, 2013.

유발 하라리, 김명주 옮김, 《호모 데우스(Homo Deus)》, 김영사, 2017.

열 번째 발자국

1. 디지털화를 예견한 네그로폰테의 책

니콜라스 네그로폰테, 백욱인 옮김, 《디지털이다(Being Digital)》, 커뮤니케이션북스, 1999.

2. 아톰과 비트가 혼재된 세상을 꿈꾼 거센펠트의 철학

닐 거센펠드, 안윤호 옮김, 《FAB 팹(Fab)》, 비즈앤비즈, 2007.

닐 거센펠드, 이구형 옮김, 《생각하는 사물(When Things start to Think)》, 나노미디어, 1999.

3. 블록체인의 미래

돈 탭스콧·알렉스 탭스콧, 박지훈 옮김, 《블록체인 혁명(Blockchain Revolution)》, 을유문화사, 2017.

열한 번째 발자국

1. 조지프 라피, 지에 펑의 창업가 추적조사

Joseph Raffiee, Jie Feng, "Shoul I Quit my Day job?: a Hybrid Path to Enterpreneurship", *Academy of Management Journal*, Vol. 57, No. 4, 936-963 (2014)

2. 뛰어난 업적을 이룬 인물들이 언제 의미 있는 성취를 이루었는지를 조사한 올리버 우베르티의 TED 강연, "Untapped Creativity"

https://www.youtube.com/watch?v=K-knOw-ysW8c

3. 사회적 성취를 이룬 사람들의 특성을 추적한 애덤 그랜트의 책

애덤 그랜트, 홍지수 옮김, 《오리지널스(Originals)》, 한국경제신문, 2016.

애덤 그랜트, 윤태준 옮김, 《기브앤테이크(Give and Take)》, 생각연구소, 2013.

4. 제프리 웨스트의 도시와 창조적 역량 연구

Geoffrey West, *Scale*, Penguin Books, 2018.

Luís M. A. Bettencourt, Geoffrey B. West, "Bigger cities do more with less", *Scientific American*, 2011 Sep;305(3):52-3.

Luís M. A. Bettencourt, Geoffrey B. West, "A unified theory of urban living", *Nature*, 2010 Oct 21;467(7318):912-3. doi: 10.1038/467912a.

Luís M. A. Bettencourt, José Lobo, Dirk Helbing, Christian Kühnert, Geoffrey B. West, "Growth, innovation, scaling, and the pace of life in cities", *PNAS*, 2007 Apr 24;104(17):7301-6.

5. 외향성과 내향성에 대한 통찰을 제시하는 수전 케인의 책

수전 케인, 김우열 옮김, 《콰이어트(Quiet)》, 알에이치코리아, 2012.

6. 잭 갤런트의 시각피질 영상 재현 실험

Shinji Nishimoto, An T. Vu, Thomas Naselaris, Yuval Benjamini, Bin Yu, Jack L. Gallant, "Reconstructing Visual Experiences from Brain Activity Evoked by Natural Movies", *Current*

Biology, 21, 1641-1646 (11 October 2011)

7. 잭 갤런트의 뇌 단어 지도
Alexander G. Huth, Wendy A. de Heer, Thomas L. Griffiths, Frédéric E. Theunissen, Jack L. Gallant, "Natural speech reveals the semantic maps that tile human cerebral cortex", *Nature*, volume 532, pages 453-458 (28 April 2016)

열두 번째 발자국

1. 칼 세이건, 에덴의 용
칼 세이건, 임지원 옮김, 《에덴의 용(The Dragons of Eden)》, 사이언스북스, 2006.

강연 출처

1강

한겨레 인터뷰 특강 9, 2012. 3. 27. 본 강연은 2012년 〈한겨레21〉에서 주관한 연속 강연회의 일부로서, 《길은 걷는 자의 것이다: 아홉 번째 인터뷰 특강, 선택》(한겨레출판, 2012)에 수록된 내용입니다. 해당 강연을 바탕으로 저자가 내용을 보충하고 새롭게 수정하여 이 책에 담았습니다.

2강

퍼플 브레인 소사이어티 시즌 10 제3강, 2015. 4. 3.

3강

그랜드 마스터 클래스 2016: 상실의 시대, 2016. 1. 20.

4강

그랜드 마스터 클래스 2014: 빅 퀘스천, 2014. 3. 15.

5강

한겨레 인터뷰 특강 10, 2013. 3. 27. 본 강연은 2013년 〈한겨레21〉에서 주관한 연속 강연회의 일부로서, 《새로고침: 열 번째 인터뷰 특강》(한겨레출판, 2013)에 수록된 내용입니다. 해당 강연을 바탕으로 저자가 내용을 보충하고 새롭게 수정하여 이 책에 담았습니다.

6강

그랜드 마스터 클래스 2017: 오래된 미래, 2017. 1. 21.

7강

퍼플 브레인 소사이어티 시즌 9 제10강, 2015. 12. 19.

8강

퍼플 브레인 소사이어티 시즌 13 제2강, 2016. 11. 11.

9강

KMA 최고경영자 조찬회, 2017. 9. 22.

10강

그랜드 마스터 클래스 2018: 존재의 이유, 2018. 1. 27.

11강

퍼플 브레인 소사이어티 시즌 12 제2강, 2016. 5. 13.

12강

칼 세이건 살롱 2016 10강, 2016. 12. 2.

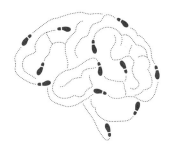

열두 발자국

초판 1쇄 발행 2018년 7월 2일
초판 35쇄 발행 2022년 3월 29일
리커버판 1쇄 발행 2023년 1월 18일
리커버판 4쇄 발행 2024년 11월 5일

지은이 정재승
발행인 김형보
편집 최윤경, 강태영, 임재희, 홍민기, 강민영, 송현주, 박지연
마케팅 이연실, 이다영, 송신아 **디자인** 송은비 **경영지원** 최윤영, 유현

발행처 어크로스출판그룹(주)
출판신고 2018년 12월 20일 제 2018-000339호
주소 서울시 마포구 동교로 109-6
전화 070-8724-0876(편집) 070-8724-5877(영업) **팩스** 02-6085-7676
이메일 across@acrossbook.com **홈페이지** www.acrossbook.com

ⓒ 정재승 2018, 2023

ISBN 979-11-6774-086-1 03400

만든 사람들
편집 최윤경, 박민지 **표지디자인** 민진기